地域规划理论与实践丛书

复合规划

——思辨与行动：基于规划管理者地域化实践的视角

王新文　著

中国建筑工业出版社

图书在版编目（CIP）数据

复合规划——思辨与行动：基于规划管理者地域化实践的视角/王新文著．—北京：中国建筑工业出版社，2014.5

（地域规划理论与实践丛书）

ISBN 978-7-112-16548-3

Ⅰ.①复… Ⅱ.①王… Ⅲ.①城市规划-研究-济南市 Ⅳ.①TU984.252.1

中国版本图书馆CIP数据核字（2014）第046872号

责任编辑：何　楠　王莉慧
责任校对：陈晶晶　党　蕾

地域规划理论与实践丛书

复合规划

——思辨与行动：基于规划管理者地域化实践的视角

王新文　著

*

中国建筑工业出版社出版、发行（北京西郊百万庄）
各地新华书店、建筑书店经销
北京嘉泰利德公司制版
北京方嘉彩色印刷有限责任公司印刷

*

开本：787×1092毫米　1/16　印张：$16^1/_2$　字数：380千字
2014年12月第一版　2014年12月第一次印刷
定价：110.00元

ISBN 978-7-112-16548-3
(25364)

地域規劃理論与實踐丛書

吴良鏞 署

审时度势
因势利导
随地制宜
意匠独造

吴良镛
题於[illegible][illegible]
二〇〇三年三月廿四日

“地域规划理论与实践丛书”编委会

跋涉
（代序）

“让人们有尊严地活着”，“诗意地栖居在大地上”，这是规划人的梦想。为了圆梦，规划人跋涉在追求梦想的山路上……

城市让生活更美好。亚里士多德曾说：“人们为了生活来到城市，为了生活得更好留在城市。”三十多年前，国人梦想着自己能生活在城市。今天，超过一半的国人生活在城市中。沧海桑田、世事变迁，这是一个“创造城市、书写历史”的伟大时代。

作为一名规划人，期望能在这历史洪流中腾起一朵思辨与行动的浪花，为这个时代和唱。十年弹指一挥间，我们在理想与现实、道德与责任、理论与实践、历史与未来之间，不断思考规划的价值与理想，不断探索规划的真理和规律，不断追求理论与实践的统一。“跋涉”，或许最真切地表达了共同经历着这场变革的规划人的心路历程。

“漫漫三千里，迢迢远行客。”跋涉虽艰，我们却心怀梦想。

理想与现实

有人慨叹，规划人都是理想主义者。诚然，现代城市规划自诞生之日起，就有与生俱来的理想主义基因。霍华德的“田园城市”、欧文的“协和村”、傅里叶的“法郎吉”，都受到其时空想社会主义等改革思潮的影响，充满了“乌托邦”式的理想主义色彩。霍华德说，“将此提升到至今为止所梦寐以求的、更崇高的理想境界”，道破一代又一代规划人的纯真和烂漫、理想与追求。

其实，规划人远不是空有理想和抱负那么简单。如吴良镛先生在《人居环境科学导论》中所说，规划乃“理想主义与现实主义相结合”，规划者应成为沟通理想与现实的桥梁，不仅可以勾勒出理想的山水城之愿景，更要学会寻觅实现蓝图之途径。这注定不是一条坦途，但我们必须清醒回答的首要问题是：为谁规划？如何规划？

要“为民规划”。坚持“唯民、唯真、唯实”的价值取向，倡导“科学、人文、依法”的核心理念，践行“公开、公平、公正”的基本原则……在跋涉中我们感悟：规划人要有自己的价值观和行为准则，解决好“为谁规划”的问题，既是价值取向，也是现实智慧，它能使规划者最终远离碌碌平庸的工匠角色，成为有良知与正义的社会利益沟通者和平衡者。

要“务实规划”。以实践为标准，再好的规划不能实施都是“空中楼阁”，一切从实际出发，既要努力提升规划的科学性，也要致力于增强规划的实施性。规划人应抱有科学务实的现实态度，懂得分辨哪些是要始终追寻的理想，哪些是必须正视的现实。只有规划能落到地上，规划工作才具备为公众谋取更大利益和话语权的现实意义。

道德与责任

有人戏言，规划是“向权力讲述真理”。的确，在一个方方面面都对规划给予厚望的时代，规划者似乎背负了太多的抱负和责任。伴随这种抱负和责任而来的还有多元化的利益的诉求，规划人小心翼翼地蹒跚在利益的平衡木上，这种格局时刻考问着我们的品性和道德。什么该做、什么不该做、该如何做？回答好这样的问题实属不易，解决好这样的问题更是难上加难，既需要坚守道德与责任，也需要胸纳智慧与勇气。

规划人要有底线思维。不能触碰的是刚性，要敢于向压力说“不”，在规划的“大是大非”上如不能坚持原则，最后损害的是公共利益、城市整体利益、社会长远利益。

在跋涉的历程中，难免会遇到各种各样的困难与挫折。没有韧性与执着，自然无法邂逅“柳暗花明”后的豁然。政治、经济、社会、生态等外部环境在不断变化，诸多的问题和矛盾需要解决，不能指望毕其功于一役，规划人须具有“上下而求索”的品质和操守，“功成不必在我”的胸襟和气度。

规划人要有理性思维。理性地看待规划，理性地看待自己和自己所处的环境，不唯书、不唯上、只唯实，对民众、对法律、对城市心存敬畏，有所为有所不为。既要不遗余力地维护公共利益，也要尊重个体合理诉求，同时更不能被个别利益群体所“绑架”。

规划人要有责任担当。责任与道德相伴而生，是一种职责、一种使命、一种义务，规划人与不同岗位、不同群体的人一样肩负着对社会的责任，这种对市民与城市的承诺决定了必须砥砺前行、攻坚克难。在通往规划人的“理想之城”这条曲折与荆棘之路上义无反顾、奋力向前。

理论与实践

或许有人质疑，规划不过是“墙上挂挂”的“一纸空谈”，对规划人也存“重思辨而轻实施”的成见。但今天的现代城市规划工作，早已渐远了“镜里看花”式的理论倾向，摆脱了闪烁着“阶段性智慧创作火花”的艺术家情结。因为，许多看似经典甚至完美的学说不一定能得到现实利益群体的共鸣，也不一定能解决城市发展中的“疑难杂症”。“学院派”的范儿，只会曲高和寡，而在具体事务上又步履维艰。

规划是一门实践性的综合科学。从规划实施理论到行动规划理论，从规划政治性理论到沟通规划理论，从全球城市体系理论到可持续发展视角下的精明增长、新城市主义、紧凑城市理论，无一不是在城市发展进程中反思、实践，再反思、再实践的知行统一，这一辩证的认识与实践过程循环往复，生生不息。

“真正影响城市规划的是最深刻的政治和经济的变革”。不同的社会制度和政治背景、经济模式、发展阶段以及文化差异，必然造成规划工作范畴、地位和职责上的差异，规划需要鼓励地域性的理论实践与创新，不能墨守成规，也不能“照猫画虎”。对于规划而言，“管用”是硬道理，理论的普适性只有和城市地域化的个性和实践相互校验才有意义。

这个时代是变迁的时代、转型的时代、碰撞的时代。在这样的时代，需要把握规律的理论指导责任，需要远见的规划实践。必须认知前沿理论，把握发展方向，把问题导向作为一切规划探索和创新的出发点。为此，结合对一个世纪以来规划理论发展脉络梳理和济南规划实践的探索，我们尝试提出了“复合规划”的理念构想。所有这些并不是奢望在理论探索上标新立异，而是希望以此寻求源自实践的规划理论，并更好地应用于规划实践，藉此解决发展的现实矛盾和问题。

历史与未来

有人怀念，说“城市是靠记忆而存在”。是的，“今天的城市是从昨天过来的，明天的城市是我们的未来”，城市本身就是一个生命体，它不断新陈代谢，不断吐故纳新，不断结构调整，不断空间优化，自身得以保持旺盛持久的生命力。从原始聚落到村镇、从初始城市到多功能复合城市、从独立的城市到复杂的城市群，螺旋上升的过程中城市发展的规律与脉络清晰可循。规划是历史和未来的接力，既不能违背客观规律，也不能超越特定阶段，否则必将劳民伤财，自酿苦果，给城市发展造成不可逆转的损失。

翻阅中国当代城市史，我们也曾机械地沿用苏联模式，但面对市场经济的冲击，却发现“同心圆”、“摊大饼”式的空间扩张模式是如此一厢情愿和不堪重负。当尼格尔·泰勒、简·雅各布斯的著作为我们开启了一扇了解西方规划理论的窗口，中国规划师和规划管理者学习借鉴的目标不再拘囿于社会体制的限制，转向西方探求“洋为中用”的扬弃之道。实践之后，我们更加强烈意识到任何规划理论都要立足国情和地域，这也许意味着中国的城市规划已经开始走向理性与成熟。

这些年，规划从见物不见人到以人为本，从机械单一到综合复杂，从一元主导到多元融合，从关注“计划”的落实和空间布局艺术到关注全面协调可持续发展，我们切身体会到了什么是“人的城市”。山水城市、广义建筑学、人居环境科学等理论先后出现，意义重大、影响深远，具备了发展具有中国特色、地域特征、时代特点的本土规划理论的基础和条件。在此借用吴良镛先生的箴言，“通古今之变，识事理之常，谋创新之道”以共勉。未来的规划工作应立足地域市情，结合城市发展的阶段性特征，把握规律、顺势而为，潜心思考新形势下规划的地位、作用和功能，把重心放在引领发展、解决问题、化解矛盾、增进和谐上，积极探索具有时代特色、地域特色的规划实践之道。

“衣带渐宽终不悔，为伊消得人憔悴。”规划探索永无止境。愿我们十年来的所为、所思、所悟，能够为大家提供一点借鉴。

作者于济南

2013 年 12 月 1 日

2002 年初春，本书作者陪同吴良镛院士在济南华山、鹊山考察调研

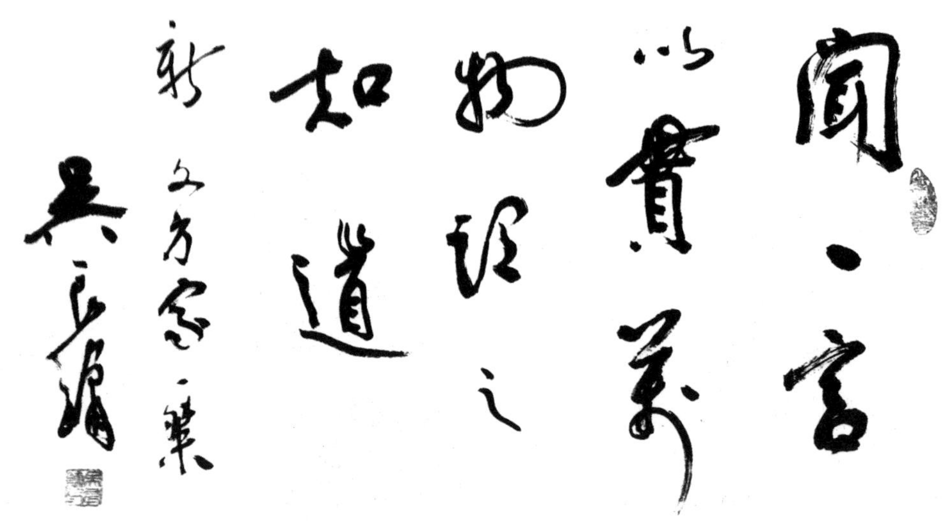

吴良镛院士赠言：闻一言以贯万物，谓之知道

前 言

改革开放三十年，从见物不见人到以人为本，从简单、单一到复杂、综合，从一元主导到多元融合,中国城市规划走过了从学习借鉴西方理念到结合国情吸收扬弃的过程。时至今日，随着实现“中国梦”总体目标的提出和新型城镇化的进程加快，如何引领和推动转型发展成为本土规划面临的时代命题。

本书围绕现代城市规划理论流变再解读、对规划本质的再思考和价值体系再认识、行动模式再转变、愿景实现再构建，阐述了一系列观点。首先，从城市规划的“再解读”着手，总结出“五段论”、“八趋化”、“复合化”的理论演化启示。在“再思考”中,从规划的政治、经济、社会、文化、历史、技术等属性入手，对城市物质空间背后的政治经济社会成因、利益关系博弈及需要协调的矛盾冲突进行了剖析。“再构建”中，归纳出唯民、唯真、唯实的价值取向，科学、人文、依法的核心理念，公开、公平、公正的基本原则，以及引领科学发展、解决实际问题、化解多方矛盾、保障城市和谐的任务导向。“再转变”中，本着“知行合一”的理念，提出实现由部门规划向社会规划、由空间规划向综合规划、由技术规划向政策规划、由速度规划向质量规划、由管理规划向引领规划的“五个转变”。“再构建”中,指出科学规划、民主规划、依法规划、务实规划、和谐规划是连接现实与愿景的基本途径。

在此基础上，结合地域规划实践，本书创新性地提出了复合规划（Complex Urban Planning）理论。阐述了复合规划以合作、综合和统筹为方向，遵循问题导向、价值取向、转型发展、政策设计、区域视角、人文尺度、混合利用、强度匹配、多样共生、绿色低碳等十项策略主张的观点。

最后，理论结合实践，思辨结合行动，本书以“济南市华山历史文化公园项目”的实践行动与复合规划理念相互印证，总结出了具有典型和示范意义的“华山模式”，进一步延伸了复合规划的理念和内涵。

城市规划的理论和实践标准并非一成不变,它具有与时俱进的特性。在城市转型发展时期，本书借此进行广泛而深入的探讨，有助于形成百家争鸣的大好局面。诚然，复合规划的理论未必“绝对正确”，但其显现出的理论体系框架、辩证思维期望能给规划工作者带来些许有益启示。

目　录

前　言

第一章　现代城市规划理论流变的再解读

第一节　现代城市规划发展阶段的划分标准 …… 003
第二节　现代城市规划理论发展的五个阶段 …… 004
第三节　中国现代城市规划理论的发展 …… 021
第四节　现代城市规划理论演化的启示 …… 026
第五节　地域化城市规划理论及实践的探索 …… 032

第二章　对城市规划本质的再思考

第一节　城市规划属性的再思考 …… 041
第二节　城市规划作用的再思考 …… 049
第三节　城市规划规律的再思考 …… 056
第四节　城市规划协调的再思考 …… 063
第五节　城市规划博弈的再思考 …… 068

第三章　城市规划价值体系的再认识

第一节　城市规划的价值取向 …… 078
第二节　城市规划的核心理念 …… 082
第三节　城市规划的基本原则 …… 087
第四节　城市规划的任务导向 …… 091
第五节　城市规划的作用路径 …… 094

第四章　城市规划行动模式的再转变

第一节　部门规划向社会规划转变 …… 103

第二节　空间规划向综合规划转变 …… 108
第三节　技术规划向政策规划转变 …… 113
第四节　速度规划向质量规划转变 …… 119
第五节　管理规划向引领规划转变 …… 125

第五章　城市规划愿景实现过程的再构建

第一节　科学规划是理性过程 …… 133
第二节　民主规划是政治过程 …… 139
第三节　依法规划是法治过程 …… 144
第四节　务实规划是实践过程 …… 149
第五节　和谐规划是社会过程 …… 156

第六章　复合规划理论的构架探索

第一节　转型期城市问题的复合性 …… 166
第二节　复合规划的方向及属性 …… 172
第三节　复合规划的策略主张 …… 178
第四节　复合规划的应用工具 …… 185

第七章　复合规划指导下的“华山模式”

第一节　项目背景 …… 206
第二节　日益凸显的现状问题 …… 210
第三节　华山项目的复合定位 …… 212
第四节　复合规划理论的华山体现 …… 215
第五节　“华山模式”的基本原则 …… 221
第六节　“华山模式”的主要特点 …… 223

附录 1：美国“新城市主义”和中国“复合规划”——王新文博士与彼得·卡尔索普(Peter Calthorpe)先生关于中国城市规划理念和方向的对话 …… 228

附录 2：彼得·卡尔索普(Peter Calthorpe)先生原文笔录 …… 235

参考文献 …… 239

后记 …… 245

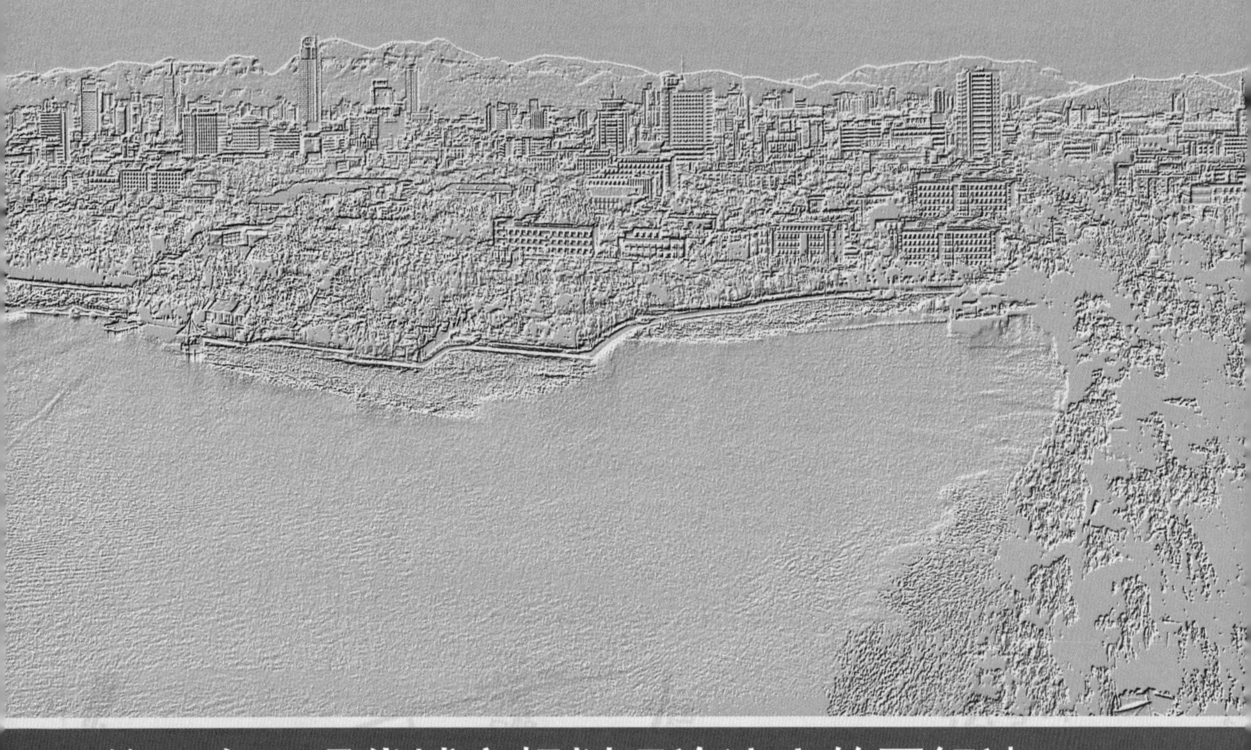

第一章　现代城市规划理论流变的再解读

闻一言以贯万物，谓之知道。

——《管子》

通古今之变，识事理之常，谋创新之道。

——两院院士吴良镛先生题

规划理论就是要探求物质空间现象背后的本质和规律。

——作者

导言：城市转型中的地域规划思考

中国的城市正经历着巨大的转型，由此带来了城市规划的环境也在不断发生着变化。归纳起来，经济环境的转型使得当前的中国城市规划正在面临着新的转变。

首先，经济方面，从政府主导向市场主导转变。改革开放之前我国实行的是以计划为主导的经济体制，城市规划的主要任务是落实国家计划，为重大项目空间布局服务。随着改革开放的深入，社会主义市场经济体制的正式确立，市场主体成为城市规划实施的重要主体之一，城市规划面临的环境条件由此发生了深刻变化，这就要求城市规划更要有弹性，更要适应市场的多样变化，同时在规划中要遵循经济发展的规律，体现市场环境中城市要素应具备的空间经济分布特征。另外，城市规划还需要纠正市场的失灵，体现政府的宏观调控意图等。

其次，在社会方面，群众需求更加多元化。这首先要归因于国家经济实力的提升，群众生活水平的整体提高，从而引发了民众对消费的多元化需求。城市规划不再是要满足城市人居住、工作、交通和游憩四大功能的基本配置，城市功能定位也不能简单地以生产型城市和消费型城市加以区分。物质极大丰富的年代，人们有了更多的选择，从追求城市的功能完善到追求城市的品质。城市规划不仅要满足城市基本功能，更要满足不同社会群体的多样化空间需求，也要充分尊重个体的规划诉求，建立公众参与规划的新机制。

另外，政治方面，城市从封闭走向开放。十一届三中全会的召开是改革开放的起点，也是中国从封闭走向开放的标志性节点。新中国成立之初，封锁与封闭共存，中国在对外策略上不得不采取“自力更生、艰苦创业”的方针，封闭也是一种无奈之举。随着二战之后冷战格局的结束，和平与发展成为时代的主题，中国的改革开放迎来了巨大转机。这一转变对中国城市规划的影响巨大，特别是全球化进程的加快，使得规划学科在理念、过程和路径上都开始由封闭走向开放。

最终，城市规划的终极目标发生了转变，从单一目标变为多元目标。新中国成立后的城市规划工作初衷是为了落实国家项目的落地，以解决无序建设为主。改革开放之后，随着工业化进程的推进，规划的目标又增加了保护生态环境，后期又增加了经济产业协调、历史遗产保护等内容。随着改革开放的深入，有些城市规划还需要承载改革示范试点的功能。时至今日，城市规划的目标已经体现出综合化、多元化特征。

城市规划的环境在不断发生着新的变化，关于城市规划的思考、探讨也不应停止。在全面转型过程中，如何寻求历史与未来、理想与现实、理论与实践的结合点、平衡点，就显得尤为重要。

图 1–1　吴良镛先生为中国城市规划学会成立 50 周年庆典题字

“通古今之变，识事理之常，谋创新之道。”两院院士吴良镛先生为中国城市规划学会成立 50 周年庆典时的题字，高度概括了城市规划工作发展应当秉持的理念，也是本书研究的切入点，即从历史与理论中总结经验教训，然后再以此为基础进行规划创新（图 1–1）。本章主要做了两方面的工作：

第一，阐述了本书研究的意义。从现代城市规划理论流变解读入手，将西方现代城市规划理论演化归纳为五个阶段，并与新中国成立后的中国城市规划理论发展相印证，发现中国城市规划理论发展的特征和不足，从而为本书提出“地域规划理论与实践”这一命题奠定逻辑与研究基础。

第二，归纳了本书的研究框架。在理论研究的基础上，提出研究的“六角形”理论框架，明确了地域化城市规划理论探索的三个出发点和三个支撑点。再对本书的主要案例进行基本介绍，为后续章节内容起到了引领作用。

第一节　现代城市规划发展阶段的划分标准

现代城市规划产生于 19 世纪末 20 世纪初，主要是针对当时工业城市的发展，在认识工业城市问题的同时，提出相应的解决方法，并由此构筑了现代城市规划理论的基本框架。其中，以霍华德于 1898 年提出的“田园城市”理论和 1909 年英国通过的《住房、城镇规划法》作为诞生的标志性事件。

对现代城市规划发展阶段的划分是认识现代城市规划历史发展脉络，系统归纳现代城市规划发展经验和教训的基础性工作，它在现代城市规划理论的研究中占有重要的地位。根据相关的资料来看，当前国内学者对现代城市规划发展阶段的划分依据并没有形成一个统一的标准，因而产生了多种划分的结果，可谓“仁者见仁，智者见智”（表 1–1）。

本书对现代城市规划理论发展阶段的划分，借鉴了既有的研究成果，同时侧重于从城市规划管理三大环节的视角出发，即依据在现代城市规划历程中相关理论对城市规划的编制、实施和监督三大环节所产生影响的程度，将现代城市规划理论的发展划分为五个阶段，分别是空间规划理论盛行的阶段、理性规划理论盛行的阶段、实施规划理论盛行的阶段、沟通规划理论盛行的阶段和综合规划理论盛行的阶段，其体现了现代城市规划关注内容从编制到实施，

当今国内对现代城市规划发展阶段的划分的代表性观点　　表 1–1

序号	分类	依据	出处
1	物质规划阶段；经济规划阶段；生态规划阶段；社会规划阶段	以各时期规划考虑的重点问题的划分	顾朝林等《概念规划——理论·方法·实例》
2	两次世界大战之间；第二次世界大战后至 20 世纪 60 年代；20 世纪 70 年代；20 世纪 80 年代；20 世纪 90 年代至今	按照世界历史事件的时间年代来划分	周国艳等《西方现代城市规划理论概论》
3	发展历程 1：20 世纪 20 年代至第二次世界大战时期的理论准备；第二次世界大战后至 20 世纪 60 年代的全面实践阶段。 发展历程 2：对现代建筑运动的批判；系统科学及其在城市规划中的应用；政策研究与城市管理的转型；城市发展和城市问题的政治经济学研究；后现代城市规划研究	规划理论和实践划分；规划各时期研究出发点的考虑	孙施文《现代城市规划理论》
4	19 世纪：前规划时期与现代城市规划的诞生；20 世纪上半叶的发展：以建筑学与工程学为主体的规划活动；二战后的恢复、发展与衰退；全球化与可持续思想下的发展	各阶段的标志性事件，综合考虑城市发展、规划方法、规划教育和职业、规划实践等方面	曹康《西方现代城市规划简史》

再从实施到监督的演化历程。对于城市规划管理的编制环节而言，对其产生巨大影响的是空间规划理论和理性规划理论。其中，空间规划理论主要针对微观层面的规划编制；理性规划理论则主要针对宏观层面的规划编制和规划程序；实施规划理论则对应于规划管理三环节中的规划实施，当现代城市规划发展到实施规划理论阶段时，总体规划 + 详细规划的城市编制体系基本形成，并且通过实施评估和行动计划等理念的落实，推动了城市规划实施的可操作性；对于沟通规划理论其主要是对监督环节产生了巨大的影响，为城市公众参与到城市规划工作中提供了理论基础；最后一个阶段是综合规划理论阶段，它是在城市规划的编制、实施和监督三个环节理论基本形成的基础上，面对城市规划环境发生新变化时作出的再探索，其理论的指导意义在以上三个环节上均有体现。需要说明的是，现代城市规划理论发展的“五段论”也仅是本书的一家之言，何况这五个阶段之间又密切联系，相互交叉，故此不可能泾渭分明，只是便于理论范式的分析探讨而已。

第二节　现代城市规划理论发展的五个阶段

一、空间规划理论

自 20 世纪初至 50 年代末，是以现代城市空间规划理论为主导的发展阶段。这一时期随着工业革命的迅速发展，欧美资本主义国家的城市出现了一系列新的问题。大工业城市快速膨胀，生产高度集中，工厂盲目建造，城市建设毫无计划性，导致大城市工业畸形发展，人口高度集中，市民居住条件恶劣，土地使用、城市环境、生活空间面临日趋严重的困境。针对这一时期资本主义工业城市的种种环境恶化问题和社会问题，19 世纪末开始兴起的现代城市规划运动，非常关注当时日趋恶劣的城市环境和产业工人的生活状况，在以设计为基础的城市规划中，许多规划师认为物质环境是影响社会行为的最重要因素，并直接关系到人们的生活状况。这个时期随着工业革命带来的技术进步，建筑的生产方式也在不断发生着变化，现代主义思潮的逐渐形成对这一时期的空间规划理论发展提供了肥沃土壤。特别是经过 20 世纪 30 年代现代建筑运动的推进，以《雅典宪章》的诞生为标志，最终促使了空间规划理论成为这一时期的主导性规划理论。

这一时期的规划理论具有以下几个特征：第一，城市设计是城市规划的核心，在追求城市物质环境改善的同时，遵守美学构图的原则；第二，城市规划理论的最终表现形式必然涉及规划蓝图，这种蓝图应统一精细表达城市土地使用和空间形态结构，形成“终极状态”规划，同时对建筑或其他人工结构环境进行设计；第三，城市规划理论主要由建筑师或工程师提出。

整体来看，空间规划理论主导的阶段适应了当时社会经济发展的需要，为改善城市环境，建设工业化时期的城市提供了理论支撑和技术手段。同时，该阶段规划理论的发展也为现代城市规划学科的建立，奠定了扎实的基础。然而，空间规划理论在后期也受到了许多人的批判，主要集中在以下三个方面：第一，乌托邦主义的有关模式难以实现，有些理论追求极端而忽视城市化的发展阶段；第二，过于注重物质设计，而漠视社会性需求；第三，规划以最终蓝图呈现，缺乏咨询过程。

关于空间规划理论较有代表性的规划思想主要有：田园城市理论、现代城市理论、有机疏散理论、广亩城市理论、物质空间形态理论和“终极蓝图”理论等。

1. 霍华德的田园城市理论

1898 年，霍华德在《明天：通往真正改革的和平之路》一书中提出了“田园城市”理论。霍华德针对当时的城市尤其是像伦敦这样的大城市所面临的拥挤、不卫生等问题，提出了一个兼有城市和乡村优点的理想城市——田园城市。田园城市是为健康、生活以及产业而设计的城市，它的规模足以提供丰富的社会生活，但不应超过这一程度。他认为当城市发展到规定人口时，便可在离它不远的地方另建一个相同的城市。他希望通过在大城市周围建设一系列规模较小的城市来分散其过多的人口，从而解决大城市拥挤和不卫生的状况，在其论述中更多地体现出人文的关怀和对社会经济的关注。霍华德的理论对城市规划学科的建立起了重要作用，当今规划界一般都把霍华德“田园城市”的提出作为现代城市规划开端的标志。

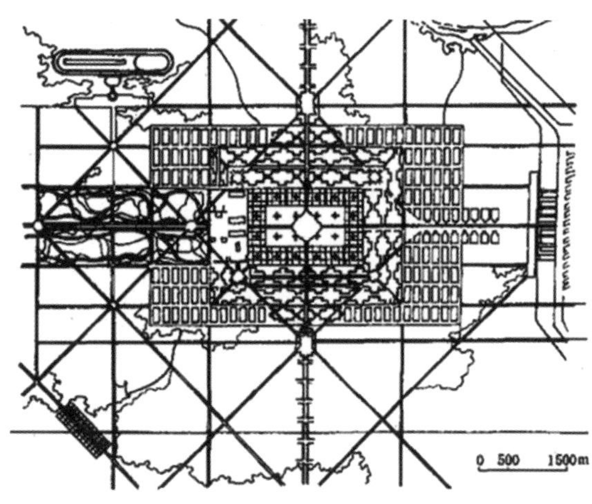

图 1–2 柯布西耶的现代城市设想

2. 柯布西耶的现代城市设想

与霍华德“田园城市”的理论相左，法国建筑师柯布西耶于 1922 年发表的“现代城市”设想则是从建筑师的角度出发，在人口进一步集中的基础上，希望以物质空间的改造来解决城市问题，其中心思想是通过提高市中心的密度，改善交通，全面改造城市地区，提供充足的绿地、空间和阳光（图 1–2）。柯布西耶认为城市必须集中，只有集中的城市才有生命力，由于拥挤而带来的城市问题是完全可以通过技术手段而得到解决的。霍华德与柯布西耶的两种截然相反的思想界定了城市发展的两种指向：分散发展和集中发展。

3. 伊利尔·沙里宁的有机疏散理论

有机疏散理论是为缓解城市过分集中所产生的弊病而提出的关于城市发展及其布局的理论。有机疏散就是把大城市拥挤的区域分解成为若干个集中单元，并把这些单元组织成为“在活动上相互关联的有功能的集中点”。他认为“对日常活动进行功能性的集中”和“对这些集中进行有机的分散”这两种组织方式，成为原先密集城市得以必要地和健康地疏散所必须采用的两种最主要的方法，任何的集中分散运动都应当按照这两种方法进行，只有这样，有机疏散才能得以实现。

4. 赖特的广亩城市设想

把城市分散发展推到极致的是赖特的广亩城市设想。这是一个把集中的城市重新分布在一个地区性农业方格网上的规划方案。赖特认为，在汽车和廉价电力遍布各处的时代里，已经没有将一切活动都集中于城市的需要，而最为需要的是如何从城市中解脱出来，发展一种完全分散的、低密度的生活居住与就业结合在一起的新形式，这就是广亩城市。美国城市在 20 世纪 60 年代以后出现的郊区化现象很大程度上是赖特广亩城市思想的体现。

5. 物质空间形态规划理论

第二次世界大战后，基于战后重建和恢复生产的需要，物质空间规划决定论的观点成为主流城市规划概念的一部分，即规划基本上是一种“技术”行为，这种行为本身不是政治性的，或者至少它不带任何特定的政治价值观。由于城市规划被视为是有关空间位置、形态以及土地使用与建筑布局的规划活动，因此它也被当作是一种物质空间形态或城市设计工作，城市规划被认为是建筑设计的延伸。在二战后早期，大多数城市规划从业者是建筑师出身的规划师，他们将城市规划视为城市设计，新城镇总体规划被深化成详细设计，即使是构思区域规划方案,其表现也类似于一种大型的城市设计活动。作为"建筑的延伸"的城市规划概念一直持续到20世纪60年代。由于二战后的规划师多是建筑师出身，像建筑一样，城市规划被视为"艺术"，尽管是"应用"或"实践"的艺术，在这一艺术中，城市实用性或功能性需求能够得到满足。其中，最能反映这种思想的是刘易斯·吉伯勒于1952年所著的《城乡规划原理和实践》及英国二战后的第一代新城镇。

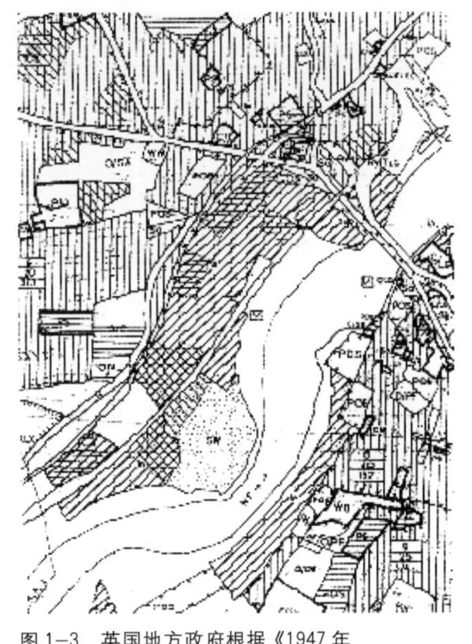
图1–3　英国地方政府根据《1947年城乡规划法》编制的发展规划

6."终极蓝图"规划理论

按照物质空间规划理论，城市规划基本被视为一种物质空间形态设计工作，"规划图"被视为"终极蓝图"，描绘了城市未来的发展形态——一种总有一天将实现的终极状态。正如英国规划专家彼得·霍尔所言："规划专业在英国一开始就拥有浓厚的设计成见：一种以形态蓝图的方式，完成规划设计的成见"。20世纪40～50年代编制的新城镇规划图非常完美地表达了这一"蓝图"特征。根据英国《1947年城乡规划法》，地方政府着手编制完成的第一代发展规划，就是使用这一方法（图1–3）。这一时期的城市规划理论常常沉迷于空想的规划或设计方案，这些方案展示了理想中的城镇或城市应该怎样在三维空间上进行组织。就像霍华德的"田园城市"，索里亚·马塔的"带形城市"，柯布西耶的"现代城市"（包括后来的"阳光城市"），以及赖特的"广亩城市"，都是此种方法的最佳例子。换句话说，由于城市规划在当时被视为一种规划与设计城镇物质空间形态的活动，规划理论自然而然地成了表述城市形态的规划理论，认为城市规划本质上是空间形态设计，主要涉及为未来城市形态编制终极发展蓝图。

显而易见，这种空想型的城市设计传统由于极少与实际联系，难以在社会中赢得广泛响应，因而往往仅停留在图纸状态，在面对现代城市的迅猛扩张中，无力应对各种复杂因素和挑战，更无法从根本上解决各种令人棘手的城市公共问题。

二、理性规划理论

进入20世纪50年代，西方经济在二战后迅速得到了恢复和发展，西方社会再次进入普遍繁荣的经济时代。城市规划理论的发展也迎来了又一次转型，由空间规划理论主导的阶段开始向理性主义规划理论主导的阶段转变。这一阶段的规划理论与信息论、系统论、控制论和决策论等理论产生直接的联系，理性主义规划理论的盛行正是由于当时的一些学者将科学系统理论和现代主义理论融合在一起，这标志着战后时期现代主义乐观思潮的来临。这些科学的理论在 20 世纪 40 年代和 50 年代在其他领域已经形成了，到了 60 年代才“嫁接”到城市规划中来，并逐渐对城市规划理论产生了广泛的影响。

这一阶段规划理论的主要特征是：理性规划、系统思想和系统方法在城市规划中得到了广泛运用，直接改变了过去将城市规划视作对终极状态进行描述的观点，而更强调城市规划的技术性、过程性和动态性。

经过这一阶段的发展之后，城市规划有了根本性的变化。即在 20 世纪 50 年代以前及 50 年代，城市规划基本上被看做是一门艺术，而到了 60 年代末期，城市规划基本上已经被看做一门科学了。然而，理性规划理论自产生开始就伴随着外界的批判，其中最大的质疑在于：理性规划理论意图用纯自然科学的方法来加强规划的企图，并不能解决城市中实实在在的社会问题。有些学者毫不客气地指出：“系统规划理论和方法内容虚无空洞”。这是因为城市具有的复杂性和不断变化的社会性，任何计量模型都不能将其准确模拟。到 20 世纪 80 年代随着批判的日益增多，理性规划理论逐渐失去了其主导地位。

有代表性的理性规划理论主要包括：系统规划理论、过程规划理论、区域规划理论和卫星城理论等。

1. 系统规划理论

系统规划将城市看做是一个由不同部分组成的相互关联的整体，包括政治、经济、社会等不同方面，已经完全超出了物质形态的设计，强调的是理性的分析、结构的控制和系统的战略，具有五大特征：第一，一旦承认了城市是复杂的系统，那么规划人员需要了解“城市是怎样运行的”；第二，一旦城市被看成不同区域位置的功能活动相互联系和作用的系统，那么一个局部所发生的变化将会引起其他局部的相应变化；第三，系统规划将重点放在功能活动、城市活力和变化上，提出需要有更强适应性的、灵活性的规划，譬如粗线条“结构”规划，而不是为一个特定的未来而制作的“终极蓝图”；第四，坦然面对城市变化，将城镇规划看做一个在不断变化的情形下持续地监控、分析、干预的过程，而不是为一个城市理想的未来形态制定“一劳永逸”的蓝图；第五，把城市看做一个相互关联的功能活动系统，这意味着，应该从经济方面和社会方面来考察城市，而不仅仅是从物质空间和美学方面研究城市。

2. 理性过程规划理论

20 世纪 60 年代中期到末期，出现了一种注重规划研究过程的“程序性”规划理论，这就是理性过程规划理论。这是有关规划过程，特别是有关将规划作为一个理性决策过程的理论。美国学者梅尔文·韦伯指出："规划是达成决策的一个方法，而不是具体的实质性目标本身……规划是一个特别的方法，用于决定应追求哪些目标、应采取哪些具体措施……大体上这个方法独立于有待规划的对象"。理性过程规划理论将规划过程分成五个主要阶段（图 1–4）：第一阶段，界定问题或目标。必须存在某个问题或目标，以此引发对一项行动规划的需求。第二阶段，确定比选规划方案或政策。考虑是否存在可选择的方法来解决问题或实现目标，如果有，将它们逐一列明。第三阶段，评估比选规划方案或政策。评估那些可选择项的可行性，哪一项实现期望目标的可能性最大。第四阶段，方案或政策的实施。规划过程并不会在作出决策后就结束，因为被选取的政策或规划需要得到实施。第五阶段，效果跟踪。需要跟踪规划的实施效果，察看是否实现了期望的目标。因此，理性规划过程是一个处在进行中的连续的过程，规划目标很少得到全面实现，即使得偿所愿，又会出现其他目标或问题，因此理性规划过程没有最终状态，可以反馈到过程的任何阶段。

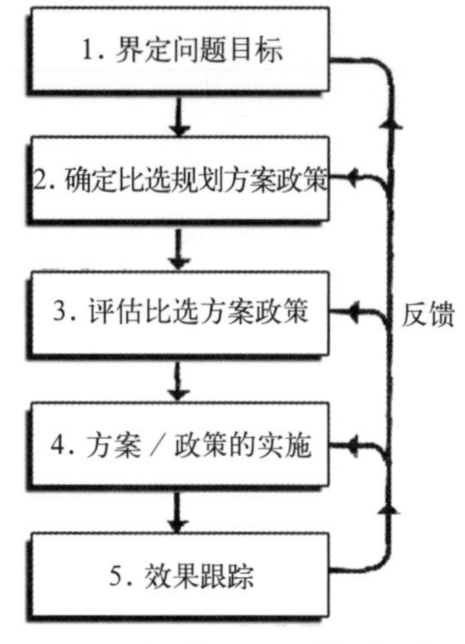

图 1–4　规划作为一个理性行动的过程

三、实施规划理论

20 世纪 60 年代中期开始，西方社会和经济方面的紧张局势大大破坏了二战后经济繁荣带来的和平稳定。1973 年起，西欧进入停滞—通货膨胀阶段，经济停滞、通货膨胀、资产市场崩溃、金融机构面临严重困难，经济危机开始了。在这一时期，出现了一个批判二战后规划理论的"第二次浪潮"，这次浪潮主要指向理性和系统规划理论，或"程序规划理论"。在这次浪潮中，主要批评包括两个方面：一是指责程序性规划理论不是基于现实的规划实践经验研究，因此尽是空话；二是理性规划模式没有把注意力放在规划方案和政策的实施问题上，毕竟规划和政策的目的是要得到实施。美国规划学者约翰·弗里德曼是第一个公开提出对理性规划模式进行批评的人，他明确指出，当前存在把制定规划的活动与实施这些规划的事务分离的倾向，"规划和实施是两个截然不同的、可分离的活动，这个思想非常顽固。"弗里德曼认为："成功的规划需要在编制规划和政策的同时考虑可能发生的实施问题。有效的规划实施需要在编制规划的早期阶段就开始……编制规划并不是规划过程中的一个独立阶段"。

在这种批评声中，暗示了一种价值取向，这就是规划理论应当是关于规划实践的理论，应当被描述成事实上起何作用的理论，而不是用理想化的术语来表达关于理性决策可能或应当如何。于是规划理论学者呼吁应该对规划及其实施效果进行实验性调查。在此背景下，规划的实施问题成为理论关注的焦点。

这一阶段规划理论的出现是时代的发展与前一阶段理性规划理论批判共同作用的产物。这一阶段的规划理论主要影响有三个：第一，基本形成了规划编制体系中总体规划 + 详细规划的框架；第二，规划评估的产生极大地推动了规划从静态式向动态式转变；第三，在规划实施的策略性上开始注重行动计划的操作。

关于实施规划理论较有代表性的规划思想主要有：规划实施理论、规划实施评估理论和行动规划理论等。

1. 规划实施理论

1973 年，普雷斯曼和怀尔达夫斯基在他们出版的教科书《实施》中清楚地指明："应思考那些看起来十分简单的实施行为的复杂性；应承认大多数项目的实施需要许多行动主体的参与，因此首要的任务必须是与相关的主体接触，以取得他们的支持；应保证组成一个高效的团队来执行一项计划或项目，其关键是确保在实施方案的分工协作方面责任清晰"。这表明，规划的实施很少能单独依赖有关政府部门或规划当局的行动，而是通常涉及并需要不同行为主体的合作，规划师和决策人员要成为有效的实施者，必须与行动主体建立联系，由于不同主体有自己的利益目标，而这些目标并不是总能与政府当局的目标一致，因此规划师和决策人员必须拥有谈判的技能。也就是说，有效的规划实施需要具备与他人联系、沟通和谈判技能的规划人员。

因此，如果城市规划要对全社会有些效能的话，那么就必须把它视为以行动为核心的理论。规划实施理论主张充分考虑规划实施过程中的实际问题，强调规划人员要协调各方利益关系，增强规划的可实施性。因此，它所遵循的务实理念对城市规划理论发展影响深远。

2. 规划实施评估理论

1966 ~ 1971 年间，英国规划学者彼得·霍尔开展了对规划实施效果进行评估的研究，并于 1973 年发表了著名的《英格兰城市控制》一书，对规划实施效果进行了透彻的研究与论述。研究的焦点是第二次世界大战后所创建的规划理论，检查其目标、运作和效果。研究结论是战后规划理论已经产生了三大效果：城市控制、郊区化、土地及房产价格的上涨，这些效果中只有第一个效果是规划的意图，防止城市蔓延是二战后规划工作的主要目标之一。但是郊区化大大增加了上下班距离，却不是规划的本意，规划人员的本意是设想建设配套齐全的居住区，优化上下班交通。而助长土地和房产价格的通货膨胀也并非规划的意图，因为这将不可避免地打击社会贫困家庭，规划先驱者的本意是追求社会公平以及物质环境的改善，而不是加剧社会的不公。然而，调查的结论是战后规划所产生的效果适得其反。

关于资源“分配”的规划控制有效性评估方面，皮克万斯指出，评价规划控制有效与否需要检查规划的存在对土地资源的分配和自由市场与非规划情境下有什么不同。他认为英国的规划对于土地资源分配和控制实际上是顺应市场趋势的结构规划。因此，可以推断，英国二战后的城市开发的资源分配成效来源于市场的作用而不是规划。

还有一些规划理论评论家借鉴了马克思主义历史唯物主义的基本理论观点，对于西方战后20世纪70年代的城市规划实施效果的形成原因作出了解释。20世纪70年代初发生的石油危机以及出现的大城市内城衰退，使人们意识到“城市危机”的存在，传统的经济学、社会学、政治学等经典理论并不能作出很好的解释，而马克思主要的思想方法和社会理论可以对此进行深刻的揭示。他们将资本主义看成一个集成但是不完美的经济和社会制度体系，而政府和规划都是这个制度的组成部分。因此，规划只能在实践中发挥支撑和维护资本主义市场的作用。

3. 行动规划理论

行动规划出现于20世纪60 ~ 70年代的英国，一般被定义为在地方层次上解决问题的、实施导向的规划过程，有时又被称为“项目规划”，是实施规划的行动指南。

英国地方政府部门需要编制的城市规划主要包括两个层次，即结构规划（structural plan）和地方规划（local plan）。而后者包括一般性的针对各个城区的城区规划（district plan），和对近期需要采取建设或改造行动的行动规划（action plan）。自2002年起，英国中央政府采用以单一的地方发展框架（local development framework）来代替传统的结构规划和地方规划。地方发展框架包括三部分内容：一是阐述地方政府的发展目标愿景（vision）和发展战略的政策性内容（policy statement），二是针对近期需要采取建设或改造行动的各个局部地区的详细的行动规划（action plan），三是一张标明上述需要采取行动的各局部地区和被保护地区的区位地图。根据具体情况，行动规划可以独立编制也可以在已有规划的基础上增加进去，以避免重复工作，同时又能反映当地实际情况。

基于国内外学者的分析研究，我们可以从以下几个方面去认识行动规划：

行动规划是基于全局，突出重点，以重点可实施项目为纲领的行动方案；行动规划同时关注市场的有效性和公共利益；行动规划强调的是基于长远目标的近期项目的可实现性和可操作性；行动规划是根据现实的发展环境，作出符合远景目标的近期决策，它是基于渐进式的而非综合式的规划；行动规划根据现有的财力状况，对近期的发展和行动进行安排，以增强行动的统一性和连续性。

四、沟通规划理论

20世纪80年代，国际政治环境发生了巨大变化，苏联国力衰退、欧盟建立、亚洲经济崛起以及中国的改革开放等，世界政治格局进入从两极对抗转向多极化制约的新阶段。政治环境的复杂性造就了思想的多元，西方社会生活各个领域的思潮激烈交锋，社会、经济、文化以及意识形态等方面均向着多元化、混杂化、不确定性的方向发展。在经济运行层面，市场经济逐渐强大而政府职能不断削弱；在意识形态层面，后现代主义思潮逐渐成熟，由此催生了“沟通规划理论”。

在德国哲学家哈贝马斯的交往理性思想、英国社会学家吉登斯的制度经济学、法国思想家福柯关于话语及权利方面的研究以及美国哲学家杜威等人的实用主义思想的影响下，产生了沟通规划及其一些分支，如协作规划、协商规划、辩论规划等一些新的规划理论与方法。核心都是规划过程中各方利益的均衡与协调，以及规划师如何促进各方之间的规划目标的实现。这种规划理念，与物质形态规划、理性系统规划都有很大的不同，它注重社会公平，但也有价值取向，所以更加趋近规划的本质。

沟通规划理论的作用是促进了规划的民主性，推动了城市规划师从技术专家向沟通者转变。该理论也存在不足，即沟通规划理论影响下的城市规划工作程序繁琐，需要协调多方的利益，并且共识的形成与意识决定之间的关联尚不清晰，因此降低了城市规划的效率，增加了政治和社会成本，减缓了城市规划实施的速度。

关于沟通规划理论较有代表性的规划思想主要有：规划政治性理论、公众参与规划理论、交往行为理论、规划的政治经济学理论等。

1. 规划政治性理论

20世纪70年代，两位英国学者乔恩·戈弗·戴维斯和诺曼·丹尼斯，在从事住宅综合再开发工作中提出了规划的政治属性，美国的规划理论学者更是首次清楚地阐述了规划的政治性质，诺顿·朗就是其中的一位，他指出：“规划就是政策，在一个民主国家，无论如何，政策就构成了政治……事实上规划就是政治过程。在广义上，它们代表政治哲学，代表将优良生活的不同概念付诸实施的方法”。

这一时期在民主政治的背景下，人们逐渐认识到，规划和规划决策依托于价值判断，即人民对希望建造哪些类型的环境的价值判断，这是一些强烈的、充满感情色彩的意愿。因此，对城市规划的判断更多的是政治性的，而不是技术性或科学性的。有人甚至提出，把城市规划描述为一门“科学”是一个误导，相反，它应该作为一种旨在实现某种价值目标的政治活动形式。

城市规划天生就是一个规范性、政治性活动。这一时期美国学者保罗·达维多夫和托马斯·赖纳，强调了规划的价值属性和政治属性，他们针对规划中的“专家主义”提出了质疑，指出规划所要实现的价值目标应该是一件供政治、民主选择的事务。

2. 公众参与规划理论

自 20 世纪 60 年代中期开始，城市规划的公众参与成为规划的一项重要内容。达维多夫提出的“规划选择理论”和“倡导性规划”概念，成为城市规划公众参与的理论基础。其基本的意义在于，城市规划是社会性、综合性规划，不同的人和群体具有不同的价值观，规划不应当以一种价值观来压制其他多种价值观，而应当为多种价值观的体现提供可能。

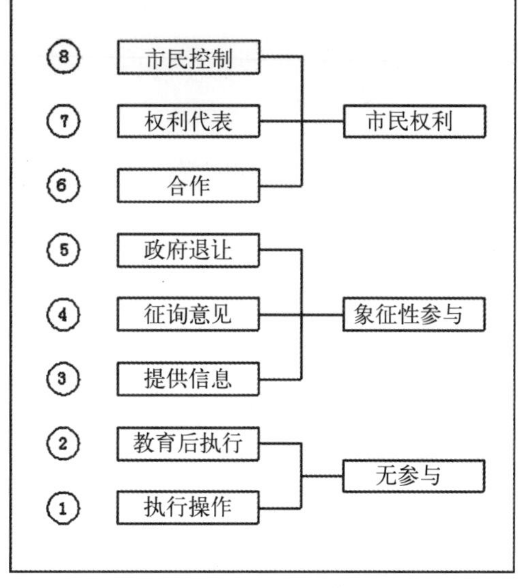

图 1–5　阿恩斯坦的市民参与阶梯

1965 年，英国政府部门的规划咨询小组在一份报告中首次提出“公众应该参与规划”的思想。在 1968 年修订的“城乡规划法案”中，对“地方规划”中的公众参与予以规定：“地方规划机构在编制其地方规划时，必须提供地方评议或质疑的机会，这一规定将视为审批规划的必要前提”。

但是早期的公众参与规划实质上更多的是“征询”公众意见，是公众被动地参与决策。1969 年，美国学者阿恩斯坦对公众参与意味着“咨询”的观念进行了抨击。她发表的一篇题为《市民参与的阶梯》的文章，对“公众参与”这一概念进行了系统分析（图 1–5）。阿恩斯坦设计了一个所谓的公众参与的“阶梯”，这个梯子的各阶象征着一系列“公众参与”的“概念分析”，认为公众参与是多件事情，可以分为不同的层次，参与的程度也有所不同。最低的层次是“无参与”，由两种形式组成，最低形式是“执行操作”，即规划早就被制定好了，所进行的所谓公众参与就是让公众接受规划；另一种形式是“教育后执行”，这种参与形式的意图是调教公众的态度和行为从而使公众接受规划，也不是真正的公众参与。第二层次是“象征性参与”。其中又分为三种形式，首先是“提供信息”，即政府向市民提供关于政府计划的信息并告诉市民具有的权利、责任；再上一层是“征询意见”，即获取公众的意见，这一工作可以使决策者获得市民直接的要求；再上一层是“政府退让”，即政府对市民的某些要求予以退让，这又向前迈进了一步。第三层次是“市民权利”，其中又分为三种形式，首先是“合作”，即通过某种形式的谈判使得决策权利得以再分配。再上一层是“权利代表”，最高形式是“市民控制”。从阿恩斯坦的阶梯理论可以看到，只有当所有的社会利益团体之间建立一种规划和决策的联合机制时，市民的意见才将起到真正的作用。

将公众参与机制正式引入城市规划中，这意味着规划概念本身已经改变。人们普遍承认，规划依托于对未来理想的价值判断，并且这些价值判断都是政治所关注的事务，因为它们以不同的方法反映或影响了社会不同群体的利益。

3. 沟通规划理论

整个20世纪80年代，都在发展“以行动为中心”的规划观。至80年代末期，一种全新的规划理论应运而生，它全面阐述了把规划看做沟通和谈判过程的思想，即“沟通规划理论”。沟通规划理论对行动和实施问题颇有兴趣，尤其关注在实际“实现”和“执行”过程中，规划人员如何通过沟通和谈判，使规划实施变得更加有效。由于受到民主参与规划思想的影响，这一规划理论把所有受环境变化影响的群体都考虑进来，而不仅仅是那些执行或实施重大开发和改变环境计划的实力强大的行动主体。因为沟通本身就是真正民主的一个前提，依此类推，也是任何规划公众参与的一个前提，没有真正的沟通就不可能有真正的公众参与规划决策。

美国学者约翰·福里斯特一直是沟通规划理论的主要倡导者，在他1989年出版的《面临强权的规划》一书中，旗帜鲜明地提出：“为人民规划”。福里斯特所倡导的观点是，规划人员必须是高效率的沟通者和谈判者，公共规划部门应当争取实现对开发提案进行民主决策的理想。规划人员必须参与同实力强大的开发商谈判，他们有责任积极保护各个公众群体的利益，包括弱势群体或被边缘化的群体。福里斯特强调规划人员要把关心弱势群体、揭露歪曲的事实等作为自己的职责，把规划作为一个承载着“沟通道德规范”的过程，指出：“通过选择是关注还是忽略运用规划过程中的政治力量，规划师能使规划过程具有的民主色彩更多或者更少、技术统治更多或者更少、被当权者主导更多或者更少……规划师的行为不仅需要符合某些公众可能掌握的事实，而且也需要符合这些公众的信任和期望”。

4. 规划的政治经济学理论

规划的政治经济学理论认为，城市规划不是一项在真空中运行的、脱离周围世界的自治性活动，而是一项运行在既定的社会环境下的活动。政治经济理论学者引起人们关注的是，城市规划运作在一个土地和房产开发都实行市场体系的政治经济环境中，导致规划人员的作为受到限制和约束，甚至由市场意志来决定。在城市规划中存在“实施的鸿沟”，其主要原因是像英国这样的资本主义社会的规划体系本身不执行开发，只是进行开发调节和控制，而公共机构规划和政策的实施在很大程度上依赖于私人开发商的意愿，依赖于他们是否愿意站出来承担公众期待的开发项目。因此，要了解规划的实施过程和实施效果，就需要了解市场，了解运行期间的开发商和机构。规划的政治经济学理论尤其强调资本主义市场体系在决定城市开发项目中的基础性作用，认为支配城市发展的是资本主义市场体系，而不是公共部门的规划，这是一个令人遗憾的事情。如果规划人员希望规划得到有效实施，他们就必须学会谈判，与强势的开发商谈判，与其他行为主体和机构谈判。可以说，在一个以自由资本主义为其政治经济背景的社会里，公共部门规划的实施有赖于规划人员与市场作用的沟通配合、共同推进。

五、综合规划理论

进入20世纪90年代以来，全球化导致了世界城市体系格局的新变化，世界各地都在忙于应对经济全球化带来的历史机遇和挑战，经济相互依存下的国际合作与单边主义并存发展，不同文化之间的冲突和融合不断加剧。国际政治、经济、文化领域的矛盾与整合成了国际社会的一种现象，与政治事件间的联系也日益密切。在经济层面，知识经济和经济全球化的影响越来越大；在政治层面，世界各主要力量既相互依存又相互制约，形成了紧密相连、错综复杂的国际关系格局;在科技层面，信息技术、生物技术、新能源和可再生能源技术日趋成熟，并且促成了经济活动数字化、网络化，加速了信息的传输、扩散与更新换代。同时，伴随着可持续发展理念越来越广泛地为人们所接受，城市规划的思想理念也更加具有包容性，综合规划理论盛行的阶段来临了。

这一时期的规划理论具有以下两个特征：第一，综合规划理论的出发点基本上是以对接全球化和可持续发展为目的；第二，这一阶段的理论更加关注其实现的技术操作路径，这时期的规划思想侧重于提出与具体操作模式相结合的理念和方法，它们大多通过规划设计及相应的经济、法规手段来解决城市的发展问题。

该时期的理论影响表现在两个方面：第一，综合规划理论使得城市规划工作开始将城市放在全世界的高度和层面来展开研究，而不再局限在国内的分析视角，一些超越行政界线的经济区域体在规划的指引下逐渐成型。第二，可持续发展成为城市发展的共识性目标，并且促成城市建立若干试点型的项目来践行这些理念。其中，具有代表性的理论包括全球城市体系理论、可持续城市规划理论、紧缩城市规划理论、低碳城市规划理论、新理性主义规划理论、城市管治理论等。

1. 全球城市体系理论

1986年，弗里德曼提出“世界城市体系”的概念，认为在迈向全球化的过程中有发达国家相互之间的投资，还有很大一部分是发达国家对发展中国家的投资，这种投资会使得发展中国家出现一些核心城市，成为连接发展中国家和世界城市体系的枢纽，比如印度的孟买、加尔各答就是连接印度和世界城市体系的“节点”。这一概念非常值得注意，因为中国也处于这一发展阶段。

1990 年，美国社会学家萨森在弗里德曼研究的基础上，出版了《全球城市》一书，重点研究了纽约、伦敦、东京这三个全球城市。她认为“全球城市”包含两大核心功能，一为金融中心，一为跨国公司总部，由此得出结论，全球城市是世界经济的主要生产服务行业集聚的所在地，从而实现了全球生产功能的分散和世界经济管理功能的集中。由于很多跨国公司规模不断膨胀，在其内部分工的发展过程中，出现了地区总部负责某一地区业务的现象，使新加坡、中国香港这样拥有大量跨国公司地区总部的城市在世界城市体系中也扮演着很重要的角色。

20 世纪 90 年代中期，英国学者彼得·泰勒在弗里德曼的“世界城市体系”基础上提出“世界城市网络”这一新的研究框架，他通过对世界城市相互之间横向联系的实证分析来判定一个城市在世界城市网络中的地位及其变化。这一研究方法主要采用国际性服务企业的区位来衡量城市之间的相互作用。2000 年，北京和上海还处于泰勒“世界城市网络”中的最低层次。到 2004 年，它们就已经占据一定的地位。到 2008 年，这两个城市与世界的连接度已经进入世界前十位。因此，在最近 10 年伴随着中国经济的发展以及全球化的进程，中国的城市以北京和上海这两个城市为代表，正在融入世界城市网络体系的上层之中。

2. 可持续城市规划理论

1992 年，联合国环境与发展大会在里约热内卢召开。在这次大会上，可持续发展作为一种全新的发展观，得到全球共识，从而进一步推动了现代城市规划理论的发展，产生了可持续城市规划理论。

可持续城市规划要求在城市规划中除了包括常规的规划内容之外，还必须综合考虑城市发展的资源与环境问题，预测在不同政策方案下，城市系统的发展水平和资源环境状况，在环境容量与环境承载力两个关键指标的约束下，制订城市的发展方案及相应的发展对策。在城市规划的实践中，从实现可持续发展的要求出发，美国城市规划界针对美国城市的快速扩张与蔓延，倡导“精明增长”（Smart growth）发展方式；欧洲出现了建立在多用途紧密结合的“都市村庄”模式基础上的“紧凑城市”（Compact city）；美洲则出现了传统小城市空间布局模式的“新城市主义”（New urbanism）。其基本的目标相当一致，即建立一种人口相对比较密集，限制小汽车使用，鼓励步行交通，具有积极城市生活和地区场所感的城市发展模式，以实现城市的可持续发展（表 1–2）。

变化的社会和空间 **表 1–2**

20 世纪的贤明（精明）	21 世纪的精巧（睿智）
力量：对自然的征服	智慧：与自然的共生
从上向下的命令结构	从下而上的知识共有
物质的发展	人类的发展
单一文化	复合文化
跨学科	多领域融合
国际	地区和地方
对外的从属	国家间的信赖
国家的干涉	地区的行动和成果
巨大的输出	适度的输出
军事的对应	非军事的态度
规范的科学	地球生物圈的科学
环境保全	环境防卫

1）精明增长

1997 年，美国马里兰州州长 Glendening 提出了精明增长的概念。而美国规划协会（APA）将“精明增长”定义为：努力控制城市蔓延，规划紧凑型社区，充分发挥已有基础设施的效力，提供更多样化的交通和住房，实现可持续发展。精明增长的基本原则包括：保持大量开放空间和保护环境质量；内城中心的再开发和开发城市内的零星空地；在城市和新的郊区地区，减少城市设计创新的障碍；在地区和邻里中创造更强的社区感，在整个大都市地区创造更强的区域相互依赖和团结的认识；鼓励紧凑的、混合用途的开发；创造显著的财政刺激，使地方能够运用建立在州政府确立的基本原则基础上的精明增长规划；以财政转移的方式，在不同的地方之间建立财政的共享；确定谁有权作出控制土地使用的决定；加快开发项目申请的审批过程，提供给开发商更大的确定性，降低改变项目的成本；在外围新增长地区提供更多的低价房；建立公私协同的建设过程；在城市的增长中限制进一步向外扩张；完善城市内的基础设施；减少对私人小汽车交通的依赖（表 1–3）。

2）新城市主义

新城市主义是 20 世纪 90 年代初提出的新的城市规划理念。其核心人物是彼得·卡尔索普（Peter Calthorpe）。基于 20 世纪 90 年代以来城郊不断蔓延、社区日趋瓦解的状况，新城市主义主张借鉴二战前美国小城镇和城镇规划的优秀传统，塑造具有城镇生活氛围的紧凑社区，取代郊区蔓延的发展模式（图 1–6）。

城市无序蔓延与精明增长的比较 表 1–3

项目	城市无序蔓延	精明增长
密度	更加低密度、分散的活动	更加高密度、集中有序的活动
成长模式	城市边缘地区（绿地）的开发	填充型（现有开发用地）的开发
土地利用	单调（单一用途、被分离）	混合用途
规模	大规模。更大规模的建筑物和街区，宽阔的道路。由于汽车的利用，人们只能欣赏到远处的风景，因而，缺乏对景观细部的了解	符合人体的尺度。更为明智的建筑、街区、道路。由于采用步行交通，人们能够更近距离地感受风景，从而增强人们对景观细部的亲密感
公共服务设施（学校、公园等）	广域、远离、更大规模。需要借助汽车交通进行利用	地区、配置、更小规模。可在住所的步行圈范围内，满足日常的生活需求
交通	汽车利用指向。步行、自行车及公共交通的缺乏	多样的交通手段。步行及自行车的利用、公共交通服务的利用
连通性	多条环线，死气沉沉的街道，受到限制、不能实现连通的步行及自行车设施。等级式的道路服务	更具连通性的道路（格网状）及非汽车设施的交通网络（步行道、通道、人行横道、近道）
道路的设计	力求实现汽车交通的交通量和车速最大化的设计	谋求促进多种活动开展的设计。交通稳静化、步行交通与汽车交通的共存
规划过程	非规划的，行政、议会与权利者之间缺乏协作	行政、议会和权利者之间经过精心策划的协同合作
公共空间	重视私人领域（商店街、作坊、用围墙围合的封闭社区、私人俱乐部）	重视公共领域（街道、步行环境、公共的公园、公共设施）

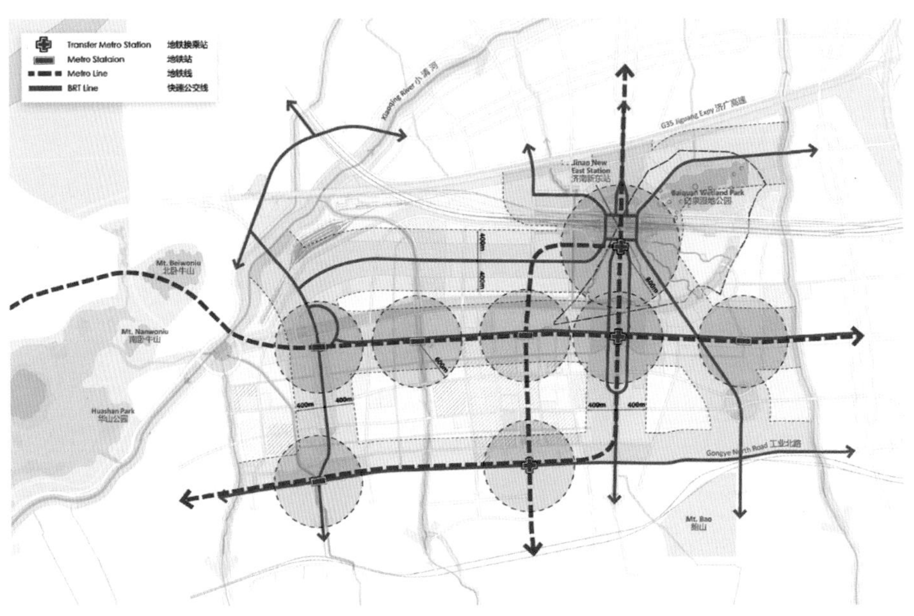

图 1–6 新城市主义的 TOD 模式

新城市主义具有以下特点：适宜步行的邻里环境：大多数日常需求都在离家或者工作地点5～10分钟的步行环境内完成；连通性：格网式相互连通的街道呈网络结构分布，可以疏解交通，大多数街道都较窄，适宜步行，高质量的步行网络以及公共空间使得步行更舒适、愉快、有趣；功能混合：商店、办公楼、公寓、住宅、娱乐、教育设施混合在一起，邻里、街道和建筑内部的功能混合；多样化的住宅：类型、使用期限、尺寸和价格不同的各类住宅集中在一起；高质量的建筑和城市设计：强调美学和人的舒适感，通过人性化设计和优雅的周边环境给人特别的精神享受；传统的邻里结构：可辨别的中心和边界，跨度限制在0.4～1.6公里；高密度：更多的建筑、住宅、商店和服务设施集中在一起；鼓励步行：促进更加有效地利用资源和节约时间；精明的交通体系：高效铁路网将城镇连接在一起，适宜步行的设计理念鼓励人们步行或大量使用自行车等作为日常交通工具；可持续发展：社区的开发和运转对环境的影响降到最小程度，减少对有限土地资源和燃料的使用；追求高生活质量：总的来说，都是为了达到可持续发展的目的，提高整个社区居民乃至整个人类社区的生活质量。

3）紧凑城市

20世纪90年代以来，一种基于可持续发展思想，倡导城市集约和创新的规划理论应运而生，并在短短十几年内得到了迅速发展，这就是紧凑城市（The compact city）规划理论。

紧凑城市的构想在很大程度上受到了许多欧洲名城高密集度发展模式的启发，认为通过城市形态的改变，能够实现城市的可持续性发展，并创造出幸福美好的城市生活。紧凑城市以遏止城市过度扩张为前提，加强对集中设置的公共设施的可持续综合利用，目的是有效减少交通距离、废气排放并促进城市的可持续发展。从环境的角度出发，紧凑城市理论立足于不断追求实现城市内在的自然潜力，合理利用其本身的资源，通过一个合适的演变过程，提高城市有限资源的使用效率，促使城市新的结构、形态、功能与其原有状态在内部与外部都能达到和谐。从社会角度出发，紧凑城市可以通过对城市进行细致的设计以及改善城市的活力，促进人类的相互交流及文化传播等，以期使社会更加稳定和公平。

当然，从更为广泛的视角出发，紧凑城市的概念是相当复杂的，目前关于“紧凑城市”至今尚没有非常明确的定义或者统一的衡量标准，关于紧凑城市的理论还存在一定的争议。有专家指出（Breheny，Rookwood,1993年）紧凑城市试图彻底扭转过去50年来在城市发展过程中的不可抵挡的趋势：分散化。过高的城市密度，可能会使城市变得过度拥挤，缺乏开阔的居住环境，引发一系列的社会问题等，从而影响城市生活的品质（表1-4）。事实上，面对复杂的城市现实和城市之间所存在的差异性，紧凑城市并不是一个可以简单化为某种具体的城市形态的概念，正如霍顿和亨特所指出的：“可持续性城市并非根植于对过去的居住形态的理

集中论及分散论的代表人物及其建议方案 表 1–4

年代	集中论者		分散论者	
	解决方案	代表人物（机构）	解决方案	代表人物（机构）
1800 年	—	—	新拉纳克	罗伯特・欧文
1850 年			萨尔泰、布尔纳维尔、桑莱特港	泰特斯・萨勒特、乔治凯・德伯利、威廉・利弗
1900 年			田园城市运动	埃本尼泽・霍华德
1935 年	拉・维勒拉迪尔斯	勒・柯布西耶	广亩城市：一种新的社区规划	弗兰克・劳埃德・赖特
1955 年	反击“城乡一体化”	奈恩	新城镇运动	芒福德，奥斯本，TCPA
1960 年	城市多样性	雅各布斯、森尼特	—	—
1970 年	城市性	德・沃夫勒		
1975 年	紧凑城市	丹齐克和萨蒂		
1990 年	紧凑城市	国家政府 纽曼和肯沃西 ECOTEC，CPRE，FOE	市场解决、优质生活	戈顿、理查德森、埃文斯、切歇尔、西米、 罗伯特森、格林、霍华德

想化叙述，也并不意味着让一个城市在追求最新的改革时尚的名义下激进地抛弃自己原有的特殊文化、经济及形态背景。”

3. 新理性主义规划理论

新理性主义规划理论是在对后现代主义、传统理性主义规划理论等传统规划思想进行反思和批判的基础上提出的。新理性主义规划理论将复杂科学引入城市规划并作为新的方法论，从分析当代城市规划学困惑的表象和原因入手，进而提出城市作为复杂自适应系统的基本特征：城市作为人类与众多其他有机系统共生的复杂自适应系统（CAS），具有复杂自适应系统的一般特征：城市能够通过信息处理从经验中提取有关客观世界的规律性的东西，作为制定城市自身发展战略、城市规划和公共政策的参照；市民的集体决策往往是结合外部环境的变化和城市自身的发展目标而进行的。这一过程是通过探索研究、掌握生存发展之道，并力求在城市间和城乡间的互动过程中实现进化的；城市与周边的社会及自然环境具有共生融合、共同进化的关系。城市是社会、自然环境的具体展现和浓缩，城市与周边的环境密不可分，并且后者是城市本身健全与存续发展的基础，是可持续发展的主要依托；城市作为一种“组织”，一种自适应的复杂组织，其生存发展之道在于不断地深化为最能发挥其功能的形态以及找到最佳的“生态位”。仇保兴归纳了当前城市规划学变革的方法论——新理性主义的四方面特征：从单一连续性转向连续性与非连续性并存；从注重确定性转向确定性与非确定性并存；从突出城市的可分性转向可分性与不可分性并存；从严格的可预见性转向可预见性与不可预见性并存。

同时，还提出基于复杂自适应系统规律的城市规划变革的七方面重点，即：对城市总体规划进行期中评价；推行低冲击开发模式；强调层层嵌套式的城市结构；倡导用地混合与交往空间；实施从下而上的“社区魅力再造”；提倡弹性的规划结构；形成城市群的协同机制。新理性主义规划理论通过物理学的三次革命对城市规划的本质进行了再认识，纠正了当前城市规划理论的一些误区，对修正城市规划学的发展方向，指导城乡规划建设实践具有积极的指导意义。

4. 城市管治理论

城市管治理论是近年来国内外规划调控理论研究的热点之一。西方进入后现代社会后，由传统的福特主义和福利国家转向后福特主义和劳保国家。后工业社会的生产特征和全球化进程，使得世界经济生产方式形成空间性，既强调跨越边界、去除差异，也强调控制和协调。同时，由于信息科技的发展及社会中各种正式、非正式力量的成长，人们如今所追求的最佳管理和控制形式往往不是集中，而是多元、分散、网络型以及多样性，也就是“管治”的理念。

“管治”（Governance）一词，原意是指控制、指导或者操纵。与传统的以控制和命令手段为主、由政府分配资源的治理方式不同，管治是通过多种集团的对话、协调、合作达到最大程度动员资源的方式，以补充市场交换和政府自上而下调控之不足，最终达到双赢的综合社会治理方式。它具有以下特征：

第一，强调解决公共问题的过程属性，基础是协调；

第二，协调的主体强调多个利益单元和决策中心的共同作用；

第三，管治的过程有赖于各方成员之间的持续相互作用。

第三节　中国现代城市规划理论的发展

中国城市规划理论的发展受到西方城市规划理论的巨大影响，在规划实践中有着众多体现。从民国时期南京的《都市计划》，到新中国建立后学习苏联模式，再到改革开放后大力引介欧美城市规划理论，虽然曾经涌现出了一些具有“本土性”的理论，但是整体而言中国的现代城市规划理论发展被深深地刻上了“西方”的烙印（表 1–5）。

就中国城市规划理论的指导意义而言，在计划经济主导的时代，“规划是计划的延续和落实”，城市规划主要是落实国民经济和社会发展计划的内容，将城市空间看做抽象的物质空间，忽视空间的经济性、社会性，城市空间规划的内容偏重于空间的艺术布局和技术处理，对于空间经济、社会环境因素及其相互作用的研究缺乏。改革开放后，面对快速多变的城市发展需要，规划研究者将视野投向经济、社会、政治等更广阔的领域，希望借此能够寻找到适合中国城

中国现代城市规划理论发展简表 表 1–5

时间	主要学习对象	有影响的西方理论	有影响的中国理论
新中国成立前	欧美规划理论	古典主义、功能分区、林荫大道、邻里社区、田园城市等	天人合一、象天法地等
新中国成立后至“文革”前	苏联规划理论	工业城市、功能主义、有机疏散、卫星城、区域规划、居住区规划和绿化带等	人民公社规划理论等
改革开放至今	欧美规划理论	生态城市、新城市主义、紧凑城市、全球城市等	山水城市、人居环境科学等

市的规划理论。

就中国自主城市规划理论而言，新中国建立以来，国内有识之士在向西方学习先进规划理念的基础上，结合自身的规划实践和现实国情，并结合中国的发展需要提出了“人民公社”、“山水城市”、“人居环境科学理论”及转型期规划理论等有着重大影响力的城市规划理论或理念，在一定意义上指导了中国的城市规划与发展。

一、人民公社规划理论

早在 1919 年，毛泽东同志受新村主义等空想社会主义的影响，曾试图建立一个人人平等、互助友爱的理想的新社会——“新村”，为改造社会树立楷模。这些改良主义设想当时虽未被实施，却在其后酝酿思考人民公社的有关问题时成为重要的思想来源。1958 年《中共中央关于在农村建立人民公社问题的决议》中写道：“打破社界、乡界、县界，组织军事化、行动战斗化、生活集体化成为群众性的行为……公共食堂、幼儿园、托儿所、缝纫组、理发室、公共浴室、幸福院、农业中学、红专学校等等，把农民引向了更幸福的集体生活……建立农林牧副渔全面发展、工农商学兵互相结合的人民公社，是指导农民加速社会主义建设，提前建成社会主义并逐步过渡到共产主义所必须采取的基本方针。”

从 1958 年河南省遂平县嵖岈山卫星公社成立开始，人民公社运动在全国大规模展开，成为影响 20 世纪中国农村的最重要的事件之一，并推出了“山西大寨公社”等一批典型。毛泽东将乌托邦式的思考具体化并提出行动的步骤，运用人民公社工、农、商、学、兵五位一体的内部自给自足经济体制，描绘逐步消灭城乡差别、工农差别、脑力劳动和体力劳动差别“三大差别”的光明前景，并且通过行政体制与指令号召的形式与城市规划紧密结合在一起。这一时期全国各地的规划机构和院校都投入到这一活动中，而且这一从农村人民公社建设引发的规划理论也被广泛地应用到城市规划和建设中来。如 20 世纪 60 年代的大庆新工矿区的“干打垒”规划建设等范例（图 1–7），包括至今仍然对中国城市格局产生重要影响的“单位大院”

建设模式，可以说都是这一规划理念的体现。

这些实践与西方城市规划领域的乌托邦思想有着惊人的相似，二者都是以物质的平等、环境的改善和生活质量的提高为目标的。而人民公社更建立了一种典范的生活模式，其规划也深深影响了当时的城乡规划格局，如人民公社的城乡一体化的思路，是一种基于中国农业人口占大多数的国情认识基础之上的乡村城市化过程；同时，城市人民公社还提出有益的探索，如反对严格的城市功能分区，追求生产和生活功能的良好结合，探索妇女解放和家务劳动的社会化，这些都反映了当时特殊的社会经济思想和意识形态。

图 1–7　大庆在 20 世纪 60 年代建设的“干打垒”式住区

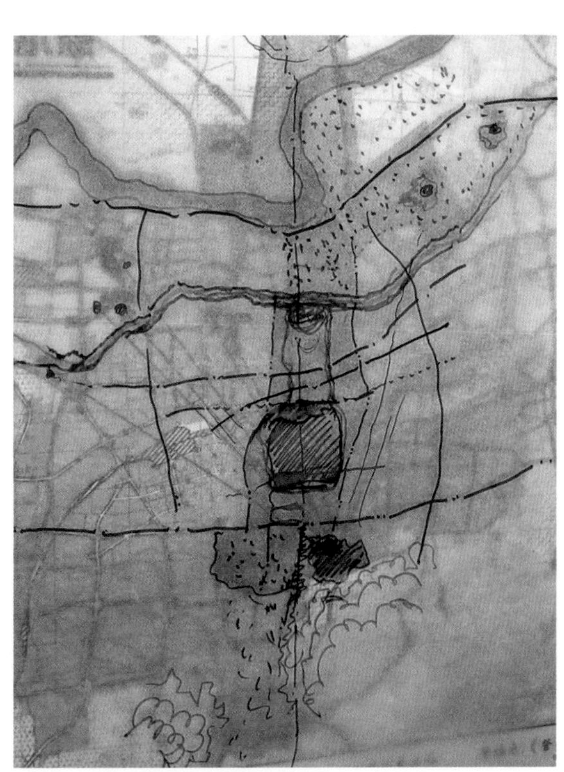

图 1–8　两院院士吴良镛教授为济南手绘泉城特色风貌带规划蓝图，体现了济南的大山水格局

二、“山水城市”规划理论

20 世纪 90 年代，我国杰出的科学家钱学森院士先后写了 68 篇文章和书信，提出：“社会主义中国应该建山水城市”。之后，又在给鲍世行先生的信中提出：“山水城市是 21 世纪城市”。

“山水城市”是哲学文化理念，这里的“山水”二字代表“自然”。因此，可以直说为“山水城市”是与自然相联系的城市。城市是人类聚居的社会空间，在漫长的自然经济时代，城市从来都是与自然紧密相连的。从当前追求的“最佳人居环境”城市的角度分析，城市联系自然会形成惬意的人居空间。

山水城市是从中国传统的山水自然观、天人合一哲学观基础上提出的未来城市构想。吴良镛院士认为“山水城市是提倡人工环境与自然环境相协调发展的，其最终目的在于建立‘人工环境’（以城市为代表）与‘自然环境’相融合的人类聚居环境”（图 1–8）。鲍世行认为“山水城市具有深刻的生态学哲理”。

山水城市倡导在现代城市文明条件下，人文形态与自然形态在景观规划设计上的巧妙融合。山水城市的特色是使城市的自然风貌与城市的人文景观融为一体，其规划立意源于尊重自然生态环境，追求相契合的山环水绕的形意境界，继承了中国城市发展数千年的特色和传统。

但是，与其他未来城市理论相比，山水城市更多的只是一种理念或构想。这方面的研究探索也很有限，而且缺乏解决现代城市问题的一套完整思路和可行方案。中国传统的自然观和哲学观的确能够给予人们以新的启示，但面对当代城市的各种现代技术、现代产业和现代社会文化特征，将中国传统精华自如地应用到现代城市规划中，还需要漫长的征途和艰辛的探索。

三、人居环境科学理论

早在第二次世界大战之后，希腊学者道萨迪亚斯就提出了“人类聚居学”的概念。不同于传统的建筑学，它所考虑的是小到村庄，大到城市带不同尺度、不同层次的整个人类的聚居环境，而非单纯的建筑或城市问题。人类聚居环境泛指人类集聚或居住的生存环境，特别是指建筑、城市、风景园林等人为建成的环境。

人居环境科学就是在人类居住和环境科学这两大要领范畴基础上发展起来的新学科。它是探索研究人类因各类生存活动需求而构筑空间、场所、领域的学问，是一门综合性的包括乡村、集镇、城市等在内的以人为中心的人类聚居活动与以生存环境为中心的生物圈相联系，加以研究的科学和艺术，是对建筑学、城市规划学、景观建筑学的综合，其研究领域是大容量、多层次、多学科的综合系统。

在借鉴希腊学者道萨迪亚斯人类聚居学理论的基础上，20 世纪 90 年代中期，两院院士、中国著名建筑学、城市规划学泰斗吴良镛先生提出了“人居环境科学”理论，把人居环境内容分为五大系统，包括人、自然、居住、社会和其他支撑系统等。根据中国的实践把人居环境分为五个层次，即建筑、社区、城市、区域和全球，并明确了处理这些问题的五大原则，包括生态观念、经济观念、科技观念、社会观念和文化观念（图 1-9）。吴良镛先生认为人居环境科学主导的专业就是广义建筑学，包括传统的建筑学、城市规划学和地景学（通常叫风景园林）。吴良镛先生通过总结历史经验和中国实践提出的人居环境科学，从传统建筑学扩展到广义建筑学再到人居环境科学，符合科学发展的规律。吴良镛先生指出：“如今我们的规划设计工作已经相互交叉、融会贯通、相互集成，多学科已经联系起来。实践证明，这样的融贯、集成避免了许多决策的失误，所带来的经济、社会和环境效益是不可估量的”。吴良镛先生所倡导的“人居环境科学”，以“建设可持续发展的宜人的居住环境”为目标，尝试建立一种以人与自然的协调为中心、以居住环境为对象的新的学科群，其目的是使传统的建筑学、城市规划学和地景学更好地造福于人类。“人居环境科学”是一个学科大系统，“建筑设计学科”和“城市规划学科”都是“人居环境科学”下一层级的子系统，所以人居环境科学不仅仅指明了我国城市规划学科的发展方向，而且对建筑设计学科的影响也是广泛的、深远的，它将有助于建筑设计学科建立起适应时代发展的科学范式。

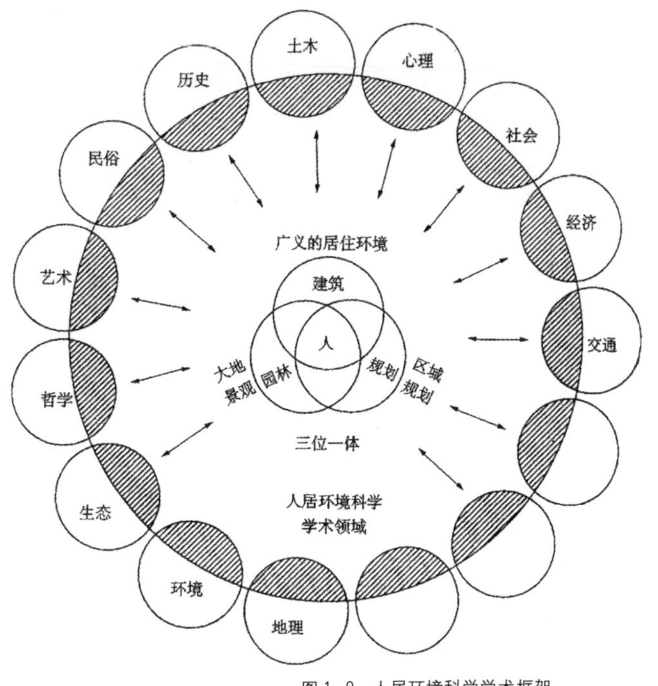

图 1–9　人居环境科学学术框架

四、转型期城市规划理论

我国正处在由社会主义计划经济向社会主义市场经济转型的历史进程之中，处于体制转轨和社会转型的关键时期。经济转轨与社会转型，促进了城市规划的深刻变革，使城市规划的背景约束更加复杂化、多元化。围绕这一时期的规划工作，很多学者从不同角度对转型期的规划理论进行了研究。

张庭伟将转型期规划理论分为规划范式理论、规划程序理论和规划机制理论三部分。规划范式理论是为了建立规划自身的价值观，讨论规划工作的目标应该是什么，好的城市“应该”符合什么标准；规划程序理论关注规划编制和实施的过程，特别是公众和规划师在规划过程中各自的角色和参与的途径，以及合理的编制、实施程序；规划机制理论讨论中央、区域、城市、社区各个层面规划工作的职责和规划立法问题。他还认为，规划是政府行为，规划工作的主要功能是制定并实施政府的公共政策，因此讨论规划理论无法和政府的定位理论分开，必须把当代规划理论的构筑放在中国转型期政府职能转变的大背景中来理解。转型期政府职责的定位（政府和市场及社会的分工）、政府干预市场的力度和方式、政府在效率或公平之间的倾向，都决定着规划工作的内容和方法。所以，规划理论是一种制度创新，即在政府、社会和市场之间的制度安排。在一定程度上，规划理论是关于政府定位的理论。

周建军以转型期城市与城市规划新变革为切入点，在对现行城市规划管理存在的主要问题及亟需改革创新职能要素分析的基础上，通过中外城市规划管理职能发展、特征及改革趋向的比较分析，重点研究了转型期城市管理职能合理定位、流程再造、职能内容创新、职能体系建构及职能实施绩效评估等的新探索。

唐燕对经济转型期城市规划决策过程中的寻租行为进行了分析，探讨了这种行为产生的原因和方式，并进一步提出了相应的防治措施。唐燕指出：现阶段我国城市规划决策与管理中的寻租活动主要发生在土地批租、“一书两证”等各类许可权的批准发放、开发区建设及政策制定、城市形象工程、公共物品和社会服务的供给、工程项目招标投标、地方保护政策等领域。按照租金来源的不同，这些活动可分为政府无意创租、政府被动创租和政府主动创租三类。

仇保兴从分析我国转型期城镇化的基本特征和面临的危机入手，研究了转型期城市规划调控的原理，提出了转型期城市规划变革的基本原则和具体任务，对转型期城市规划变革进行了深入剖析，进一步丰富了转型期城市规划理论体系。仇保兴指出转型期城市规划变革应遵循公共政策研究与物质空间规划并重、他组织与自组织的城镇化模式相均衡、倡导城市之间合作与竞争的统一等三项原则，提出要强化城镇体系规划、深化城市总体规划调控内容、强调四线的控制、完善规划委员会制度等七项主要任务。

王富海等人也结合深圳规划实践提出了“务实规划”的理论，主张通过规划师的能动性提高城市规划的可实施性。此外，还有学者对转型期城市规划公众参与、运行机制等方面进行了深入研究。

第四节　现代城市规划理论演化的启示

一、现代城市规划理论演化方向启示：从一元主导为主到多元复合

现代城市规划理论，特别是从西方现代城市规划理论的发展脉络来看，整个城市规划理论演化方向可以归纳为，从一元主导到多元复合。具体而言，这一特征可体现在目标、管理、路径、方法、学科和视角六个方面。

1. 规划目标演化方向：从单一性到多样性

城市规划发展到今天，不仅仅是一幅城市建设的“蓝图”，也不是人为的对政治功能、经济功能、社会功能、生态功能等的部署。所以说在城市这个载体上，城市规划具有多目标的价值诉求已是不争的事实。新中国成立后的城市规划工作初衷是为了落实国家项目落地问题，以解决无序建设为主。改革开放之后，随着工业化进程的推进，规划的目标又增加了保护生态环境，后期又增加了经济产业协调、历史遗产保护等内容。随着改革开放的深入，有些城市规划还需要承载改革示范试点的功能。时至今日，城市规划的目标已经体现出综合化、多元化特征。

2. 规划管理演化方向：从政府管理到多元管治

随着城市规划的属性从技术文件向公共政策转变，对城市规划的管理提出了新的要求，从理论演化的脉络来看，其演化特征的主要体现应当是从政府一元管理到政府、企业、市民和非营利机构等多元主体的管治协调，规划政治学理论、城市管治理论、沟通理论的应运而生，正是顺应了这一趋势的变化。在空间规划理论阶段，城市规划的管理更加强调政府的主导作用，注重规划的结果性，规划的过程相对封闭，并且在过程中强调规划参与者之间的等级性，突出一种强制性的责任。从管理到管治的转变，管治中政府的作用相对弱化，更加强调多元参与主体之间的信任和平等协调，并且注重规划的过程及过程中的开放性、兼容性。

3. 规划路径演化方向：从精英推动到公众参与

在空间规划理论阶段，技术性和艺术性是评价规划方案的重要指标。由此一来，规划参与的门槛就相对提高，以往的城市规划编制及实施过程也就成了社会精英的展示舞台，这里面有城市规划师，有政府官员，也有高端的知识分子等，而平民百姓却因为相应专业知识的缺乏而无法真正融入其中，在规划中的角色只能是被动地接受和服从。在过程规划理论和综合规划理论阶段中，城市规划作为精英游戏的定位开始被打破，社会民主的进程加速，由于现代媒体及网络技术的进步，不同阶层之间对话的通道逐渐被打开，各层次的参与者被容纳到规划中来，城市规划主管部门也通过网络、电视等多媒体技术对规划成果进行公示，通过听证会等形式来征求市民的意见，并在规划的实施中也设置相应的机构，来保障规划沟通的畅通途径。

4. 规划方法演化方向：从感性依赖到科学理性

现代城市规划的起步期对空间设计有着巨大的偏好，规划师从工程技术和设计美学的角度对空间进行规划设计，以创造一种功能完善的空间载体为目标。在这个阶段，规划师做规划所依赖的是其在长期实践中积累起来的感性经验，它在规划中表现为较多的定性分析。随着信息技术的日臻完善和相关软件技术的逐渐成熟，城市规划的科学性要求对城市规划中的问题作出定量分析，而不再是以往单纯的感性结论。这是一种从感性依赖到技术理性的转变，这种技术理性在20世纪60年代的西方城市规划行业达到巅峰，地理学、经济学中的各种模型也被运用到城市规划中来。后期随着时间的推移，虽然大家对这种绝对理性的质疑声音不断加大，但城乡规划若要明晰其科学性，定量分析的内容是不可或缺的。特别是，城市发展的环境越来越复杂，对新变化的分析，也需要新技术的应用来完成，从而为城市规划的科学性和可操作性提供支撑。

5. 规划学科演化方向：从单学科主导到多学科融合

国内各个高校城市规划专业的学科渊源要么来自于建筑学，要么来自于地理学。如果再向前追溯的话，在较长的一段时期内，以建筑学为基础的规划设计师发挥了巨大的作用。从空间规划理论算起，柯布西耶、赖特和吉卜特等知名的规划理论家都是建筑师出身，他们从自身拥有的建筑知识出发,以一种建筑延伸即是城市的视角去探索理想城市模式的构架。诚然，在空间规划理论主导的时期，建筑师很好地发挥了规划师的作用，但是随着理性规划、实施规划、沟通规划和综合规划时代的来临，地理学、经济学、管理学和政治学等学科的内容都交融到城市规划的理论中来。这是因为,城市规划发挥的作用已经不是局限在建筑的组合之中了，它已经成为一种公共政策，它的编制、实施和管理需要诸多学科的共同努力。同时，城市规划是一门开放性的学科，也是一门正在成长的学科，它需要不断从其他学科中汲取营养来促使它更健康地发展。

6. 规划视角演化方向：从孤立城镇到区域系统

城市规划编制的原则之一就是要“跳出城市看城市”，也即是从区域的视角来为城市规划的编制提供思路。其实这一视角早在霍华德的“田园城市”理论和伊利尔·沙里宁的有机疏散理论中就有所体现。然而，从现代规划理论演化的历史脉络来看，当时的区域理念具有一定的局限性，他们主要是基于更大空间范围内解决环境问题的角度出发。因此，只能说他们具有了区域规划的思维，而没有从区域的视角系统性地进行研究。随着系统论等科学理论的提出和逐步完善，城市不仅作为一个复杂的巨系统，它还是其所在区域巨系统的一个组成部分。综合规划理论要求城市规划需要协调好区域系统与城市系统的关系，从整个体系上做到可持续发展。进入 21 世纪，随着科学发展观和五位一体理念的提出，规划工作的内涵进一步扩大，城乡统筹、区域统筹的视角已经被规划工作者广泛地接受。

二、现代规划理论演化动力启示：“八趋化”将成为未来理论发展的重要驱动

通过对现代城市规划理论发展演变轨迹的系统梳理可见，现代城市规划理论发展演变的根本动因是政治、经济、社会发展环境的变化，及由此带来的城市发展的客观需求、背景条件和社会思潮的变化（表 1–6），这些变化共同构成了城市发展的内生动力，城市发展要求和发展趋势的变化又成为推动规划理论演变的动力因素。由于政治、经济、社会的发展及城市发展的动态性和多变性，现代城市规划理论的发展始终处于演变的动态过程中，并在城市发展的驱动下不断发展和创新，从而使城市规划理论体系日臻丰富和完善。

现代城市规划理论演化动力归纳表　　表 1-6

时间段	1890 ~ 1950 年代	1950 ~ 1960 年代	1970 ~ 1980 年代	1980 ~ 1990 年代	1990 年代至今
理论时期	空间规划理论	理性规划理论	实施规划理论	沟通规划理论	综合规划理论
代表理论	田园城市、现代城市、卫星城和新城、有机疏散、广亩城市、物质空间形态和“终极蓝图”	系统规划理论、理性过程规划理论	规划实施理论、行动规划理论	规划政治性理论、公众参与规划理论、沟通规划理论、规划的政治经济学	全球城市、可持续增长、紧凑城市规划、新理性主义规划理论、低碳城市
历史时期	工业革命，城市迅速发展；战后重建，经济高速增长	战后经济社会繁荣发展；自然科学大力发展	经济危机、失业、环境问题，阶级矛盾激化	新自由主义经济政策；多元化的世界格局	全球化、知识经济、网络社会、后现代社会
时代背景、社会思潮	空想社会主义；现代主义	计量革命；科学技术至上；理性主义与实用主义	新马克思主义、左翼思想和后现代文化发展	新自由主义思想；新右翼运动；后现代文化	民主、多元、合作协调，利益均衡、激进的政治生态
典型宣言	《雅典宪章》	《马丘比丘宪章》		《华沙宣言》	《北京宪章》

“八趋化”是指当今社会城市的发展呈现出八大趋势，即经济全球化、城市区域化、城乡一体化、城市生态化、城市人文化、利益多元化、决策民主化、城市智慧化，并对现代城市规划理论的创新与发展产生了巨大的推动作用。在这些发展趋势的作用下，城市在发展过程中出现了一系列新的建设实践，各地的城市规划工作者均在适应这些趋势所带来的城市发展变化的过程中，进行了一些具有本土化特征的城市规划建设实践，进行了一些积极有益的探索和实践，在检验和印证传统城市规划理论的同时，也发现了传统规划理论的诸多不适应性和局限性，迫切需要适应城市发展的新趋势，对传统规划理论进行改革和创新，不断开拓新的领域和研究方向，推动规划理论的进一步拓展和创新。尤其在我国，政治、经济、社会、文化、资源等条件都与西方国家存在着较大差异，因而更不能盲目模仿西方国家城市规划的理论与方法，而是要在借鉴与继承西方城市规划理论的基础上，结合我国的城市规划工作实践，适应城市发展的新趋势，不断创造出新的、适合本土特点的新型城市规划理论体系，指导我国的城市建设持续、健康、科学发展（表 1-7）。

三、中国现代规划理论演化启示：复合规划理论发展时期的来临

从中国城市规划理论的发展来看，既有的代表性理论演化的整体特征与西方现代城市规划理论的演化脉络呈现出一致性，并且表现出两个自身的特征。第一个特征，中国城市规划

"八趋化"对未来城市发展的影响 **表 1–7**

八趋化	基本趋势	对城市发展的影响
经济全球化[①]	生产全球化；贸易全球化；金融投资全球化；区域性经济合作日益加强	一是使城市的产业发展更多地参与国际分工和融入国际市场；二是使城市的运行机制更好地与国际惯例或准则接轨；三是使城市的环境建设更适宜于国际交流、联系、竞争与合作
城市区域化[②]	一是城市区域内的城市体系、层级进一步明确、完善，各级城市的定位与功能配置进一步得到强化；二是城市区域内，最高层级的核心城市的发展更加迅速；三是城市区域内部，城市之间的物质、文化交流日益紧密	一是城市区域化加速了区域内各级城市的协同发展；二是城市的区域化推进了代表城市区域发展特征、引领城市区域发展的核心级城市的形成；三是城市区域化加速了城市区域内基础设施与服务设施的不断完善
城乡一体化[③]	城乡户籍管理一体化；城乡利益保障一体化；城乡规划布局一体化；城乡资源配置一体化	一是城乡经济、社会发展日趋融合，一体化发展趋势明显；二是城乡经济、社会的一体化发展带动了城乡空间布局的一体化发展；三是城乡间日益密切的交流与联系促进了城乡间基础设施与服务设施的协调布局，覆盖城乡一体的市政基础设施与社会服务设施逐步建立
城市生态化	①城市发展的理念回归生态化，从可持续发展的要求出发，考虑城市发展建设；②城市的发展建设以城市的生态基础为依据，在遵循城市生态建设的前提下，安排布局城市规划发展建设；③城市生态化发展模式是可持续发展的模式，包括自然生态化、社会生态化和经济生态化等	城市的可持续发展必须适应生态环境的多样性，适应其资源潜力和生态承载力；城市规划过程中保护城市发展的基础，确保城市发展的可持续性；"山水城市"、"生态城市"等城市发展概念的实践与探索，强化了城市生态化发展；城市生态化标志着城市由传统的唯经济开发模式向复合生态开发模式转变
城市人文化	城市人文化使城市发展趋向以人文精神为重要价值指向；城市文化特色和文化价值日益受到重视；从唯技术论向技术与人文兼顾转变	一是以人为本的理念日益深入人心；二是塑造城市文化内核成为城乡建设发展的重要一环；三是理性的技术与感性的人文精神有机结合成为城市发展的支撑
利益多元化	多元利益主体的博弈；各阶层的利益诉求得到重视	在城市发展中需要处理好"长远与眼前"、"全局与局部"、"根本与具体"、"集体与个人"四对利益的关系
决策民主化	决策目标民主化和决策过程民主化	一是民主化的决策理念逐渐被市民所接受；二是催生了城市决策程序的规范化和程序化；三是由此诞生了大量的非营利组织；四是形成了各个阶层之间共同决策的民主氛围
城市智慧化	城市生活智慧化；产业发展绿色化；城市交通智能化；城市医疗智能化；基础设施智能化	城市智慧化改变城市生活；城市智能化促进城市进入全新的管理与发展阶段；城市智能化对城市发展模式产生深刻影响；城市智能化发展将从根本上改变城市空间格局

注：①经济全球化（Economic Globalization）是指世界经济活动超越国界，通过对外贸易、资本流动、技术转移、提供服务、相互依存、相互联系而形成的全球范围的有机经济整体。

②城市区域化的本质是城市—区域联系的加强，是城市—区域经济的一体化。城市区域化的形成归根结底是生产力发展的结果，表现为随着城市化的发展，城市由无序竞争到有序竞合再到区域内城市一体化。

③城乡一体化是我国现代化和城市化发展的一个新阶段，城乡一体化就是要把工业与农业、城市与乡村、城镇居民与农村居民作为一个整体，统筹谋划、综合研究，通过体制改革和政策调整，促进城乡在规划建设、产业发展、市场信息、政策措施、生态环境保护、社会事业发展的一体化，改变长期形成的城乡二元经济结构，实现城乡在政策上的平等、产业发展上的互补、国民待遇上的一致，让农民享受到与城镇居民同样的文明和实惠，使整个城乡经济社会全面、协调、可持续发展。

发展的快速性，由此也带来了中国城市规划理论内容的跨阶段性和综合性发展。另外一个发展的特征，就是与中国城市当时的社会经济发展背景相结合，这些理论的提出都有鲜明的时代适应性。

整体来看，“人民公社”及“山水城市”规划理论符合空间规划理论时期的特征，其以构建未来发展的理想蓝图为目标。以“山水城市”为例，进入20世纪90年代，自改革开放以来的城市开发建设积累效应逐渐凸显，其产生的负面效应就是巨大的建设量对原有城市生态环境的冲击，钱学森先生正是基于这种冲击而引发了对“山水城市”理论的思考。随着城市规划指导建设的作用效力越来越显著，吴良镛先生提出的人居环境科学理论和广义建筑学理论符合理性规划理论时期的特征，其以城市规划的科学化为目标，通过他多年来的研究为当前人们认识城市规划的系统性提供参考，并作出了巨大贡献。当然，这些理论及理念还会具有西方规划理论多个阶段的综合性内容，以吴良镛先生的“人居环境科学”理论为例，不仅是解决中国城市规划从工程设计向科学体系转变的历史性命题，还因为他对中国历史文化深厚的感情积淀，积极地推动现代主义思潮下的城市规划向后现代主义转变，为其植入了人文主义的情怀。由此来看，该理论也符合“综合规划理论”阶段的趋向。

上述理论的产生与我国的现实国情发展相匹配，虽然具有一定的阶段局限性，但是它们在城市规划理论地域化进程中发挥的作用是不容置疑的。进入21世纪，城市进入剧烈转型发展的时期，这也需要新的地域化规划理论来适应新的城市发展形势，在这里需要着重对以下三点进行关注，也是本书后续较为关注的内容。

第一，要推进实施规划理论和沟通规划理论的地域化研究和实践

根据上文的分析，规划管理者公共协调者身份的增强使得各参与团体之间的共通理念的构建成为当下的迫切需求，从转型期规划理论研究内容来看，实施规划理论和沟通规划理论的研究正在逐渐成为规划学者研究的热点问题。同时，从新中国成立后国内产生的具有代表性的规划理论来看，目前这两个阶段的理论研究成果相对欠缺，已有的少量成果多是在形式和概念上引介西方的规划理论，无法完全适应地域化城市的发展需求，并没有产生较大的社会影响和引起行业的普遍共识。所以，在当前阶段要着重加强对实施规划理论和沟通规划理论的本土化研究和实践。

第二，要在理性规划理论和综合规划理论之间形成跨越

以往中国城市规划理论发展存在快速性和跨越性特征，在未来时期内，中国城市规划理论的发展应该是进入实施规划理论和沟通规划理论阶段，但是现实的发展紧迫性又不会留给我们太多的时间去按部就班地按照西方五个阶段来完成中国的理论演化。所以，现阶段中国

规划理论的地域化探索工作是要在理性规划理论和综合规划理论之间形成跨越发展的态势，以探索具有复合性的地域化规划理论为目标，同时积极寻求适合中国实际的复合规划理论。

第三，要在多种规划理论的基础上形成复合创新

转型期的中国城市环境变化表现出一定的复合性，其产生的城市问题也不是单一元素造成的，往往是由几个方面的合力共同作用而成，因此现象背后的原因也会表现出一定的复合性。正如两院院士吴良镛先生所说，城市规划工作面临的是一个庞大的、多学科的复杂的体系，已不是一两个专业的发展以及简单的学科交叉所能济事，也不要企图一个规划、一篇文章、一些小成就或某一种新的理论就能解决问题。未来适用于指导中国城市发展的理论必定是一个多元复合的理论。

综上，中国地域化城市规划理论及实践的探索是符合现代城市规划理论与时俱进的发展规律的，同时也是符合中国现代城市规划理论发展的时代需求的，因此，该命题具有极大的研究价值和必要性。

第五节　地域化城市规划理论及实践的探索

本书提出的地域化城市规划理论是基于管理者和地域化两个视角来看的，这是本书的立足点，也是有别于其他理论的特色之处。基于此，本书对地域化城市规划理论探索意在初步建构一个“六角形”的研究框架，见图 1-10，其中的六个顶点分别代表理论探索的三个出发点和三个支撑点，本书的其余章节均是围绕这六个顶点进行组织和完善。

1. 管理视角

以往规划理论的提出者，以学者身份为主，而以城市规划管理者所提出的较少。本书作者，长期在规划管理一线工作，从城市规划编制、实施和监督的多个管理环节的实际工作中积累了丰富的经验，对城市规划的本质、价值体系、行动模式和实现途径等方面有着独特而深刻的认识。同时，在中国面临巨大转型的今天，本书作者对规划方面的认识也是对党的执政理念在城市规划管理上的落实和深化。

2. 地域视角

突出地域化实践是本书的另一个视角。在城市发展环境日渐复杂的今天，已经不可能用一个万能的规划理论去指导所有城市的发展。这就要求规划理论要因地制宜，不要求万能化的理论，但是需要地域化的理论，能够指导一个地方的实践，能够解决一个城市的问题也是好的。本书的观点正是从济南的地方实践出发，所提出的理论也是从解决济南城市发展的实际问题

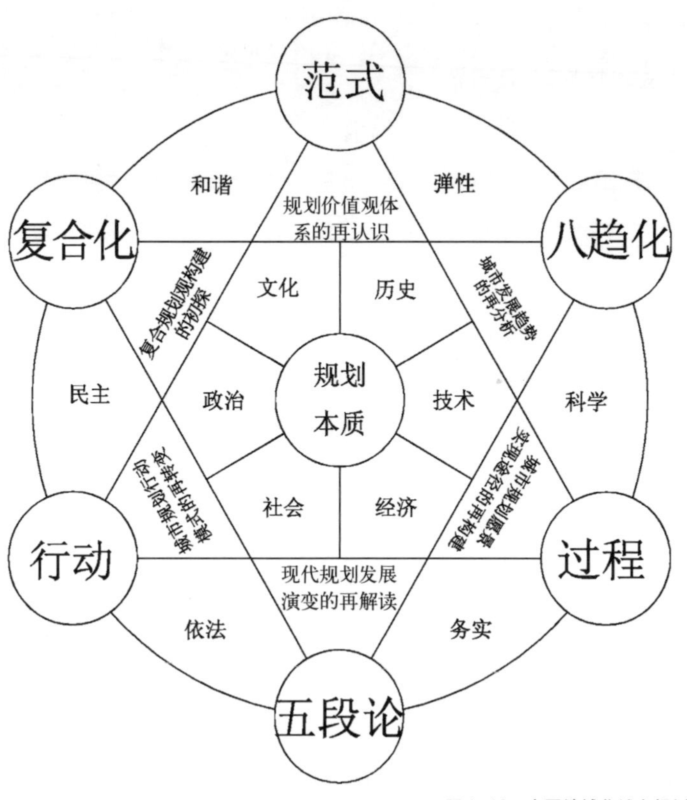

图 1–10　中国地域化城市规划理论探索框架图

中总结而来。

一、地域规划理论体系探索的三个出发点

地域城市规划理论体系的探索要站在历史与未来、理论与实践、理想与现实三个出发点上，致力于符合规律的一般性与地域的特殊性，最终在“解决问题”上找到结合点，只有这样才能做到继往开来、因地制宜，形成有积极意义的规划理论成果。

1.“扬弃”式吸纳现代规划理论

“五段论”是本书对现代城市规划理论发展脉络梳理的总结，即空间规划理论、理性规划理论、实施规划理论、沟通规划理论和综合规划理论五个阶段。这五个阶段的理论之间的关系并不是“后一个理论否定前一个理论”，而是新的理论构建在原有理论的基础上，并且适应城市新变化的需要。本书在对地域化的理论体系进行探索时，首要的出发点就是对已有的现代规划理论进行“扬弃”式吸纳，其中包括吸纳既有理论的优秀部分，摒弃其不适合当下城市发展要求的内容，做到选择性吸收、辩证性看待，在既有成果的基础上作出更具“时代性”

的科学规划理论探索。

2.“主动”式顺应未来发展趋势

根据如上分析可以得知，现代城市规划理论的演化动力是政治、经济、社会发展环境的变化，及由此带来的城市发展的客观需求、背景条件和社会思潮的变化。因此，中国本土化规划理论体系的探索一定要“主动”与城市未来的发展趋势相适应。本书认为城市的“八趋化”将会对规划理论的发展产生重大影响,其中“八趋化”即经济全球化、城市区域化、城乡一体化、城市生态化、城市人文化、利益多元化、决策民主化、城市智慧化。

3.“复合”式探索地域规划创新

创新是城市可持续发展的根本动力，城市规划理论也需要不断与时俱进，因此，创新也是这一过程中不可或缺的环节。本书在最后一章提出了复合规划的论点，其意就是在经过一系列再思考的基础上，尝试提炼出一个经过地域化实践的创新理念。本理念采取的是综合—融合—复合的创新模式，从转型时期城市发展的问题出发，分析问题的复杂性、复合性和挑战性，提出了复合规划（Complex Urban Planning）的理念，并归纳了该理念的合作、综合和统筹三个方向；然后，从问题导向、价值取向、转型发展、政策设计、区域视角、人文尺度、混合利用、强度匹配、多样共生、绿色低碳等十个方面对该理念进行了阐述；其后，从政策工具的视角提出五项具体的应用策略；最后，结合部分济南的发展对复合规划的应用前景进行了展望。

二、地域理论体系探索的三个支撑点

根据上文对现代城市规划理论的梳理，本书确定地域城市规划理论体系探索的三个支撑点分别是范式研究探索、行为模式探索和过程构建探索。

1. 地域城市规划“范式”研究的探索

规划范式研究是为了建立规划自身的价值观，讨论规划工作的目标应该是什么，好的城市“应该”符合什么标准。虽然现代城市规划已由传统的“工程设计”逐渐向社会、经济、环境的综合性规划转变，但相关规划理论的研究始终偏离这一过程，尚缺乏对规划本身所固有的本质与规律的系统归纳和分析研究。为此,有必要在系统分析城市规划理论发展演变的基础上，对城市规划的本质与规律进行科学审视、系统研究和科学归纳，对城市规划应当秉持的价值观进行深入总结和提炼，为进一步发展和完善城市规划理论体系提供借鉴。

2. 地域城市规划“行为”模式的探索

“行为”模式关注规划编制和实施的过程中参与者的规划行为理论，特别是公众和规划师在规划过程中各自担当的角色及其参与中的行为模式变化，它与“沟通规划理论”的内容有着较大联系，这也是本书对中国沟通规划理论而作的有益探索。在当今城市化快速发展和体制转轨加速推进的背景下，随着对城市规划本质与规律认识的逐渐深入，传统城市规划理论面临着从观念到实践的全面改革和创新。在规划核心价值体系的指引下，必须进一步更新理念、创新思路，努力实现规划工作思维和行为模式由部门规划向社会规划、由空间规划向综合规划、由技术规划向政策规划、由速度规划向质量规划、由管理规划向引领规划的"五个转变"，从而指导规划工作不断达到新的高度。

3. 地域城市规划"过程"构建的探索

"过程"构架讨论的是规划工作在转型期如何更具可实现性的问题，是为实现规划的美好愿景而结合具体的环境变化作出相关途径调整的理论，是本书对中国的"实施规划理论"探索而作出的积极尝试。在规划核心价值体系的指引下，按照规划思维和行为模式"五个转变"的要求，在规划具体操作和实施层面必须大力实施科学规划、民主规划、依法规划、务实规划、和谐规划，体现城市规划由结果向过程转变的目标，对规划理论创新进行实践探索，以科学、民主、依法、务实、和谐的规划引领城市经济社会和城市建设科学发展、和谐发展和可持续发展，实现城市规划的美好愿景。

三、案例城市：济南市十年的规划历程

回顾济南城市规划十年的历程，这是思想探索和实践创新相互融合、相互促进的过程。在每一个阶段中既有思想探索，又有实践创新。其中，在某一个具体阶段中，主要进行的是实践创新，而在经历一段时间的实践之后，又会形成关于规划编制和管理的指导思想体系，而这些指导思想体系又会指导下一个阶段的实践创新。回顾十年来规划理念探索的历程，济南市的规划工作历程可以根据指导理念的转变划分成三个阶段。

第一个阶段，自2002年到2006年。这一阶段，主要是在宏观方面进行整体规划，开展了城市空间发展战略规划，确立了"东拓、西进、南控、北跨、中优"的城市发展战略和"新区开发，老城提升，两翼展开，整体推进"的发展思路；以此为指导，开展了新一轮城市总体规划编制和控制性详细规划编制。着眼于影响城市发展的一系列重大问题，邀请高水平设计机构开展了"泉城特色风貌带规划研究"，为延续泉城特色和加强历史文化名城保护提供了重要规划依据；在工作的指导思想方面，结合这一时期省城规划工作实践，不断开拓创新，创造性地提出了"一二三四五六"的工作思路[①]和"六个一"工程[②]。这一时期，济南市规划部门突

① 指"坚持一条主线，实现两个转变，力争三个突破，把握四个关键，把握好五个关系，构建六个体系"。
② 后者指"一张蓝图、一个流程、一套法规、一个制度、一套体系、一支队伍"。

出“作风、服务、效率、制度”四项重点，以“创新规划管理，服务发展大局”为宗旨，秉承“公开、公正、严谨、高效”的服务理念，遵循“符合规划的要快办，不违反规划的要办好，违反规划的坚决不能办”的工作原则，进一步丰富完善了规划指导思想体系。在实体规划方面，济南市于2004年6月启动了新一轮城市总体规划编制，2006年1月启动了控制性详细规划编制，逐步掀起了完善规划体系的高潮。

第二阶段，自2006年至2009年全运会前。2006年8月，济南市规划局召开系统理论学习读书会，在回顾总结前一个阶段的规划工作的基础上，对城市规划的认识进一步加深，对城市规划的视野进一步拓展，深入探求物质空间背后的政治、经济成因，提出了城市规划的“六大属性”①，同时围绕如何搞好新时期的规划工作，提出了“八个注重”、“六个善于”、“把握五个关系”等工作思路②。在此基础上，根据省城发展的新要求，2006年年底又将实现“三个提升”、突出“六个更加注重”、强化“六个坚持”作为引导省城规划工作的总体思路③。在这一系列工作思路的指引下，济南市中心城首次实现了控规全覆盖，重点地区和重点项目规划进展顺利，社会主义新农村建设试点规划全部完成，城乡规划体系不断完善，规划的先导引领作用进一步增强，为规划事业持续健康发展奠定了坚实基础。

第三个阶段，全运会至2012年。这一阶段，在对城市规划多重属性的认识日趋深入的基础上，深刻剖析影响城市规划的五种力量，自觉认识和把握各种规律，全面实施“五个创新”，坚持“一条主线”，实现“两个突破”，实施“三大战略”④。抓住迎接第十一届全运会、园博会、京沪高铁通车等历史机遇，实施重点突破，全面提升。围绕东部新区、西部新区、滨河新区开展了大量规划编研工作，三大新区渐成规模，“一城三区”的发展框架全面拉开。在此基础

---

① 城市规划的“六大属性”：政治属性、经济属性、社会属性、文化属性、历史属性、技术属性。

② “八个注重”：注重更新规划理念和思路，注重转变工作作风，注重改善服务质量，注重加强制度建设，注重理顺体制机制，注重提升规划编研水平，注重加强自身建设，注重做好社会沟通。“六个善于”：善于从政治和全局的高度谋划工作，善于妥善处理各种复杂矛盾和问题，善于用辩证思维创造性地开展工作，善于抓主要矛盾和矛盾的主要方面，善于将外地经验与本地实践相结合，善于发挥团队的潜力和合力推进工作。五个关系：个体与群体、局部与整体、当前与长远、刚性与弹性、政府与市场。

③ 三个提升：由粗放型向精细特色型的提升；由速度型向质量速度型的提升；由把关型向把关调控型的提升。六个更加注重：更加注重以人为本维护社会公平；更加注重城乡统筹发展；更加注重人口资源环境的协调发展；更加注重以和谐规划促进和谐济南建设；更加注重突出泉城特色风貌；更加注重发挥规划的公共政策职能。六个坚持：坚持服务大局不动摇；坚持又好又快的发展要求；坚持以理念更新和改革创新来推进规划工作；坚持依靠制度建设提升规划水平；坚持科学规划、民主规划、依法规划；坚持规划业务和党风廉政建设“两手抓、两手硬”。

④ “五个创新”：理念创新、技术创新、服务创新、管理创新、体制创新；一条主线：坚持以科学发展观统领省会规划工作全局；两个突破：努力在解放思想、转变观念、提升境界上实现新突破，努力在转变作风、抓好落实、破解难题上实现新突破；三大战略：统筹战略，精品战略，提升战略。

上，正确把握省会现代化建设的阶段性特征，着眼于转变城市发展方式、提升城市发展质量，积极构建精品规划、创造精品设计、打造精品工程、建设精品城市。深入开展空间、经济、人文等多维度综合研究，更加注重规划的科学性、人文性、统筹性和超前性，规划设计的特色化和精细化水平不断提高。这一阶段，先后开展了奥体文博、泉城特色标志区、济南西客站地区“三大亮点”和小清河综合整治工程等一大批影响全局的重要规划成果，编制了“东荷西柳”奥体场馆、大明湖改造扩建、园博园、全民健身中心、“岱青海蓝”省会文化艺术中心等一批精品设计，开展了东部新城中央商务区、汉峪核心区、西客站核心区、滨河新区核心区、新东站核心区等几十项重点区域城市设计成果，有效提升了城市的功能形象品位，推动规划工作境界有了显著提升。

可以说，经过多年来省城规划工作的实践探索，济南市很好地解决了规划体系、制度建设、队伍壮大等层面的问题。航海靠舵手，规划事业的发展将在很大程度上取决于规划工作者的思想信念、精神境界和价值取向，规划工作的有序开展直接有赖于核心价值观的引导。在规划的境界有了显著提升之后，济南市逐步探索建立了规划的核心价值体系。即追求树立“唯民、唯真、唯实”的规划核心价值观，坚持贯彻以“科学、人文、依法”的规划理念统领工作，自觉遵循“公开、公平、公正”的基本原则，正确把握规划工作的“目标、导向、动力”，在规划实践中坚持。敢于担当，以这一核心价值观为依据，以一流的规划、一流的服务、一流的实绩，积极回应全市人民“发展更快、城市更美、管理更优、生活更好”的新期待。

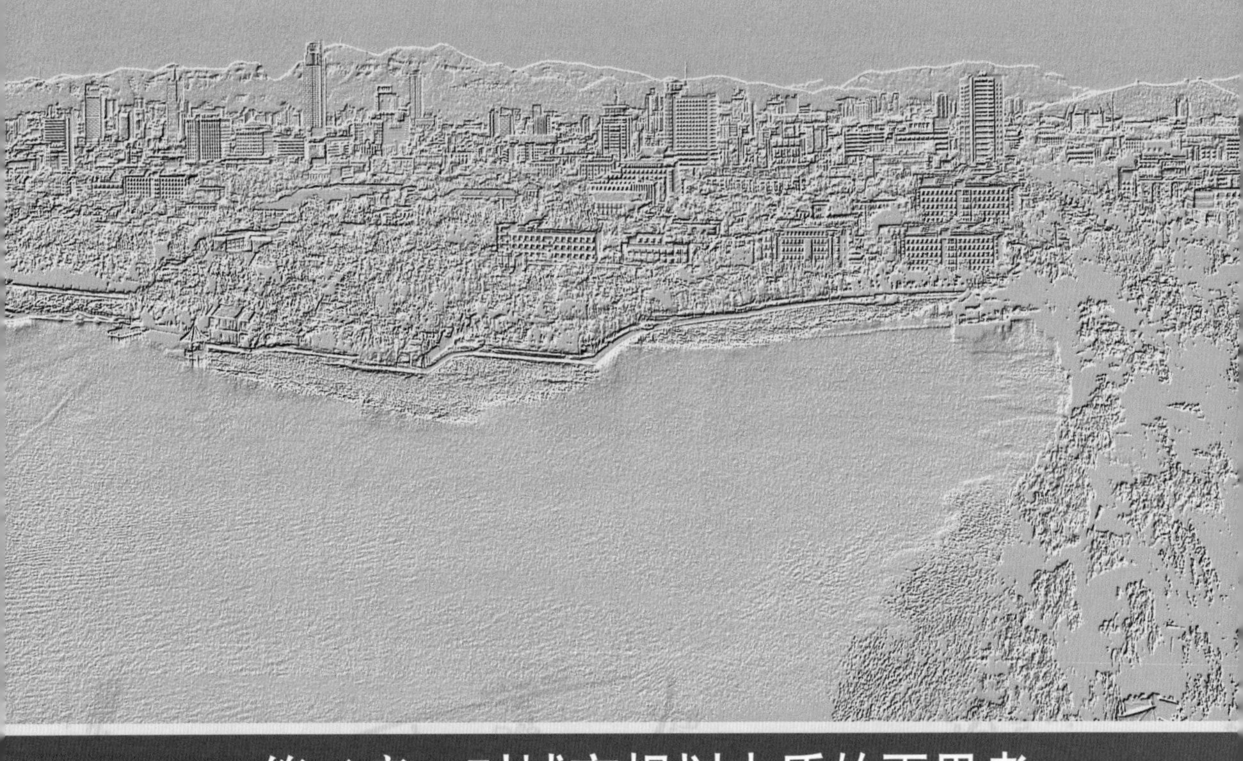

第二章　对城市规划本质的再思考

真正影响城市规划的是最深刻的政治和经济的变革。

——美国著名城市理论家刘易斯·芒福德

城市规划就是政治。

——美国规划专家迪尔

城市规划就是政策。

——美国著名规划理论学者诺顿·朗

城市规划不单纯是技术问题，而具有政治、经济、历史、文化等多重属性。

——作者

导言：城市规划的本质是什么？

长期以来，关于城市规划本质的界定，一直是各国学者探究与争论的焦点，目前国内外城市规划界对城市规划的概念与内在本质的界定有多重解释，不同领域、不同时期的学者可以从不同的角度、不同的范畴，对城市规划的概念及内涵得出诸多结论，却往往忽视对规划本质内在系统性的探寻和认识。

追溯历史，在城市规划理论发展演变的过程中，对城市规划的理解、认识和研究经历了一个由表及里、由浅入深的过程，在不同的社会、政治、经济背景下形成了多种对城市规划的理解和认识，这些不同的理解和认识阐述着各自的观点，有些甚至是相互矛盾和相互抵触的。但对于什么是城市规划的内在本质特征这一命题，无论是物质空间规划理论，还是系统规划理论、沟通规划理论，由于发展认识的阶段性，大多仅仅是理解或运用了规划某一方面的本质，尚缺乏对规划本身所固有的内在本质特征的系统归纳和分析研究。这些观点多只是将规划作为一种可运用的手段来为特定的哲学认识、意识形态或思想观念提供服务。规划确实能够在现实社会里起到这样的作用，但这也仅仅是它的外显成分而非其本质意义，是其在社会、经济、政治层面上的一种投射。这种服务和投射的结果必然会造成对规划内在本质认识的片面性，以致只关注规划的实际效用而忽视了对其本质意义的解读。

当今，我国正处在政治、经济、社会转型期，面临的各层次矛盾日益突出。规划既要满足经济建设高速发展的需要，又要满足可持续发展的需要；既要做到创新与发展，又要实现传承与保护；既要满足公共利益，又要协调各方诉求；既要维护规划的严肃性，又要经得起多方“干预”等。目前，全国各地的城市规划工作正在如火如荼地展开，“规划是城市发展的龙头”已经成为各级政府的共识。但在具体的城市规划建设实践中，片面追求经济增长而忽视生态环境、影响社会和谐的城市开发现象却屡见不鲜，已经严重影响了城市规划的社会形象和规划事业的健康发展。在此背景下，如何全面理解和认识城市规划，重新思考和科学审视城市规划的内在本质属性，对于充分发挥规划的科学引领作用、正确指导城市规划实践、促进城市规划理论与实践创新、保障城市规划事业沿着正确的轨道上发展，都具有十分重要的理论与现实意义。

城市规划作为一项重要的社会实践活动，只有真正理解其最本质的内在特性，才有可能理解其本身所蕴涵的巨大力量，从而作出合乎目的和逻辑的行动。只有清楚地明了规划的内在本质意义，才有可能为规划行为规定“游戏规则”，才能从认识论、方法论的角度来推进规划理论的发展，才能更好地协调城市规划与政治、经济、社会、生态之间的相互关系，从而使城市规划在社会经济和城市建设发展中发挥应有的作用。为此，本章从城市规划的属性、作用、规律和协调四个方面出发，对城市规划的内在本质特征进行重新思考、系统研究和科学归纳，为进一步发展和完善城市规划理论体系提供借鉴。

第一节　城市规划属性的再思考

在当前转型期，传统的城市规划多“就规划论规划、就空间论空间、就技术论技术”的思维惯性已经表现出局限性，科学发展观要求城市规划从关注物质空间环境的构筑，转向统筹兼顾经济、社会、人口、资源、环境的协调发展。这表明城市规划的属性向着多元化的方向发展。吴良镛教授曾经指出：“城市规划工作面临的是一个庞大的、多学科的、复杂的体系，已不是一两专业的发展以及简单的学科交叉所能济事，也不要企图一个规划、一篇文章、一些小成就或某一种新的理论就能解决问题。从整体来说，这是一个大时代、大跨度、多领域、复杂性的前沿学科，很难建立如黑格尔体系的‘大一统’的‘终极真理’，而是要建立在片断的不断发展的之和上，与时俱进，不断深化，永无止境”。并且，城市规划过程涉及社会不同群体的现实利益，是一种复杂庞大的社会行为和社会实践过程，需要在各利益主体为争取利益的博弈和冲突中，处理好社会关系、政治关系和经济关系，因而城市规划不仅具有政治属性，而且具有经济属性和社会属性等多重属性。科学审视城市规划，必须深入探寻城市规划物质空间环境背后的政治、社会、经济成因，深刻认识城市规划所具有的政治、经济、社会、文化、历史、技术等属性。

一、政治属性：规划的权利协调

1. 城市形成的政治根源

亚里士多德指出，要阐明城邦的本质，首先应研究公民的本质，因为城邦正是若干公民的组合。城邦的本质是由公民的本质所决定的，决定公民本质的则是公民的身份。亚氏将公民的本质完全赋予了政治意义，指出只有享受平等政治权利的人才是公民，只有由这样的公民组成的政治团体，才是城邦。不同时代、地域，城市差别很大，但其背后有其一以贯之的主线，这就是不论何时、何地，城市都是权力的中心，即所谓政治、经济、文化中心，实际为政治、经济、文化的管理权力的中心，也就是公共权力集聚的空间，这也是城市形成的政治根源。由于权力的集聚，引起其他要素的集聚，也由于权力的消失，引起其他要素的离散，从而导致城市出现、生长、繁盛、衰败以至消亡。

2. 城市规划本身是政治过程

美国著名规划理论家诺顿·朗指出："事实上规划就是政治过程"。政治，作为人们围绕公共权力而展开的活动，以及政府运用公共权力而进行权威性的资源分配的过程，首先表现为空间的分配问题，特别是城市空间与土地问题。历史表明，对于空间和土地的征服和整合，也已经成为政治家统治的主要工具。因为空间是一个社会产物，本身也存在着意识形态的不同领域，社会生活中形成的复杂的权属结构制约着空间秩序的形成，进而作用于城市的空间规划过程。受内外部的政治因素影响，城市规划意味着在一定地域范围内的多种利益抉择，在考虑各种行动方式的过程中会偏向不同的利益集团，而忽略或伤害另外一些利益集团的利益，所以规划本质上是政治的选择、政治的过程。"场所被历史和自然因素塑造，但同时这也从来就是一个政治进程，场所有政治性和意识性。"这段亨利·勒菲弗的引言表明了研究城市形态和生活的政治纬度并且领会这个过程中意识形态的重要性是多么关键。

3. 城市规划的政治本质溯源

在以往的研究中，一般将政治作为规划的背景因素考虑，使内在于规划过程中的政治只被认为是影响因子，而没能从政治的视角来审视规划行为。事实上，现代城市规划自诞生之日起，其初衷就不仅仅是提出一种简单的技术手段，霍华德提出的"田园城市"反映了一种社会改良的政治诉求，规划师们对于城市理想状态的构想，往往是以符合具体的政治目标为首要任务的。中国历朝历代的都城布局，与其说是理性的考量，不如说是权力的彰显；与其说是工匠的设计，不如说是政治的决定。举例而言，封建社会《周礼·考工记》记载的中国传统城市规划所体现的就是统治者的"王权"思想。"匠人营国，方九里，旁三门，国中九经九纬，经涂九轨，左祖右社，面朝后市，市朝一夫。"在民主的社会中，城市规划不应仅仅作为表达统治者或规划师自身政治抱负的工具，还应体现以公平公正为导向的公民政治的价值取向，被看做表达不同政治团体的利益、体现公共利益更多元化和市民化、并通过协商达到共识的社群主义的政治手段。

4. 城市规划的政治属性

城市规划的过程是促使具有不同意见的各方就共同的利益达成妥协的意见，提出能够平衡各方利益的共同纲领，这一决策过程显然是具有政治性的。美国洛杉矶学派规划大师迪尔曾说过："城市规划就是政治"。美国著名城市事务与规划学教授约翰·M·利维指出"规划是一项高度政治化的活动"。"没有人是真正完全脱离政治的，因为每个人都有利益和价值观，那是政治学的物质基础"。政治不仅仅是规划的环境影响因素，更重要的是，政治是规划的本质属性，英国著名城市规划思想家尼格尔·泰勒指出："城市规划天生就是一个规范性、政治性活动"，"规划包含了政治判断和政治决策”。政治本身有其内在的规律性，这种规律性直接指导和决定着规划政策的形成过程和决策过程，城市规划的运行规律也遵循了政治运行的规律性。毋庸置疑，城市规划具有鲜明的政治属性。

二、经济属性：规划的发展追求

1. 城市发展的经济本质

城市是社会生产力发展的产物，是各种经济要素赖以生存和发展的物质空间载体，正是经济要素的不断积聚才孕育了城市的产生。刘易斯·芒福德指出：“城市不只是建筑物的群体，它更是各种密切相关的经济相互影响的各种功能的集合体”。K·J·巴顿认为：“城市是一个坐落在有限空间地区内的各种经济要素——住房、劳动力、土地、运输等——相互交织在一起的网状系统。”纵观城市发展史，城市的产生和发展无论是古代原始城市的出现，还是现代城市的崛起，无不是由社会生产力的发展决定的。随着经济的发展，城市发展进程不断地从低级走向高级、从传统走向现代，这是世界上不同国家或地区城市发展的共同趋势。

2. 城市规划的经济属性

约翰·弗里德曼认为，城市规划最主要的功能之一就是“指导经济稳定成长，为经济发展服务”。城市经济发展和各项生产活动，都直接体现在城市的各项建设活动之中，而城市规划是对一定时期内城市的经济和社会发展、土地利用、空间布局及各项建设的综合部署、具体安排和实施管理，是城市经济社会发展中长期战略在空间布局上的具体落实，是城市建设和管理的基本依据。因此，城市规划的过程就是调控社会生产的过程，规划本身就是一种社会生产行为，它不但间接地为社会生产服务，创造和改善了社会生产力条件，而且直接参与了社会生产，是社会生产的一个重要环节，起到了发展生产力的作用。城市规划统一配置城市空间资源，涉及社会各界的经济利益和城市发展的长远利益，对经济发展影响巨大。规划决定了空间布局结构，决定着用地性质和城市功能，决定着土地价值和开发收益。规划在很大程度上就是生产力，它不仅可以优化要素资源配置，推动生产力发展，而且直接涉及经济利益的调整与分配，具有明显或潜在的经济效益，规划水平直接影响着经济要素配置水平和经济发展水平。

3. 正确发挥规划的经济功能

市场经济条件下，城市作为开发商、投资商、各种利益主体追逐利益的主战场，在汹涌澎湃的经济大潮冲击下，受经济利益驱使，对城市规划及其经济功能发起了冲击和挑战。“形象工程”、“政绩工程”大行其道，开发区建设一哄而上，房地产开发热、行政中心搬迁热、大学城热、购物中心热、会展中心热持续升温，有的城市为了局部经济利益，取消了经济效益低的经济适用房建设，致使中低收入家庭的住房问题得不到有效解决。更有甚者，有的城市开发量超越了其自身经济社会发展的承受能力，出现了盲目扩大城市规模的造城运动，引发了诸多社会问题。

有鉴于此，为了有效发挥城市规划的宏观调控作用，合理引导城市经济建设及各项事业健康发展，必须正确认识市场经济条件下城市规划的经济功能。市场经济条件下，城市规划的本质在于调节发展的效率与公平之间的平衡。在追求效率方面，城市规划是引导和调控结合，通过落实政府对经济、社会、环境发展的宏观调控政策，引导城市开发建设的速度、总量、布局、规模与城市经济环境承载能力相匹配，从而实现城市经济的快速推进；在追求公平方面，城市规划还应该弥补市场的缺陷，通过资源配置和合理布局，在保障公共利益、维护社会公平的整体利益原则下，平衡政府、开发商、公众等不同利益主体之间的利益关系，实现城市可持续发展。

三、社会属性：规划的政策表现

1. 城市发展的社会根源

城市是人类社会发展的产物，是人类聚居和现实生存的社会形态。芒福德指出，“在促进城市发展的因素中，社会因素是主要的”。美国社会学家帕克认为：“城市决不仅仅是许多单个的集合体，不仅是各种社会设施的聚合体，也不只是各种服务部门和管理机构的简单聚集”。城市是一种心理状态，是各种礼俗和传统构成的整体，是这些礼俗中所包含的并随传统而流传的那些统一思想和情感所构成的整体。因此，城市绝不是独立于人类社会之外的一个客观客体，而是人类各种社会活动的载体。人类社会的发展状况、制度结构从根本上决定了城市发展的命运。城市是人的聚落，在这一聚落中衍生着各种复杂的社会关系。

2. 城市规划的社会本质

城市规划学科研究的对象是城市，而城市具有物质性和社会性的属性。一方面，城市由建筑、街道等物质实体构成，这是其物质性的一面；另一方面，城市并不止于无生命的“物质”，而是由其中的人来建造、运作和管理，因而又具有社会性。城市的社会网络、文化传统、生活习俗、民风民俗及法制建设、制度管理等，都不是可见的“物质”，而是城市社会性的具体体现，是只在人类社会中才特有的现象，但它们却对城市的物质要素产生极大的影响。戴维·哈维在其经典论文《社会公平与城市》（Social Justice and the City）中，讨论了社会过程和空间形式、实际收入的再分配、社会公平的概念、城市土地利用和剩余价值的空间流通之间的关系。而这恰恰是规划在发挥调节作用。

应该说，西方城市规划从诞生之日起，其初衷是为解决当时的社会问题，这也为城市规划注入了社会性基因。约翰·弗里德曼在他的《公共领域的规划》一书中，对市场经济条件下城市规划的社会本质进行了分析，认为规划主要有指导经济稳定成长、提供各种社会服务、满足社会需求、保护社会利益、兼顾弱势群体、提倡社会与空间公平、资源保护等十个方面的社会功能。查德·克里斯特曼在《规划正悖论》一文中对于城市规划的社会功能作了更为精辟的概述，他认为规划具有四项重大功能：一是为公共和私人领域的决策提供必需的信息；二是倡导公共利益或集体利益；三是尽可能弥补市场行为的负面影响；四是关注公共与私人行为的分布效果，努力弥补基本物品分布上的不公平。尤其是在当今社会转型期，城市规划的社会地位大幅提升，得到社会公众的高度关注，我们更应该正确认识城市规划的社会本质，充分发挥城市规划所具有的配置公共资源、保护资源环境、协调利益关系、维护社会公平的社会功能。

3. 城市规划的社会属性

城市规划作为一项全局性、综合性、战略性很强的工作，是为了实现城市社会、经济、文化、环境的综合发展目标，通过制定城市空间发展战略，合理调控和配置城市社会和空间资源，以引导、调节和控制城市建设发展的一种社会实践活动。城市规划的制定和实施是一项复杂庞大的社会行为，涉及社会各行各业，影响千家万户，关系各利益主体和社会公众的利益。因此，城市规划绝不只是政府官员的“政治理想”或规划精英的“精英谋略”，而是一项由广大市民共同参与的社会实践活动，是全社会的共同事业，具有很强的社会属性和社会价值。城市规划作为一项社会性的活动，以实现社会发展的综合最优为目标，综合协调社会各方面的利益关系，充分反映人民群众的利益诉求，体现公共利益，关注弱势群体，维护社会和谐与社会稳定，与任何一个市民的利益都息息相关，因而规划需要各部门、各行业、各利益主体及社会公众的广泛参与和共同努力。

四、文化属性：规划的活力来源

1. 城市的文化内涵

文化是城市的根基和灵魂，是城市的魅力所在。一座没有文化的城市是苍白浅薄的城市。刘易斯·芒福德在《城市文化》一书中指出：“城市是文化的容器，专门用来储存并流传人类文明的成果”。“城市的意义在于贮存文化、流传文化和创造文化，这大概就是城市的三个基本使命了”。吴良镛教授指出：“文化是建筑和城市之魂，我们必须强调历史文化在城市建设中的核心地位”。城市是历史文化浓缩和积淀的产物，是人类社会发展到一定阶段的思想文化进步的结晶和理想追求的反映，蕴藏着人类历史发展的信息、民族文化的创造与延续以及不朽的精神和力量，是一笔珍贵的历史文化财富。吴良镛教授还指出："城市的文化价值，不仅体现在有形的文化遗迹上，而且体现在无形的文化内核上。文化存留于城市和建筑中，融合在人们的生活中，对城市的建造、市民的行为起着潜移默化的影响"。伊利尔·沙里宁在其《城市:它的发展、衰败和未来》一书中曾说过:"城市是一本打开的书，从中可看到它的抱负。""让我看看你的城市，我就能说出这个城市居民在文化上追求什么。"城市文化是城市的特殊资源，既包括有形的物质文化，如文物古迹、文化遗址、历史街区等，体现历史文化物质空间的保护和传承；也包括无形的精神文化，如地方传统、风俗习惯、思想意识等，体现浓郁的文化氛围和精神追求。美国著名规划专家霍顿的名言：文化是城市的灵魂。没有文化内涵的城市，只有躯壳，而没有灵魂。随着时间的推移，城市的每一部分、每个角落，都在一定程度上带上了当地居民的特点和品格。城市的各个部分都不可避免地浸染上了当地居民的情感。其效果便是，原来只不过是几个图形式的平面划分形式，现在转化成了邻里，转化成了有自身情感、传统、历史的小区。

2. 城市规划的文化属性

一座城市的形成和发展，从早期选址、规划设计、初期发展到各个历史时期的规划建设，无不渗透并延续着城市的文化特色，城市文化特色通过各个时期的城市规划而日益变得丰满和鲜明。吴良镛教授指出："从聚落到城市，都是文化活动的载体，城市文化是渗透、凝聚在不同的时间、空间与人间，城市规划虽是物质环境的规划，但不能见物不见人，见功能不见文化"。城市规划受特定文化背景的深刻影响，城市的文化特色和文化底蕴是城市规划所必须承继的巨大财富和珍贵资源，城市规划既要塑造城市外在的物质文化特色，更要塑造城市内在的精神文化底蕴，使城市历史文脉得以延续，文化特色得以发扬光大，文化底蕴得以承继弘扬。规划具有鲜明的文化属性，城市规划塑造的城市空间形态和城市肌理的差异从直观上反映出城市文化、地域和传统的差异。

由此，城市规划必须加强对城市文化属性的研究，把发掘文化底蕴、体现地方特色与规划工作有机结合，切实提高城市的文化品位。正如吴良镛教授所指出的："必须在中与西、新与旧的冲突中，吸取世界文化智慧以及地方传统文化精华，创造良好的人居环境"。

五、历史属性：规划的脉络追寻

1. 城市是一部"历史"

刘易斯·芒福德指出："城市是靠记忆而存在的"。新加坡规划专家刘太格说过："城市是一部史书，每一个历史时期都有属于它的一页，这部书是历史的记忆”。城市是人类社会发展的产物，是一种历史文化现象，其形成演变是历史的过程。城市的发展自城市起源时就一直未曾停息，正如赫拉克里特所说：“一个人不能两次踏进同一条河流”，同样，一个人也不可能两次走进同样一座城市。也就是说城市的产生和演变是一个历史的过程，是动态的、复杂的、演变的历史过程。城市在历史过程中经历着无数的沧桑变迁，而每一个变化都显示着城市发展的历史性、延续性和继承性。从这个层面上说，一座城市就是一部“历史”，每一时期的历史文化都是城市的灵魂，要认识一座城市，就必须首先了解这座城市的历史。正如刘易斯·芒福德所说：“如果我们要为城市生活奠定新的基础，我们就必须明了城市的历史性质，就必须把城市原有的功能，即它已经表现出来的功能，同它将来可能发挥的功能区别开来”。

2. 城市规划的历史属性

城市的形成演变是历史的过程，任何城市的发展都不能逾越特定的历史阶段，不能违背客观规律。城市是有机生长的，有其发展演变的历史成因，必须用历史的、辩证的、全面的观点来重新审视城市及其规划。城市规划是历史的过程，具有历史属性。美国著名规划专家柯林·罗在《拼贴城市》中指出：城市形态汇载着历史，城市形态是各种历史片段的丰富交织。当现实与历史能恰当地和谐共处时，形成的城市空间形态是最富有魅力的，可以共同演绎出最有文化活力的新形象。吴良镛教授指出：“我们要对 20 世纪 50 年代以来亲身参与的城市建设的历史进行系统整理和深入研究，从实践中的成功与不足总结出理论，进一步讲，还要和中国的历史结合起来，至少要和中国的现代化衔接起来，了解地方性、民族性，并加以修正提高”。吴良镛教授进一步指出：“要更为全面地理解 50 多年的规划建设史，过去的每一项成就与不足，都是有血有肉的，应该是‘完整的历史’”。城市规划必须充分尊重历史的延续性，传承城市发展和城市规划的历史文脉，注重保护与弘扬各类历史资源，在前人奠定的规划基础上，肩负起历史赋予的责任与使命，继往开来，与时俱进，不断开拓规划工作新局面。

六、技术属性：规划的实现支撑

1. 城市规划的技术本质

城市规划作为引导和调控城市建设发展的重要手段和依据，以城市物质空间为对象，预测、设计和控制其发展结果，是一项高度复杂的技术手段（图 2-1）。城市规划作为一门技术，具有狭义和广义之分。狭义的城市规划技术是从工程技术角度来解决城市功能与城市构图美学等问题，是从传统的建筑学领域演变而来的城市规划思路，诸如城市规划的基本调查方法、数据处理和指标调控、地理信息系统、CAD 辅助设计和各类技术规范等都属于狭义城市规划技术。

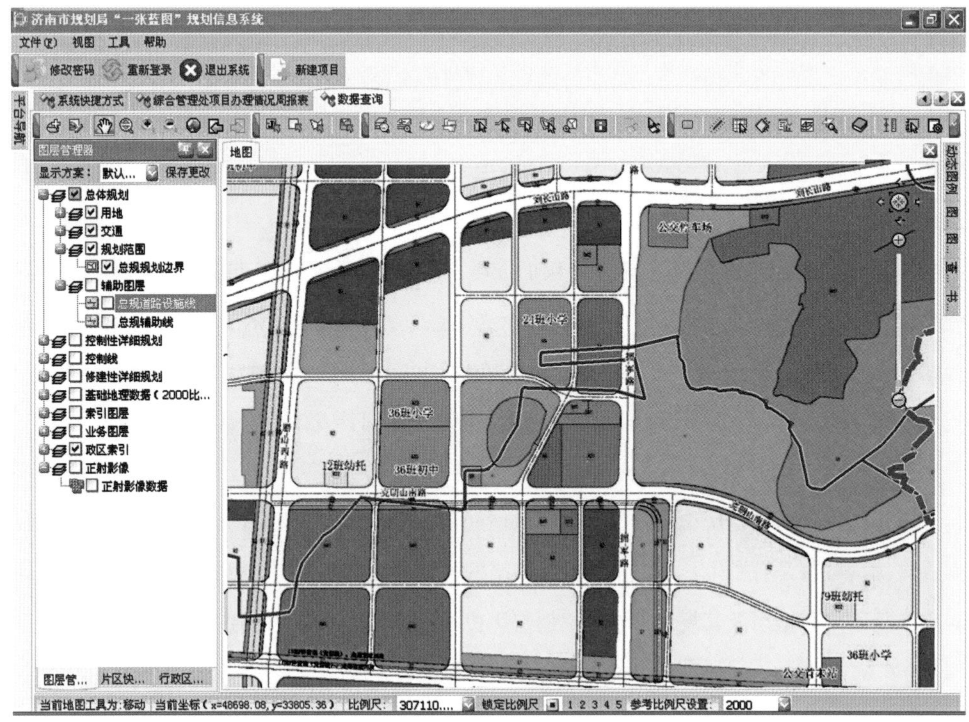

图 2–1 城市规划是一项技术性很强的工作

广义的城市规划技术是由其本身的社会属性和学科属性决定的，已由工程技术领域走向自然科学与社会科学的融合，注重对城市物质与社会双重特性的解释，对社会经济现象、历史文化的认识，对城市问题的解决对策等的综合研究。与狭义城市规划技术相比，广义城市规划技术更多受到城市发展和城市规划内外部制度的影响，包括社会、经济、政策、文化等的作用，这种作用随城市社会化程度的提高而越来越明显。

2. 城市规划的技术属性

城市规划研究城市的未来发展、合理布局和各项建设的综合部署，是一定时期内城市发展的蓝图，是城市建设和管理的依据，要建设好城市，必须有一个科学性、技术性很强的城市规划作为引领和先导，并严格按照规划实施建设。城市规划从其研究内容上看，是对具体城市的经济社会发展和空间建设布局的干预和指导，体现出人为的目的性和可控制性，是科学知识的具体应用，具有可操作性特征，属于技术的范畴。从辩证法的角度看，城市规划是关于规划思想、理论方法和实现途径的研究，具有相对的独立性，这种独立性不仅表现在对客观自然规律的遵循，还表现在技术活动的可操作性、实践性和实效性的追求上，因而城市规划具有技术属性。

3. 城市规划技术的发展

在科学发展观指导下，现代城市规划作为一种技术手段，已由纯粹的工程技术演变为多学科、多领域协同的综合技术，是个极为复杂的巨系统，涉及政治、经济、社会、生态、环境、资源、文化、艺术等诸多领域。城市规划技术应从传统的物质空间形态的构筑转向对经济、社会、资源、环境的统筹协调，运用现代技术手段提高规划层次和设计水平，确保规划的科学性和准确性，从而合理确定城市的发展方向、规模和布局，统筹协调各方利益，统筹安排各项建设活动，并做好资源环境的预测和评价，为市民的居住、工作、学习、交通、休憩以及各种社会活动创造良好条件，这是实现城市全面、协调、可持续发展的关键。

第二节　城市规划作用的再思考

城市规划是一项全局性、综合性、战略性很强的工作，是政府指导和调控城市建设发展的基本手段和法律依据，是城市建设发展的龙头。城市规划作为国家宏观调控的重要手段，通过对城市土地和空间资源的优化配置，对城市经济社会发展具有重要的引导、调控和推动作用。

一、规划是塑造城市的有效工具

1. 城市规划关乎城市发展全局

城市的建设和发展是一项庞大的系统工程，而城市规划是引导和调控整个城市建设和发展的基本依据和政策手段，是城市发展的总纲、城市建设的蓝图和城市管理的依据。城市规划作为一项重要的政府职能，体现了政府指导和管理城市建设和发展的政策导向，是城市政府为了实现一定时期内城市经济社会发展目标，科学确定城市性质、规模和发展方向，合理利用城市土地，协调城市空间布局和各项建设所作的综合部署和具体安排。城市规划就如同城市的中枢，统领着城市建设和发展的全局，城市的一切建设活动都要服从城市规划的统筹安排。一个成功的规划能够使古老的城市焕发青春的活力，反之，一个失误的规划则可能导致城市错失发展的良机。无论从国外还是国内看，在设计、建设、管理方面受到普遍赞誉的城市，都有一个科学合理的城市

图 2–2　罗马

规划作为引导和统领。而那些布局混乱、环境恶化、不能发挥整体功能的城市，除了其他原因外，往往都与没有一个好的城市规划有关。可以说，城市规划是城市发展之魂，是核心，是关键，关系城市经济社会发展全局，决定城市建设、经营和管理的水平，是实现城市社会经济发展目标的根本手段。

早在20世纪末，国务院就下发通知指出要把城市规划作为政府宏观调控的重要手段。21世纪初国务院又下发了《关于加强和改进城乡规划工作的通知》，进一步明确了新时期城市规划的重要地位："城乡规划是政府指导和调控城乡建设和发展的基本手段，是关系我国社会主义现代化建设事业全局的重要工作"。这既表明了党和国家对城市规划的高度重视，也反映了城市规划在我国城市建设和发展中的灵魂地位逐步得到确立，在经济社会发展中发挥着越来越重要的作用。

2. 世界城市发展史印证了规划的灵魂作用

在世界以及中国城市发展史上，城市规划对城市建设发展的灵魂作用是极其显著的，许多著名城市都是以规划为灵魂引导而发展成为举世瞩目的世界名城的。如古罗马在共和时代就成长为一个世界性的大城市，城市规划在其中起到了举足轻重的灵魂作用（图2-2）。罗马的第一部规划法规定了城市统一的建筑高度、街道尺度、铺石路面、清洁、维护、边界调整等内容。公元2世纪初，为了防止交通阻塞，古罗马规定载重车辆只能在夜间上路，同样繁华的商铺需要设在较窄的街道上。作为世界城市的鼻祖，罗马重视规划的做法对今天的城市建设仍具有深刻的启迪意义。澳大利亚的首都堪培拉，从20世纪初就开始在全世界范围内征集城市规划方案，如今的堪培拉已在规划引领下建成了一座名副其实的"花园之都"，堪称世界花园城市建设的典范。日本的城市道路排水系统由于规划得当，始终处于世界城市领先水平。在我国，成书于春秋战国时期的《周礼·考工记》对中国传统城市规划形制已有记载："匠人营国，方九里，旁三门……左祖右社，面朝后市……"，这一中国古代典型的城市规划形制格局造就了我国一代又一代的封建王城，如隋唐长安城、元大都以及在其基础上发展起来的明清北京城等。古今中外，城市规划在指引城市发展方向、引领城市建设布局等方面均发挥着突出的灵魂作用。

3. 城市规划决定城市发展的水平和质量

城市规划的灵魂作用与意义具体体现在科学构筑城市空间格局、优化产业发展布局、合理配置城市资源、完善城市功能结构、推进生态环境建设、促进城乡区域统筹和加快城市建设发展等方面。国内外城市建设发展的实践经验证明，要把城市建设好、管理好、发展好，必须首先规划好，以城市规划为依据建设和管理城市，才能使城市系统高效、协调、安全、有序运转，实现城市经济效益、社会效益、环境效益等综合效益的最大化，才能最终实现城市经济社会发展目标。一座没有规划的城市注定是失败的城市，低水平的规划必然导致低水平的建设。深圳之所以在短短30年就从边陲小镇成长为一座国际化大城市，就是因为深圳作为特区从一个小渔村起步的时候就站在了时代的前沿，世界的高度，科学制定了高标准的城市规划，在一张白纸上画出了美丽的图画。因此，城市规划水平在很大程度上决定了城市的功能完善程度、效率便利程度、环境优美度和人与自然和谐程度，进而决定了城市形象，决定了城市发展的水平。城市规划搞得好不好，直接关系到城市总体功能能否有效发挥、经济社会环境能否协调发展、综合竞争力能否有效提升，直接关系到城市的品位高不高、形象美不美、特色鲜明不鲜明，直接关系到市民的生活品质和生活环境能否得到切实改善。随着社会主义市场经济体制的发展，城市规划以其高度的综合性、战略性、政策性、调控性，在优化城市土地和空间资源配置、合理调整城市布局、协调各项建设、完善城市功能，从而实现城市经济、社会、生态的协调和可持续发展，维护城市整体公共利益等方面，发挥着日益突出的灵魂作用。

二、规划是推进社会生产力发展的动力

1. 城市规划本身是社会生产行为

根据《城乡规划法》的规定，城市规划是以促进城乡经济社会全面协调可持续发展为根本任务、促进土地科学利用为基础、促进人居环境根本改善为目的，涵盖城乡居民点的空间布局规划。其内容包括研究城乡居民点的人口规模和用地范围，确定产业和空间发展布局，研究产业、居住、道路、广场、交通运输、公用设施及公共服务设施等的建设规模、标准和布局等，进行规划设计，使城乡建设发展经济合理、协调有序，创造有利生产、方便生活、环境美好的居住和创业环境。因此，从城市规划的内涵可见，城市规划是对城乡生产力的合理布局和综合部署，是创造和改善社会生产力条件的重要手段和实施措施。因此，规划本身就是一种社会生产行为，它不但间接地为社会生产服务，创造和改善了社会生产力条件，而且直接参与了社会生产，是社会生产的一个重要环节，起到了发展生产力的作用。

2. 城市规划过程是调控社会生产的过程

城市的社会生产活动，就是经济社会发展和城市建设活动，而城市规划是城市各项建设的综合部署、具体安排和实施措施，是城市建设和管理的基本依据，城市规划的过程就是调控城市社会生产的过程（图2–3）。城市规划对城市社会生产的调控能力，是由其调控经济的针对性、法定性、综合性、持续性、灵活性和科学性决定的。第一，每个城市可以依据固有的自然和社会条件制定规划，在产业布局、土地利用、基础设施、配套建设等方面各有侧重，

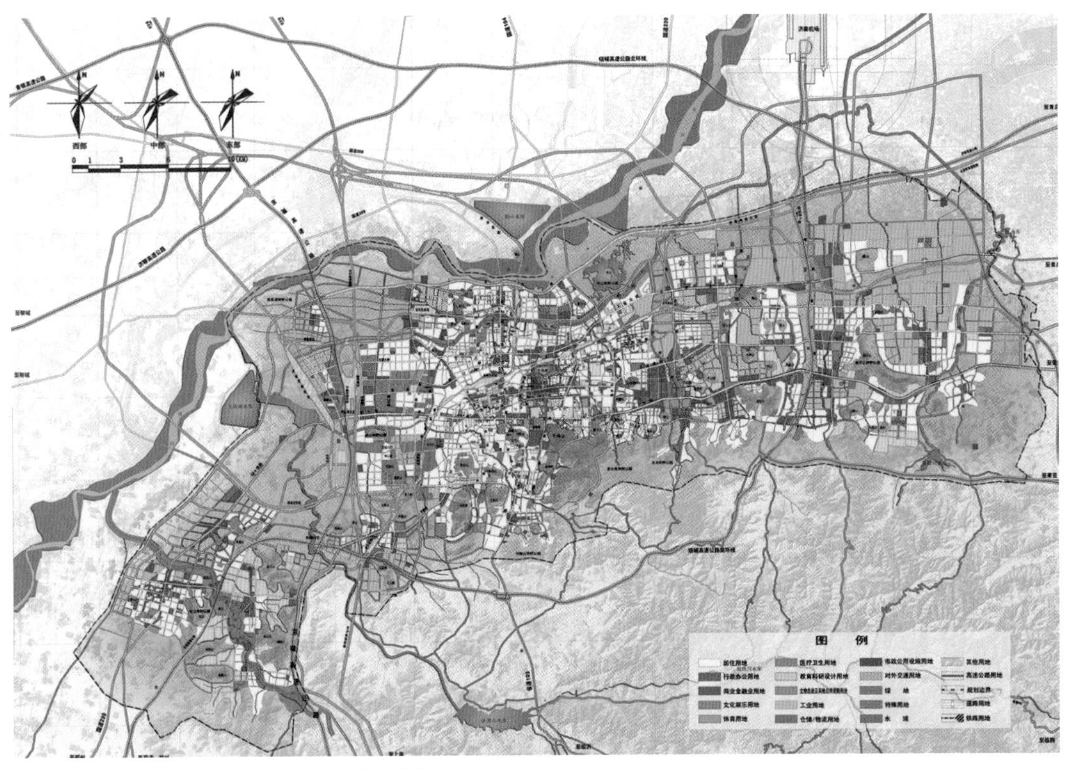

图 2-3　城市规划是城市建设和发展的蓝图

区别对待，针对性强。第二，城市规划是系统工程和综合管理手段，涉及文、理、工诸多学科，涵盖了自然科学和社会科学的方方面面，可把经济发展放在整个城市管理中调控，也可调动城市的各种积极因素推动生产力发展，有很强的综合性。第三，城市规划短则五年，长则几十年，是经济社会发展中的长期部署，其特性是从远处着眼，大处着手，排斥短期行为，避免局部利益损害整体利益，保障经济社会的持续发展。第四，城市规划分为总体规划、分区规划、控制性详细规划、修建性详细规划等阶段，不同阶段可采用不同策略、不同强度和不同深度调控经济，有很强的灵活性。第五，现代城市规划经过百多年的发展，吸取了多学科的成果，具有先进的技术手段和科学的管理方法。因此，城市规划调控经济的能力，是其他调控手段所不能及的，城市规划的实施过程就是对城市建设也就是对社会生产的调控过程。

3. 城市规划实践起到了促进生产力发展的作用

纵观中外城市规划发展历史可见，18 世纪工业革命和城市浪潮的兴起，在一定程度上促进了工业生产力的发展和城市的扩张。但由于有效调控政策的缺失，市场经济引发的恶性竞争，环境污染、资源浪费等负面现象愈演愈烈，带来大量社会和环境问题，严重地威胁着人类社会的可持续发展。在此情况下，现代城市规划应运而生，担负起了调控经济社会发展、积极促进社会生产力进步的重任。在19世纪初，面对伦敦等大城市贫民区居住拥挤、环境恶劣、疾病蔓延、犯罪猖獗等问题，英国政府开始制定城市建设法规，试图在建筑密度、街道宽度、建筑防火及上下水道等方面进行有限干预，确立了现代城市规划的思维方向。随后，西方国家纷纷建立并逐步完善城市规划制度，从而有效抑制了市场经济体制下的恶性竞争和对资源的破坏，有效地调控了经济社会发展和城市建设，减轻和避免了资本主义的经济危机。中外城市规划史证明，认识城市规划的生产力性质，重视城市规划的作用，经济社会和生产力就会协调发展。如忽视城市规划的作用，经济社会的发展速度就会受到抑制，生产力的发展就会受到阻碍。

三、规划是调控城市资源的重要手段

1. 城市规划是城市建设发展的“龙头”

城市规划作为一项全局性、综合性、战略性很强的工作，是政府指导和调控城市建设和发展的基本手段和法律依据，是城市建设和管理的“龙头”，对引领经济社会和城市建设发展具有无可替代的重要作用，只有规划好，才能建设好、管理好、发展好。城市规划以其高度的科学性、前瞻性和指导性，为城市勾画形态合理、布局完善、功能协调、组织有序的发展蓝图，引领城市的科学发展和各项建设的合理布局，实现城市社会、经济、环境综合效益的最大化。

2. 城市规划是政府宏观调控的重要手段

城市规划的作用在于它对城市发展的指导和控制，它通过对城市未来发展目标的确定，制定实现这些目标的途径、步骤和行动纲领，并通过对社会实践的引导和控制来干预城市的发展（图2–4）。在市场经济条件下，城市中由于投资的多元化、多样化，社会利益和经济行为者之间产生了差异，需要政府的积极干预。城市规划作为政府对环境、资源和城市土地利用配置的一种公共政策和干预手段，其本质是为维护社会发展和稳定服务的，可以制约市场经济发展过程中在建设项目方面出现的盲目性、利己性以及单纯追求经济效益与眼前利益的倾向和行为，弥补“市场失灵”，在推进社会财富增加的同时，减少对于资源、环境的破坏，实现城市的社会公平和稳定。

3. 城市规划是宝贵的第一资源

城市规划是为了实现一定时期内城市的经济和社会发展目标，确定城市性质、规模和发展方向，合理利用城市土地和空间资源，协调城市空间布局和进行各项建设的综合部署和全面安排。它的主要任务是从城市的整体利益和长远利益出发，合理和有序地配置城市空间资源；通过空间资源配置，提高城市的运行效率，促进经济和社会的发展；确保城市的经济和社会

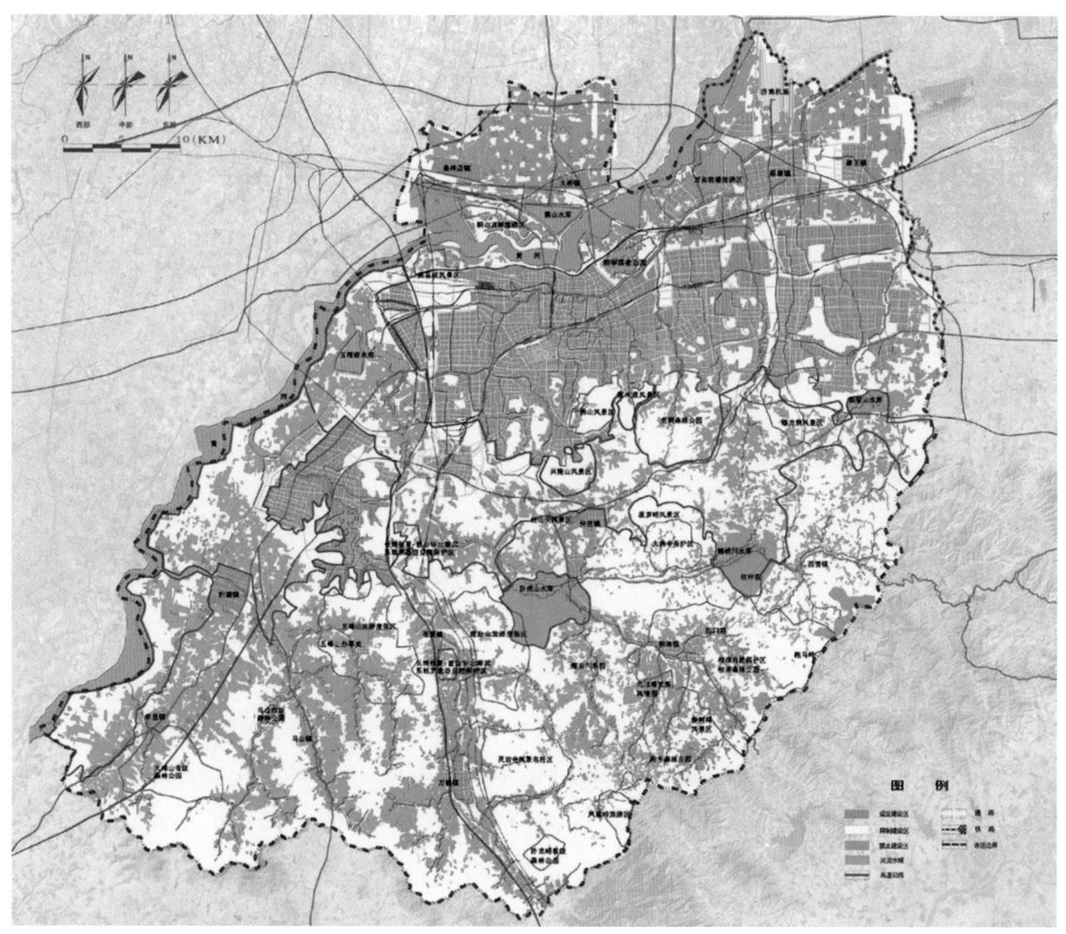

图 2–4　济南市空间资源管制规划图

发展与生态环境相协调，增强城市发展的可持续性；制定各种引导机制和控制规则，确保各项建设活动与城市发展目标相一致。规划是宝贵的第一资源，是巨大的财富，可以产生巨大的经济效益、社会效益和环境效益。规划创造财富。规划不当或规划失效，会对城市的发展产生巨大的负面影响，甚至造成无法挽回的损失。规划的节约是最大的节约，规划的浪费是最大的浪费，规划带来的效益是最大的效益，规划产生的失误也是最大的失误。

四、规划是城市管治的重要途径

1. 城市管治的内涵

“管治”是一种对公共事物的管理过程和制度安排。城市管治问题是伴随着使用公共资源的个人所面临的各种集体行动（冲突、共享、承诺、协作等）展开的，如何选择集体制度以达到集体效益最大化和公共资源占有者间的公平？随着人类社会的不断发展，由于公共资源占有者的拓展（从单个行为人到集体、组织、私人机构等组织）和公共资源的泛化（不再仅仅是林地、草场、渔场等狭隘的资源），管治问题开始变得纷繁复杂，设计和安排治理制度也更具挑战。"管治"是一种综合的社会过程，以"协调"为手段，不以"支配"、"控制"为目的，它涉及广泛的政府与非政府组织间的参与和协调。

概括而言，城市管治的目标和内涵包括五个方面：一是优化城市政府的管理效率，在资源稀缺的前提下，以最小的成本取得最大的效益是城市政府的第一目标；二是建立引导、调控、促进和监督城市社会、经济和生态系统运行的有效组织体制；三是倡导善治，强调效率、法治、责任三者协调平衡；四是促进政府与民间、公共部门与私人部门之间的合作与互动，调动所有社会资源为社会服务；五是强调完善城市社会的自组织特性，建立起基于信任与互利基础上的社会协调网络，提高城市整体效能。

2. 城市规划具有管治作用

城市规划的主要职能是对城市经济社会发展和空间、土地及城市基础设施等资源进行宏观调控，实现城市土地及空间资源的合理利用，这一职能特征决定了城市规划具有管治作用。规划管治是城市管治的重要部分，城市规划过程基本上是一种管治行为和管治过程。规划协调是发挥城市规划宏观调控职能的基本手段和重要工具，既要保持规划协调过程中各组成部分的完整性、有机性，又要使作为公共政策的规划措施能通过空间管治的方式得以实现，这就需要把城市规划的技术语言转换为政策语言。管治离不开法制的保障，实现城市规划有效管治的前提必然是法制保障，城市规划的协调作用也需要以法制作为不可或缺的保障条件。

3. 城市规划是管治过程

城市规划管治是一种行之有效的调节经济、社会、环境可持续发展的重要手段。通过管治使得城市各级政府、企业、各类社会群体（城市居民与农民）等不同主体的利益，特别是城市建设发展的机会和利益能够从区域整体利益的基础上得到协调。城市规划管治依据规划阶段的不同，可形成不同的空间管治类型。如区域城镇体系规划层面、城市总体规划层面、控制性规划层面（图 2-5）、城市设计层面等。在不同的规划阶段通过对城市空间布局赋予科学合理的控制与引导实施规划管治，其内容包括城镇建设控制、土地资源利用、生态环境及脆弱资源保护等，其核心是建立空间准入机制，针对城市不同类别的空间利用分区提出控制性与引导性的管治要求，对城市各类空间资源的开发建设实施控制引导，以实现城市的健康协调发展。规划管治范围的整体性、控制过程的持续性、控制力度的灵活性、控制结果的有效性等特点

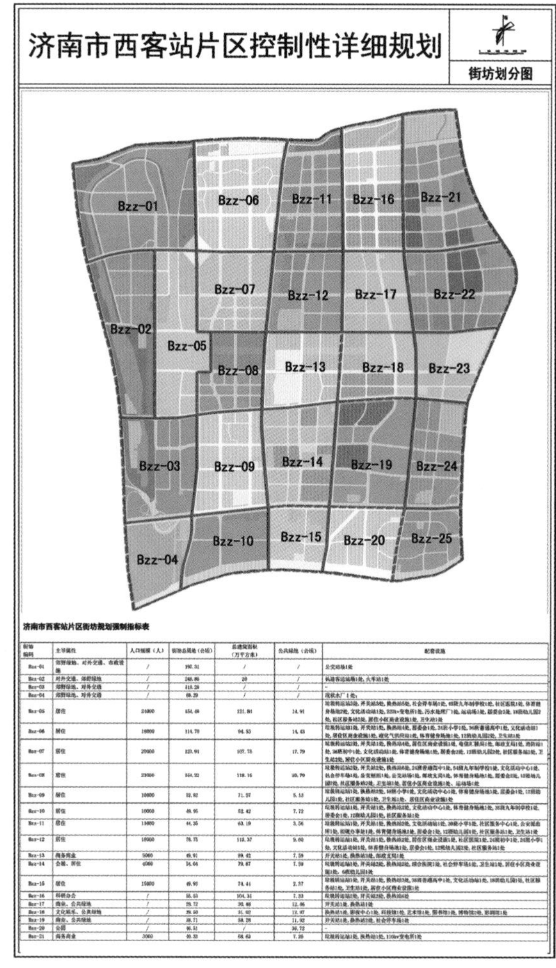

济南市西客站片区街坊规划强制指标表

街坊编码	主导属性	人口规模（人）	街坊总用地（公顷）	总建筑面积（万平方米）	公共绿地（公顷）	配套设施
Bzz-01	郊野绿地、对外交通、市政设施	/	197.31	/	/	公交站场1处
Bzz-02	对外交通、郊野绿地	/	240.86	20	/	长途客运站场1处，火车站1处
Bzz-03	郊野绿地、对外交通	/	119.26	/	/	-
Bzz-04	郊野绿地、对外交通	/	69.29	/	/	现状水厂1处；
Bzz-05	居住	24000	154.46	121.84	14.91	垃圾转运站3处，开关站3处，换热站5处，社会停车场1处，45班九年制学校1处，社区医院1处，体育健身场地2处，文化活动站1处，220kv变电所1处，污水处理厂1处，运动场1处，居委会3处，18班幼儿园2处，社区服务站2处，居住小区商业设施1处，卫生站1处
Bzz-06	居住	18000	114.70	94.53	14.43	垃圾转运站1处，开关站1处，换热站4处，居委会1处，24班小学1处，36班普通高中1处，文化活动站1处，居住区商业设施1处，液化气供应站1处，体育健身场地1处，12班幼儿园2处，卫生站1处
Bzz-07	居住	20000	123.94	107.75	17.79	垃圾转运站2处，开关站1处，换热站4处，居住区商业设施1处，电信汇接局1处，邮政支局1处，消防站1处，36班初中1处，文化活动站1处，体育健身场地1处，居委会2处，12班幼儿园2处，社区服务站2处，卫生站2处，居住小区商业设施1处
Bzz-08	居住	21000	154.22	118.16	20.79	垃圾转运站2处，开关站2处，换热站6处，24班普通高中1处，54班九年制学校1处，文化活动中心1处，社会停车场1处，公安派出所1处，公交站场1处，邮政支局1处，体育健身场地1处，居委会2处，12班幼儿园2处，社区服务站2处，卫生站1处，居住小区商业设施1处、运动场1处
Bzz-09	居住	10000	52.82	71.57	5.13	垃圾转运站1处，换热站2处，18班小学1处，文化活动中心1处，体育健身场地1处，居委会1处，12班幼儿园1处，社区服务站1处，卫生站1处、居住区商业设施1处
Bzz-10	居住	10000	49.95	52.42	7.72	垃圾转运站1处，开关站1处，换热站2处，文化活动中心1处，体育健身场地1处，36班九年制学校1处，居委会1处，12班幼儿园1处，社区服务站1处
Bzz-11	居住	11000	44.35	63.19	3.56	垃圾转运站1处，开关站1处，换热站2处，文化活动站1处，30班小学1处，社区服务中心1处，公安派出所1处，街道办事处1处，体育健身场地1处，居委会1处，12班幼儿园1处，社区服务站1处，卫生站1处
Bzz-12	居住	18000	78.75	113.37	9.60	垃圾转运站1处，开关站1处，换热站2处，居住区商业设施1处，社区医院1处，24班初中1处，24班小学1处，文化活动站1处，体育健身场地1处，居委会1处，12班幼儿园2处，社区服务站1处
Bzz-13	商务商业	5000	49.91	89.42	7.59	开关站1处，换热站3处，邮政支局1处
Bzz-14	会展、居住	4000	54.04	79.67	7.50	垃圾转运站1处，开关站2处，换热站2处，综合医院1处，社会停车场1处，卫生站1处，居住小区商业设施1处，6班幼儿园1处
Bzz-15	居住	15000	49.93	74.44	2.37	垃圾转运站1处，开关站1处，换热站3处，36班普通高中1处，文化活动站1处，18班幼儿园1处，社区服务站1处，卫生站1处，居住小区商业设施1处
Bzz-16	科研办公	/	56.53	104.31	7.33	垃圾转运站2处，开关站2处，换热站6处
Bzz-17	商业、公共绿地	/	29.72	30.46	12.86	开关站1处，换热站1处
Bzz-18	文化娱乐、公共绿地	/	39.50	31.02	12.97	换热站1处，影视中心1处，科技馆1处，艺术馆1处，图书馆1处，博物馆2处，剧院1处
Bzz-19	商业、公共绿地	/	38.71	58.28	11.92	开关站1处，换热站2处，社会停车场1处
Bzz-20	公园	/	46.51	/	36.72	-
Bzz-21	商务商业	3000	40.33	68.63	7.26	垃圾转运站1处，换热站1处，110kv变电所1处

图 2–5　控规层面的规划管治——街坊控制指标规划图

是其他城市管理手段所不及的，加之完善的控制要素和控制方式，以及层次完整的城市规划管治体系，从宏观到微观，形成系统完善的规划控制体系和法律法规依据，有效约束和引导城市建设健康有序进行，保障城市规划建设的科学性与合理性。

第三节　城市规划规律的再思考

辩证唯物主义认为，规律是事物内在的、本质的、必然的、稳定的联系，具有可重复性。认识规律、把握规律，遵循和运用规律，是坚持求真务实的根本要求。科学发展观是对人类社会发展规律的总结和提升，是对我国经济社会发展规律和社会主义建设规律的总结和提升，是对党的执政规律和党建规律的总结和提升。有什么样的发展观，就会有什么样的发展战略、发展道路和发展模式，必须以科学发展观为指导，自觉认识和运用各种规律，推动规划工作不断达到新的高度。

一、遵循城市发展规律

城市是社会生产力发展到一定阶段的产物，是人类文明的结晶。城市是有生命力的，它沿着自己发展的轨迹逶迤前行，其发展演变遵循城市发展的一般规律。研究和把握城市发展的脉搏，寻找城市发展的客观规律，对于以科学规划引领城市科学发展具有极为重要的现实意义。

1. 城市规划应遵循城市发展规律

城市是人类活动的产物，是人类征服自然的象征，在人类活动的背后，有不以人们的主观意志为转移的客观规律，在不知不觉地左右着人类的活动。以城市兴起的位置为例，就有其客观必然性。世界上许多城市，屡遭地震、洪水、战乱等天灾人祸的毁灭性破坏，只要产生城市的客观条件没有变化，城市很快可以重新兴起。如陕南安康城历史上曾多次遭遇特大洪水袭击，也多次被淹。根据侯仁之教授考证，四百多年前的1583年，安康也遭到类似特大洪水的“洗劫”，但由于它地处陕南东部交通枢纽的位置，其城市产生的客观条件依然存在，安康很快又重建起来。城市的发展、职能、性质、规模、结构都是有规律可循的，是不以人们的主观意志为转移的，自觉按照城市发展的客观规律办事，就会充分发挥城市推动社会前进的积极作用；如果违背城市发展的客观规律，会造成城市发展的诸多问题，妨碍城市功能的正常运转，也必将受到客观规律的惩罚。充分认识城市发展的客观规律，自觉按照城市发展规律办事，才是顺应城市发展规律的明智之举，才能取得事半功倍的发展成效。

城市规划的制定和实施，只有遵循城市发展的客观规律，才能使规划工作符合城乡建设发展的实际和所处的发展阶段，才能保持正确的方向和道路，才能真正制定科学可行、符合规律、切合实际的科学规划，才能使城市发展少走弯路，避免造成城市建设的重大损失。不遵循城市发展规律编制和实施规划，会使规划陷入与发展实际不符、难以实施的困境，甚至使规划沦为一纸空文。城市规划必须遵循城市发展的规律，按照城市发展的客观规律科学制定和实施规划，排除一切违反客观规律的主观干扰，全面提高规划的科学性，这是搞好城市规划工作的前提和根本，是提高城市规划水平的关键。

2. 运用城市发展规律提高规划水平

根据城市空间演化规律，城市的发展演变总是遵循先集聚后扩散、再集聚再扩散的规律，了解这一规律有利于我们科学研判城市空间演化的阶段性特征，科学合理制定城市空间发展战略，使城市发展更加科学合理，符合实际，少走弯路，避免失误。如济南市在新一轮城市总体规划编制中，注重运用先集聚后扩散、再集聚再扩散的城市空间演化规律科学审视城市发展问题，比较深刻地剖析了济南历版总体规划存在的问题和不足。通过对济南城市发展历史脉络的分析，认为城市发展规律中古城—商埠的发展脉络始终清晰可辨（图2-6），20世纪80年代的城市总体规划根据当时城市发展所处的历史阶段和时代背景，确定了采取组团发展战略的城市空间发展模式，适应了当时城市发展的客观要求。进入新世纪以来，济南根据城市发展的客观需要和阶段性特征，适时调整城市发展思路，按照城市空间演化规律提出了“东拓、西进、南控、北跨、中优”的城市空间发展战略和“新区开发、老城提升、两翼展开、整体推进”的发展思路，确定了城市空间结构形成由主城区和西部城区、东部城区、北部城区组成的“一城三区”总体布局，有效地保护老城，发展新区，取得了一定成功。因此，规划工作必须遵循城市发展规律，按照城市发展规律科学谋划、合理确定城市发展思路、发展战略和空间布局，从而进一步提高科学规划水平。

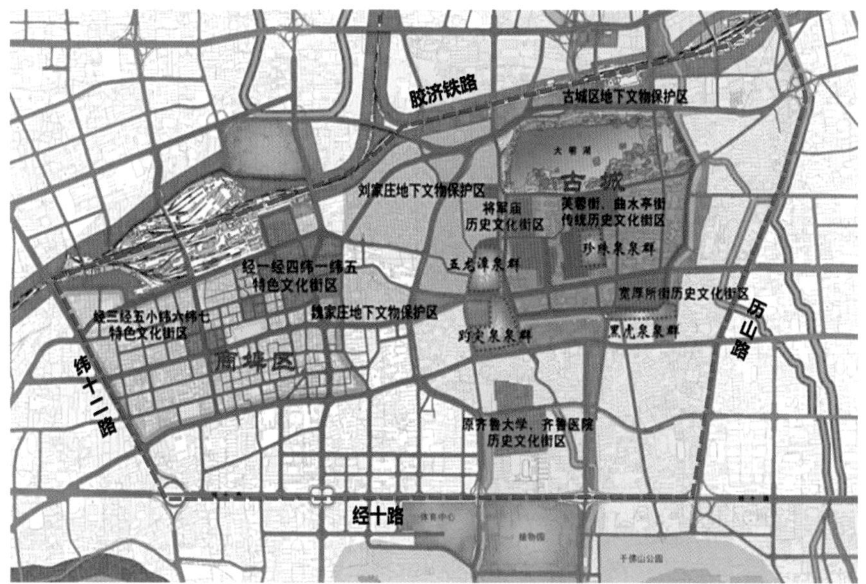

图 2-6　济南古城区与商埠区

二、遵循经济发展规律

经济发展规律是经济发展过程中不以人们的意志为转移的内在的、本质的、必然的联系和趋势。要深刻认识我国经济发展的特点和规律，研究治本之策，谋划长久之计，不断提高驾驭社会主义市场经济的能力。城市规划必须深刻认识和把握经济发展的客观规律，力求使规划工作符合经济发展规律的要求，这对于规划工作的成败具有决定性意义。

1. 城市规划应遵循经济发展规律

城市是社会生产力发展的产物，是各种经济要素赖以生存和发展的空间载体。从根本上说，城市是通过经济活动产生并发展起来的，也即所谓“城市”，是先有“市”后有“城”，并且“城”因为“市”才能存活下去。经济发展是城市发展的根本动因，是城市存在和发展的基础，没有经济的发展和增长，城市的发展就无从谈起。城市的空间结构也是城市经济活动、各种构成要素及功能组织在地域上的体现，城市产业结构的调整、产业布局的变化，城市经济在质和量上的任何增减都必然导致城市整体功能和结构的发展变化，并直接体现在城市空间结构和布局的变化上。因此，规划具有很强的经济属性和经济功能，是经济社会发展在空间布局上的具体落实，规划的过程就是调控社会生产力布局的过程。规划的经济属性要求做好规划工作必须学习和掌握经济学常识，充分认识和掌握市场经济运行规律，自觉尊重和运用经济规律指导规划工作实践，合理发挥规划对经济发展的引导和调控功能，引领城市经济建设的合理布局，促进城市产业结构调整优化和经济发展。

2. 运用经济发展规律提高城市规划水平

城市规划是建立在对城市发展所处的阶段和现状特征进行深刻认识和客观分析的基础之上的，其首要任务就是要科学研判城市发展阶段和城市建设发展实际。根据经济发展的一般规律，不同的经济水平对应城市化进程中城市发展的不同阶段，城市化水平与经济发展水平之间存在着正相关关系。当人均 GDP 超过 1000 美元时，城市化进程将进入成长期；当人均 GDP 超过 3000 美元时，城市化进程将进入加速成长期；当人均 GDP 超过 5000 美元时，城市发展的速率会逐渐减慢；当人均 GDP 接近 1 万美元时，城市发展将会达到一个相对稳定的状态。由这些规律可以发现经济发展与城市发展之间相互依存、相互促进的关系，认识和把握这些规律，有助于我们深刻认识城市发展必须与经济发展相适应的规律性特征，客观分析城市建设发展实际，正确判断城市发展阶段、发展水平和发展方向，为科学编制和实施规划奠定扎实基础。

市场经济条件下，城市土地具有价值，有偿使用，遵循城市土地的级差地租理论，城市规划也由简单的满足城市功能要求，转变为对城市土地资源的合理配置和高效利用。规划必须充分遵循市场经济运行规律，充分发挥城市土地的经济效益，制定一整套合理控制和引导土地开发利用的规划技术措施，如容积率、建筑密度、土地用途分类、公共设施和市政设施配置、绿地率等规划引导与控制指标，以高效配置城市土地和空间资源，合理引导城市土地的开发和高效利用，提高土地利用效率。如济南市在棚户区改造规划策划工作中，立足最大限度地提高城市土地利用效率，制定了规划策划要符合城市规划、符合法律法规、符合行业规范，尽量提高土地利用率的“三符合一提高”的规划原则，这就是遵循市场经济条件下土地级差地租理论的具体体现。实践证明，要增强城市规划的科学性、合理性和可实施性，除进行深入的调查研究外，最重要的就是要遵循经济发展规律，自觉运用经济规律做好规划工作。

三、遵循社会发展规律

科学发展观的提出，是对改革开放 30 多年来我国社会主义建设实践的科学总结，是顺应人类社会发展进步趋势、积极借鉴人类文明成果的体现，是我们党对社会主义市场经济条件下社会发展规律认识的升华。城市规划具有社会属性，是一项重要的社会实践活动，在规划工作中学习实践科学发展观，必须遵循社会发展的一般规律，自觉运用社会发展规律指导和推进规划工作发展。

1. 城市规划应遵循社会发展规律

城市规划作为政府职能和公共行政行为，属于上层建筑范畴。根据经济基础与上层建筑的矛盾运动规律，作为上层建筑的城市规划由一定社会的经济基础所决定，并为经济基础服务。城市规划的编制、管理模式的确定及法规政策的制定等，都是由一定社会的经济基础决定的，必须适应经济基础的需要，为经济基础服务。经济基础发生变化时，城市规划也将随之变化。世界上不同地区的不同城市，因其经济基础和社会制度不同，其规划的制定、管理模式、法规制度也各有不同。因此，城市规划的制定和管理模式的选择必须充分尊重社会发展规律，立足社会经济发展实际，根据不同城市经济发展的不同阶段和特征科学确定不同的城市规划策略，避免做出的规划过于超前或者滞后于社会经济发展的要求。我国的城市规划制度必须充分考虑我国的基本国情，采取具有中国特色、不同于西方国家的城市发展策略。不同城市也应根据其经济基础和社会条件，采取不同的城市规划策略。任何忽视经济基础差异，无视社会条件差异，一味模仿和移植其他城市规划模式的做法，都是不科学、不现实、不可行的，都是违背社会发展规律的。

2. 运用社会发展规律提高城市规划水平

我国正处于市场经济的体制转轨和社会结构转型的“双重”转轨时期，城市社会问题日益凸现。城市规划是城市发展的蓝图，是城市社会发展的依据，规划蓝图主要依靠整个社会发展才能实现。搞好新时期的规划工作，必须改变城市规划长期以物质性规划为主导，忽视城市空间环境背后的社会意义及规划的政策调控作用的问题，不应只注重物质空间的规划，而应把维护社会公平与正义放在首要位置，把城市各项社会事业的发展及人口、资源、环境、弱势群体、棚户区改造等社会问题列入规划研究的重中之重，弄清这些问题的历史、现状和发展趋势，弄清它们对整个社会生活和社会发展的影响，注重研究城市社会问题产生的根源，遵循社会发展规律，提出正确处理这些问题的对策，制订切实可行、科学合理的规划措施，建立有助于实现社会发展目标的规划调控政策，以科学规划引领和推动各项社会事业又好又快发展。

四、遵循自然演化规律

人与自然的关系是亘古至今人类为了生存和发展所必须思考和应对的重大问题。科学发展观明确提出了“统筹人与自然和谐发展”的科学论断，它作为指导人类发展实践的重要理论依据，直接影响着人们对人与自然关系的态度。科学发展观的提出对新时期的城市规划工作提出了新的更高的要求，城市规划必须深刻认识和自觉遵循自然规律，运用它为社会和人类造福。

1. 城市规划应遵循自然演化规律

自然气象规律与城市规划有着直接的、密切的、必然的联系，是规划工作必须认真研究的自然规律。回望人类发展的历史，无不与自然有着紧密的联系，在对人与自然关系的认识上，古人很早就提出了“天人合一”的思想。随着近现代科技的发展，人类逐渐肯定了“自我”的力量，主客观的两极化让自然原有的“天帝神”地位被否定，于是人类不再对自然顶礼膜拜，而是在对自然进行不停的征服与改造中显示人类自身的力量。面对人类自我意识的过度膨胀，早在一百多年前恩格斯就提出了“报复论”，警告人们：“不要过分陶醉于我们对自然界的胜利，对于每一次这样的胜利，自然界都对我们进行了报复”。例如，古时的楼兰曾经是繁荣富庶的国度，它地处丝绸之路的要道，周围绿树环绕，水流清澈，水土肥美。这里商业发达，寺院林立，还能制造铁等工具和兵器。由于在生产建设中，不合理地改造自然，造成环境恶化，生态失衡，水源日益不足，遭到了大自然的无情报复，湮没在茫茫沙漠之中。楼兰古国湮没的教训值得我们永远汲取。人可以凭借智慧去改造自然，但其前提必须是建立在尊重自然规律的基础上。如果违背自然规律，不按自然法则办事，那只能适得其反，必将受到大自然的惩罚（图 2–7）。

现代城市规划对自然演进规律的研究已越来越重视（图 2–8）。一个城市发展至今，究竟经历了什么样的变化？今后还将演进为什么样的形态？不知道自然环境的演进规律，就无法了解过去人类活动对自然环境产生了哪些作用，也难以判定今天的活动将对自然环境产生什么样的后果，就难以有效贯彻“尊重自然、结合自然、因地制宜、因时制宜”的规划原则。国内很多城市受特定历史条件的限制，在一定历史时期出现了损坏山体、破坏植被、过度硬化、河道棚盖等问题，给城市行洪防灾带来巨大的负面影响，甚至造成巨大损失。出现这些问题，很重要的原因是片面强调短期的经济利益和局部利益，违背了自然演化规律。又如汶川大地震这场巨大的灾难所造成的房屋倒塌和严重伤亡，引发了人们对各地城市选址和规划的深刻反思。由于汶川特大地震灾区地处龙门山地震断裂带上，地震灾害、地质灾害、洪水

图 2–7　城市发展带来的山体破坏

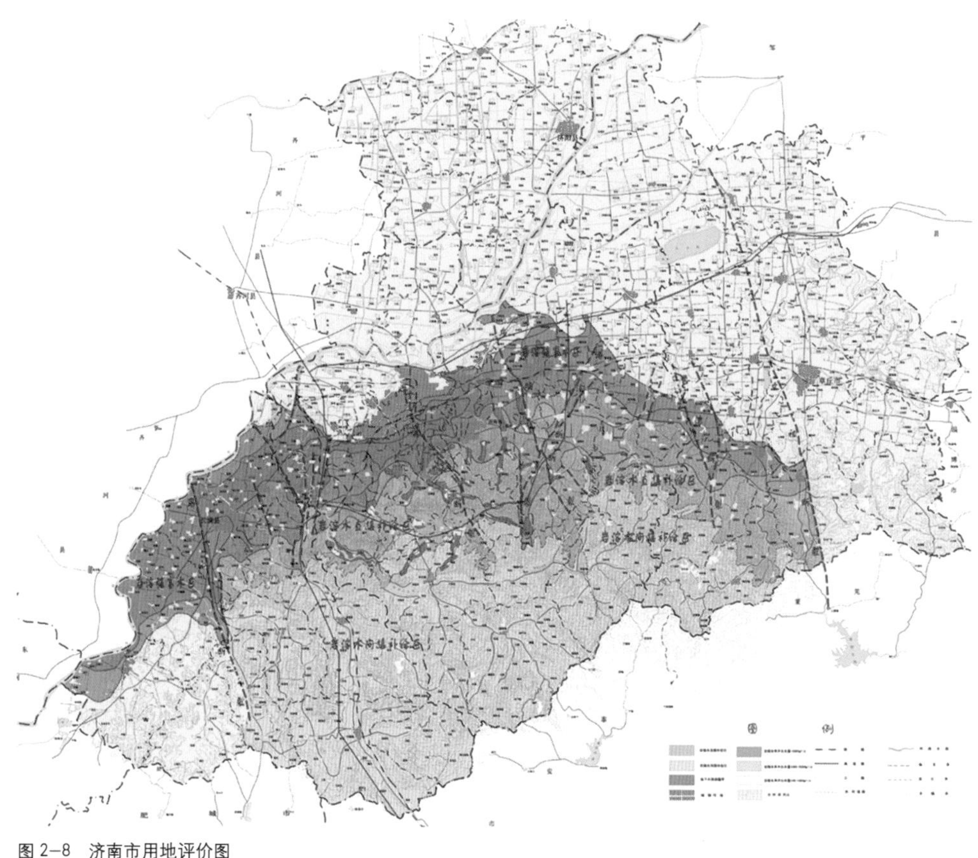

图 2–8　济南市用地评价图

灾害频发，生态环境极其脆弱。根据功能区划原则，这些地区都应划入限制建设区或者禁止建设区，然而由于没有遵循自然规律进行规划建设，而是简单地按照传统做法，把城市和高危产业布局在断裂带上，结果造成了十分惨痛的灾难。汶川大地震带给我们最深刻的警示是：在进行城市规划时，一定要遵循一个原则，那就是不能违背大自然，不能违背自然规律，不能大肆破坏周围的环境，否则的话，必将受到大自然的惩罚。在此后的灾后重建规划中，规划选址注意避开地质条件恶劣的地方。城市规划建设必须因天时、就地利，因地制宜、因时制宜，只要这样才是规划工作的科学态度，才能切实提高规划的科学性（图 2–9）。

2. 运用自然演化规律提高城市规划水平

城市规划不能只注重经济增长而忽视了人与自然的关系，必须在承认、认识、尊重、服从、适应客观自然规律的基础上，把追求人与自然的和谐发展作为规划的最高境界，珍惜自然、热爱自然、适应自然、利用自然、保护自然，使城市经济社会发展及各项建设活动与资源环境相协调，努力做到“天人合一”、城市与自然环境有机融合，才能真正达到人与自然的和谐境界。

城市所在地区的自然地理条件是城市发展的自然基础，自然地理规律对城市规划的影响极其深刻。然而，随着生产力水平的提高和城市规划中新技术手段的不断采用，人们往往容易忽视自然地理规律的存在而作出不切实际的规划。例如，在干旱缺水的城市，在没有对水资源的约束条件进行科学分析的情况下，提出不切实际的城市规模和发展目标，造成人口和产业大量增加，给资源环境造成沉重压力。要提高规划的科学性，必须充分尊重自然地理规律，高度重视自然因素对规划的影响。其一，要顺应自然，科学确定城市选址。把城市的安全放在首位，在充分分析论证自然地理、地形地貌、水文地质、气象因素等自然环境条件的基础上，充分考虑地震、地质、气象等自然要素对城市规划建设的影响，全面做好安全评估，科学确定选址方案。其二，要结合自然，合理选择城市建设用地和空间结构。综合考虑地形、地质、气象、危险源场所、防洪、抗震、防风等安全因素，做好用地评价，使居住、公共设施、工业等主要功能区尽量避开灾害源和生态敏感地带，结合自然、顺应自然地确定城市空间布局模式，使城市布局与自然环境有机融合。其三，要符合自然，科学确定城市规模。把生态环境容量和资源承载力作为限定城市规模的重要依据，在保证生态安全的前提下合理确定城市人口和用地规模。

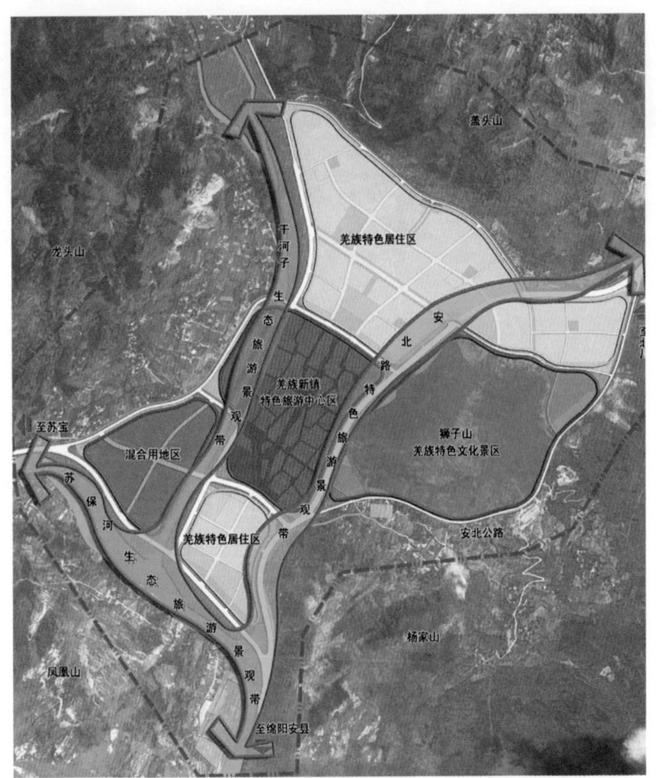

图 2-9　济南市规划院关于汶川县擂鼓镇灾后重建规划选址方案

第四节　城市规划协调的再思考

影响城市规划的各种社会力量是城市土地及空间资源的利益主体，每个利益主体都有获得资源的欲望，而满足不同利益主体需求的城市资源是稀缺而有限的，因此城市资源的分配必然充满矛盾，表现为近期与远期、局部与整体、个体与群体等的矛盾冲突。因此，当前城市规划处在协调各种复杂利益关系的风口浪尖上，是社会矛盾的焦点和公众关注的热点。正如吴良镛院士所言："城市规划的复杂性在于它面向多种多样的社会生活，诸多不确定性因素需要经过一定时间的实践才会暴露出来；各不相同的社会利益团体，常常使得看似简单的问题解决起来异常复杂"。面对多元化的社会利益诉求，城市规划必须立足当前、着眼长远、远近结合、统筹兼顾，综合协调各方利益，妥善处理各种矛盾，正确把握近期与远期、局部与整体、需要与可能、个体与群体、刚性与弹性、效率与公平等"六个关系"，才能真正保障公共利益、长远利益和整体利益，维护社会公平、公正与稳定。

一、近期与远期的协调

城市的发展目标由近期目标和远期目标共同构成，分别体现了城市发展的近期利益和远期利益，两者都是城市规划所要追求的发展目标。近期利益和远期利益分别关注着城市发展的两个阶段，城市发展的近期利益使城市把握住近期发展机遇，加速城市的快速发展，为城市远期发展奠定基础；而远期利益从保障城市可持续发展出发，为城市发展制定了正确的发展方向。在城市规划建设过程中,近期目标往往由城市发展的短期机遇构成。而在当今社会转型期，对近期利益的过分追求，甚至急功近利，往往从近期利益出发考虑问题，为了求得短期内的快速发展,使城市规划建设向短期目标倾斜,时常发生为了尽快取得短期利益而不顾城市资源、环境、生态、历史、文化遗产保护等对城市经济社会发展的限制性要求，以牺牲城市长远可持续发展为代价，追求短期可见的经济效益和发展实效的问题。只顾眼前利益而忽视长远利益，容易使规划工作陷入误区。违背了规划的原则和要求，另一方面，在城市规划建设过程中，如若仅从长远发展的目标出发，不顾眼前城市发展所面临的机遇与挑战，而放弃了那些符合城市规划建设长远发展目标的近期建设项目，对城市的经济社会发展造成的损失也是得不偿失、难以估量的。

城市规划应立足现实，着眼长远，统筹兼顾城市发展的近期利益和远期利益，妥善处理两者之间的关系。一方面，城市规划应合理协调城市近期发展的利益诉求，抓住近期建设机遇，合理利用近期城市建设资源，促进城市经济社会快速发展。另一方面，城市规划应从满足城市长远可持续发展的要求出发，充分考虑资源、环境、生态等约束条件，纠正工作定位上"重近轻远"的偏差，避免只顾眼前效益而忽视城市长远发展诉求的问题发生，实现城市发展远期利益与近期利益的和谐统一。当近期利益和远期利益发生矛盾时，应自觉服从远期利益的需要。

二、局部与整体的协调

在城市规划建设中，整体利益和局部利益也是一对需要统筹兼顾、协调解决的矛盾。城市建设发展从城市发展的整体利益和长远利益出发考虑问题，制定有利于城市整体健康发展的行动纲领和实施方略，可能会牺牲一部分地区的局部利益。而过分强调城市发展的局部利益，注重某一局部地区的发展，忽视城市的整体发展诉求，又极易造成对城市发展整体利益的损伤，甚至造成不可逆转的损失。忽视整体利益的发展将使发展无序混乱，忽略局部利益的发展又将导致长远发展的动力不足。

辩证唯物主义认为，正确处理好全局与局部，也就是整体与部分的关系，对于科学地认识世界和改造世界具有重要意义。这就要求我们要树立全局观念，想问题、办事情，要从全局着眼，立足整体，统领全局。在城市规划建设过程中要统筹兼顾整体利益与局部利益，协调处理二者的关系。局部发展必然要符合整体发展需要，局部利益服从整体利益是城市规划建设的根本，同时整体发展也要为局部发展创造条件。当局部利益对整体利益有积极影响时，就应当合理引导局部利益，加快城市局部的建设发展；当局部利益对整体利益有消极影响时，则应当对局部利益加以规避引导，以满足整体利益为前提，合理进行局部建设与发展，最终使局部在整体健康发展的前提下得到各自的合理发展。当局部利益与整体利益发生冲突时，必然选择整体利益，防止和反对以局部利益来损害整体利益的现象发生。

三、需要与可能的协调

城市的建设发展往往从城市经济社会发展的需要出发考虑问题，进行城市各项建设的综合部署和具体安排，而城市的发展又受到各种限制因素，如脆弱资源、生态环境、历史文化遗产保护等的影响和制约。因此，在城市规划建设中，发展的需要与发展的可能也是城市规划需要协调好的一对矛盾。城市规划中的发展需要是指由城市发展的目标为出发点来统筹考虑城市建设、空间布局与资源环境配置，即城市经济社会发展目标在城市规划建设上的反映，如依据城市经济社会发展需要进行的土地资源配置、空间政策的制定以及建设项目的布点与规划建设等。城市规划中的发展可能是指城市建设发展必须充分考虑发展的现实可能性与可行性，充分考虑各种资源、环境、历史文化遗产保护等约束条件的限制。

在城市规划建设中，若仅依据发展需要就安排部署城市空间布局及各项建设活动，而没有同时对城市发展的可能性因素进行分析研究，则很容易使城市的发展以牺牲资源环境为代价，而影响城市长远的可持续发展。城市规划的根本目的是要促进城市可持续发展，但短期发展不是唯一目的，不能为发展而发展，而要考虑发展的现实可能性与可行性。在科学发展观指导下，城市规划既要考虑发展需要，又要考虑发展的可能，综合分析各种限制条件和因素，以需要促可能，根据可能安排需要。既把需要限制在可能的范围内，又使可能最大限度地满足需要，使发展需要与发展可能有机统一，实现城市的健康协调发展。当发展需要和发展可能发生矛盾时，则必须选择发展可能。

四、个体与群体的协调

在城市规划中，群体利益往往代表着城市发展的社会公共利益，是决定城市规划建设良性科学发展的因素。个体利益往往代表着城市经济社会各组成个体的自身利益诉求。在当前社会转型期，社会结构的变化导致了需求的多样化，城市公众本身成为观点迥异的若干集团，各自的价值观念和利益诉求存在差异。同时，在当前市场经济体制下，企业成为以追求经济效益为目标的经济实体，随着政府对企业的刚性约束逐渐弱化，更多的企业为了自身利益希望在城市规划建设中拥有更多的话语权。城市发展出现了建设投资多元化和发展决策分散化的趋势，集团投资占有相当多的份额。各个不同利益集团在城市规划建设的各个方面已拥有不可忽视的发言权和决策权。这就造成了代表个体利益的个人与利益集团在参与城市规划建设的过程中往往仅仅从自身的利益出发考虑问题，以自己的利益诉求为目标追求，当代表个人与集团利益的个体利益与代表社会公共利益的群体利益相合时，个体利益将进一步促进群体利益；反之，个体利益对群体利益将起到阻碍的作用，个体利益就会影响城市整体的和谐发展。

在城市规划工作中，要正确处理个体利益与群体利益的关系，坚持以群体利益为前提，在满足群体利益的基础上，合理满足个体利益诉求，促进城市规划建设和谐发展。一方面，在各层次的规划编制、管理与实施过程中遵循群体利益和公共利益至上的原则，分析研究代表城市规划建设发展的整体性、综合性利益诉求的群体利益，合理确定符合群体利益、满足公共利益的规划纲领，保障城市群体发展利益。另一方面，在确保群体利益的同时，协调各个个体的利益诉求，使个体利益在满足群体利益诉求的前提下尽量得到合理保障。但是，当个体利益与群体利益发生矛盾时，个体利益必须自觉服从于群体利益的需要。在城市规划工作实践中，个体利益的协调与保障是通过城市规划中的公众参与机制来实现的，通过公众参与，充分尊重社会各个阶层的发展愿景和利益诉求，并使之与群体利益相协调，寻求个体利益与群体利益的统一。

五、刚性与弹性的协调

刚性与弹性是事物的两个方面，是矛盾的对立统一体。在城市规划过程中，规划的刚性与弹性同样是一对相互作用的矛盾。规划的刚性是第一位的，规划刚性为城市规划建设发展制定了规定性、法定性和必须遵守的行为准则，确定了城市规划过程中城市建设的硬性、控制性指标，这些不可变的刚性内容，强化了规划的权威性，明确了城市的发展方向、城市性质、用地规模以及各项规划控制指标，避免了城市建设发展偏离正确方向。没有一定的刚性，规划的宏观调控功能和龙头作用就体现不出来、发挥不到位。规划的弹性处于从属地位，其作用在于弥补规划刚性的不足，增强规划的适应性和灵活度，更好地发挥规划刚性要素的功能作用。仅仅依靠单纯硬性的规划刚性，会使规划过于呆板，操作性差，不利于灵活适应与解决不同的规划建设问题，难以全面发挥规划的功能作用。而缺乏刚性控制、仅从弹性出发考虑城市规划建设，又会有偏离城市发展正确方向的危险。因此，在“坚守底线”的前提下，协调好城市规划中的刚性和弹性是一个关键性问题。

《中国城市规划广州宣言》指出：“城市规划必须保持一定的‘弹性’，对空间、土地利用进行强制和引导相结合的管制，适应社会主义市场经济的需要，有效地服务于城市发展和管理”。由于存在认识水平和技术水平的限制，规划不可能包罗万象，面面俱到。规划在完成了主旨功能后，应该在实施中根据内外部条件的变化，留有进一步改进和完善的空间，也就是给选定的规划方案留有足够的弹性。城市规划具有刚性控制与弹性引导的双重调控作用。城市规划涉及社会经济生活的方方面面，直接面对多元化的利益诉求和社会矛盾，要求规划既要坚持刚性原则，严格依法行政，按政策法规制度办事，坚决维护规划的权威性和严肃性；又要因势利导，在不违背规划原则的前提下，做到具体问题具体分析，保持适度的弹性，将刚性控制与弹性引导、原则性与灵活性有机地统一，真正做到“刚”“柔”相济，正确处理刚性控制与弹性引导的关系。

六、效率与公平的协调

城市规划是对有限的城市土地及空间资源进行合理安排与有效利用的活动，在某种意义上是一种对有限公共资源的配置。在资源有限的前提下，任何公共资源的配置行为都需考虑效率与公平，即尽可能地使资源配置的效用最大化，同时保证资源配置过程中各方利益的公平，以及公共利益的实现。由于规划所能配置的资源具有有限性和稀缺性的特点，因此效率与公平的矛盾成为城市规划的一对永恒话题。一方面，规划要通过对各项城市功能的合理安排、各项建设的综合部署，为实现社会和经济发展目标服务。在此过程中，规划工作各层面均应体现对效率的追求，例如恰当的土地开发时空安排能使有限的城市土地资源发挥最大的效用；高效的城市规划管理制度能有效地控制城市开发行为，提升整个城市的运作效率等。另一方面，城市规划建设以追求效率为目标，如片面的城市经营理念、片面追求经济增长而非科学发展、“GDP 至上”等，极易带来社会的不公，而城市规划维护公共利益和社会公平的天职，又要求必须在强调效率的同时，兼顾社会公平，保证社会各阶层（尤其是弱势群体）在居住、就业、出行等方面的公平，这也是当前城市规划中效率与公平矛盾的主要方面。

效率与公平都是人类所追求的价值目标，两者相辅相成、互为前提和条件。长期以来，“效率优先”还是“公平优先”的争论，某种程度上也混淆了效率与公平的关系，认为两者互不相容、相互冲突、非此即彼，认为效率的实现难免在一定程度上牺牲或否定公平。事实上，在一个健全的公共政策机制下，公平与效率应当是相辅相成的关系。城市规划作为公共政策，本质上是政府对社会公共利益所作的权威性分配。其权威性在于以维护社会公平为目标，根源于以效率为前提，承认、维护并增进了城市的公共利益，也因此得到公众的普遍认同和支持。如果公共政策缺乏效率，政府将不能对社会进行有效的管理，导致社会无序，资源浪费，对人民的生活也会造成不利影响，从而必将影响公平的实现。因此，效率是实现公平的必要条件之一，效率并不能必然保证公平的实现，但没有效率必然会影响公平的实现。城市规划如果忽视了作为任何公共政策存在基础的效率，缺乏科学有效的分析方法和调控机制，最终会损害城市公共利益，与“公平”的初衷相去甚远。

在城市规划建设过程中，一方面要讲求效率，综合分析研究城市发展的各种限制与促进因素，协调各方利益，追求城市建设的协调、快速发展。另一方面，在讲求效率的同时兼顾公平，在促进城市发展的同时满足城市各利益主体对公共利益的诉求，保证社会各阶层在城市生活中的公平。效率决定城市规划建设发展的速度和水平，公平决定城市规划建设发展的稳定和公正，两者的协调统一才能实现城市规划建设的又好又快发展。在当今社会转型期，城市规划价值取向由追求经济发展、经济增长向追求社会公平、社会公正转变是必然趋势。城市规划应该以城市整体价值要求为导向，以人民群众的福祉为最高价值标准，在公开、公平、公正的原则下协调城市各利益主体的关系，最终实现城市整体利益的最大化。

第五节　城市规划博弈的再思考

博弈，本义为竞争、争斗、对弈等，表示在多决策主体之间行为具有相互作用时，各主体根据所掌握信息及对自身能力的认知，作出有利于自己决策的一种行为。博弈论也称对策论或竞赛论，是研究决策主体行为之间发生直接相互作用时的决策以及这种决策的均衡问题的理论。博弈论认为，一个经济主体的选择受到其他经济主体选择的影响，而且反过来影响到其他主体选择时的决策和均衡问题。城市规划建设发展中出现的问题，实际是城市规划面临严重的利益纷争与博弈的结果。

一、城市规划中的利益博弈

规划工作者常常抱怨各利益集团对规划的干预、开发商要求变更规划指标、老百姓违反规划乱搭乱建、对规划工作的严肃性不理解等现象。规划工作者希望努力规划好城市，为市民提供良好的物质空间环境，而社会对规划工作却并不满意，规划部门坚持原则、依法办事的做法常常受到非难，甚至还有规划“失效”和“失灵”论。

城市规划的主要目的是合理配置城市土地及空间资源，优化城市空间布局，促进城市整体功能的有效发挥。在计划经济体制下，由于社会阶层和利益集团的利益关系隐含在共同利益之后，城市土地以无偿方式使用，城市规划从编制到实施面对的矛盾和冲突较少。而在市场经济快速发展的今天，建设主体日益多元化，利益冲突日益复杂化，表现在城市空间和土地资源上的利益纷争也空前加剧，城市规划工作面临新的困惑和矛盾。城市空间资源成为各方利益主体争夺的对象，城市空间发展的动力机制由国家全权计划转变为由地方政府、开发商、社会公众等各种利益主体在相互博弈中推动发展，上述城市规划建设中所产生的矛盾冲突，实质上都是利益博弈的结果，城市规划在本质上成为一种分配城市空间权益的工具，各种利益主体相互博弈的结果，使城市规划呈现明显的利益纷争和实施困境。

城市各种利益主体是影响城市物质空间及其规划的社会力量。城市空间结构的形成和演变是城市内部、外部各种社会力量相互作用的物质空间反映，拥有影响力的各种社会力量的相互作用对城市空间及其规划产生着极为重要的影响。在市场经济环境下，透过直接影响城市物质形态的城市规划建设管理实践，对隐含在城市物质空间背后的复杂利益关系进行深入分析，隐约可以发现有五只“看不见的手”在当代中国市场经济环境下的规划实践中相互博弈，成为影响城市规划的五种社会力量。概括而言，对城市规划具有影响力的五种社会力量主要有政府机构、企业资本、社会团体、专家团队、公众参与等。

1. 政府机构

城市规划是政府行为，政府机构是规划决策的主体，有很强的“政府主导型”特征，政府关于城市发展的政策和战略导向，往往会使城市空间布局发生结构性变化。正确行使政府决策职能，可以提高城市政府提供公共服务的能力，有利于城市合理布局和资源有效配置，维护社会公平，促进城市合理健康发展。反之，政府决策可能会成为利益集团谋取自身利益最大化的工具，可能会给城市发展造成历史失误和重大损失。因此，政府决策是主导城市规划的双刃剑，应正确认识和行使政府决策，妥善处理干预和被干预、规划和反规划的关系，积极弥补市场不足和失灵，使规划的引导调控、维护公共利益、保障社会公平的功能得到充分发挥。

2. 企业资本

企业资本对城市规划具有重大影响，往往会带动城市经济发展，进而带动人口产业的聚集和城市规模的扩张，对城市空间形态的发展具有重要引导作用。同时，企业资本在决策过程中也有很强的谈判力和影响力，对规划产生直接影响。规划对资本投入也有明显的导向作用,规划确定的城市发展方向往往决定了资本投入的空间方向。但资本投入具有明显的趋利性，追求利益的最大化，通常选择区位优越、环境优美、交通便利的地区优先投资，而忽视城市整体环境和布局问题，忽视生态环境和资源保护问题。因此，政府要通过规划对资本投入进行正确的引导和干预，在维护城市整体利益和公共利益的前提下，引导资本合理投入，实现城市发展和企业发展的双赢。

3. 社会团体

现代社会是“社团社会”。各种非政府组织的社团，能够填充政府和市场之外的广阔社会生活空间，是联系市民和政府的纽带。社会团体作为公共权力和私人利益的补充和制衡，能够沟通、协调、整合个人与群体、群体与群体、群体与政府间的关系。社会团体参与规划往往采取“自下而上”的形式，结合“多人”的力量，代表一定群体的共同利益，其影响力不容忽视。社会团体的引入，将更能代表体现多人共同利益的意愿诉求，使各利益集团参与城市规划的广度和深度进一步增强。在规划工作中合理接纳和有效引导社会团体的影响，能够为规划决策提供更科学系统的依据，使规划决策更好地反映民意诉求。

4. 专家团队

由于城乡规划的制定和实施过程非常复杂，涉及政治、经济、社会、文化等诸多方面，必然要求借助外脑，充分发挥专家学者的参谋智囊作用，积极推进城乡规划决策机制的科学化和民主化，因而专家学者越来越多地参与到城市规划的工作实践中，成为城市规划的参谋智囊团，是城市规划决策的主体之一。专家学者的咨询意见，对城市规划决策具有重要影响力，往往成为规划决策的重要依据，对规划决策及由此造成的城市空间布局的变化会产生深远影响。但是由于专家学者来自不同领域或部门，拥有不同的文化背景、专业素养和职业视角，

图 2–10　2002 ～ 2003 年，济南市规划局请两院院士吴良镛先生来济主持编制城市风貌带规划研究

对城市规划决策会产生不同的影响，因而应把尊重专家和尊重科学、尊重实际很好地结合起来，发挥好专家群体的参谋智囊作用，提高规划的科学性、前瞻性和可行性，促进城市的合理布局与发展（图 2–10）。

5. 公众参与

公众直接参与到规划的调查、构想、决策和实施中来，改变了原来只有行政机关和专家学者参与规划的局面，有利于广泛听取方方面面群众的意见、建议，有利于在规划建设过程中更全面、更真实地反映各阶层的利益诉求并保障其合法权益。公众参与城市规划决策不仅有助于提高规划决策的合法性与合理性，增强规划的权威性，使之在实施过程中得到公众更广泛的尊重和认可，而且能使公众在参与过程中通过一定的途径反映自身的利益要求，感受到被政府和社会所尊重，从而增强公民的社会责任感，更积极地维护社会稳定，促进社会和谐。在各种利益团体博弈的过程中，只有引入公众参与，使社会各界对城市规划拥有更多的话语权，通过相互间的磋商和妥协达成共识，才能协调解决各种利益冲突，更好地处理近期与远期、局部与整体、个体与群体之间的矛盾，减少和避免社会不稳定因素，维护社会公平与稳定，实现政府、社会和公众的"多赢"。

由此可见，每种社会力量或利益主体的行动结果都具有两面性，对城市物质空间及其规划产生重要影响。城市规划的实践过程就是各方利益的冲突与均衡、博弈与选择的过程，也就是在纷繁复杂的利益协调过程中寻求民主、公平、效率和效益的平衡，维护社会公共利益和城市发展的整体利益。

二、规划应对措施

1. 规划的多目标均衡

规划的根本目标是优化配置城市土地和空间资源，实现城市社会、经济、生态综合效益的最大化，属于多目标规划范畴。城市各利益主体的目标存在差异，城市规划在制定目标时就要充分考虑多目标选择的必要性，充分考虑各利益主体的意愿，尽可能满足利益相关者的多元化利益诉求。如果规划忽视社会公众、开发单位的切身利益，规划必然难以实施。城市规划在判断问题、确定目标、方案设计和选择手段时都需要充分考虑和权衡各方利益，采用科学的方法完成复杂的规划多目标确定过程，为各利益主体的利益均衡奠定基础。

2. 建立利益补偿机制

规划使得土地的潜在价值发生变化，使不同利益相关者的收益发生改变。为达成个人理性与集体理性均衡，需改变博弈参与者的既得利益。这就需要对由于规划的制定和实施而受到限制的利益主体的收益给予补偿，以换取这部分主体对规划的支持。本着权利与义务相等的原则，这部分补偿所需费用应由规划的获益者出资。建立良好的利益补偿机制，是城市规划顺利制定和实施的重要保障。

3. 建立有效减小监督成本的机制

规划部门打击违反规划行为的积极性和其打击这一行为的成本有着直接的关系，毕竟地方规划部门也是具有理性的。有效地减小打击成本就成为城市规划能否有效执行的重要因素。为此，需建立有效地打击改变规划的制度机制，以最大化地减少监督成本，有效监管城市规划顺利实施。

本章对城市规划本质的再思考以科学发展观为统领，深入分析研究城市规划物质空间背后的政治、经济、社会等成因、各种复杂利益关系的博弈及需要协调的矛盾冲突，深刻认识城市规划本身所具有的政治、经济、社会、文化、历史、技术等“六大属性”，影响城市规划的政府决策、企业投资、社会团体、公众参与、专家咨询等“五种社会力量”和需要正确把握的近期与远期、局部与整体、需要与可能、个体与群体、刚性与弹性、效率与公平等“六个关系”。这一研究路径构成了科学审视城市规划的圈层分析图解（图 2-11）。通过这一图解对城市规划的内在本质因素和规律进行科学剖析和逐层分析阐释，有助于全面了解和把握城市规划的内在本质属性和规律特征，进而明确城市规划的功能作用、规划层次和主要任务，从而为城市规划理论与实践创新奠定科学基础。

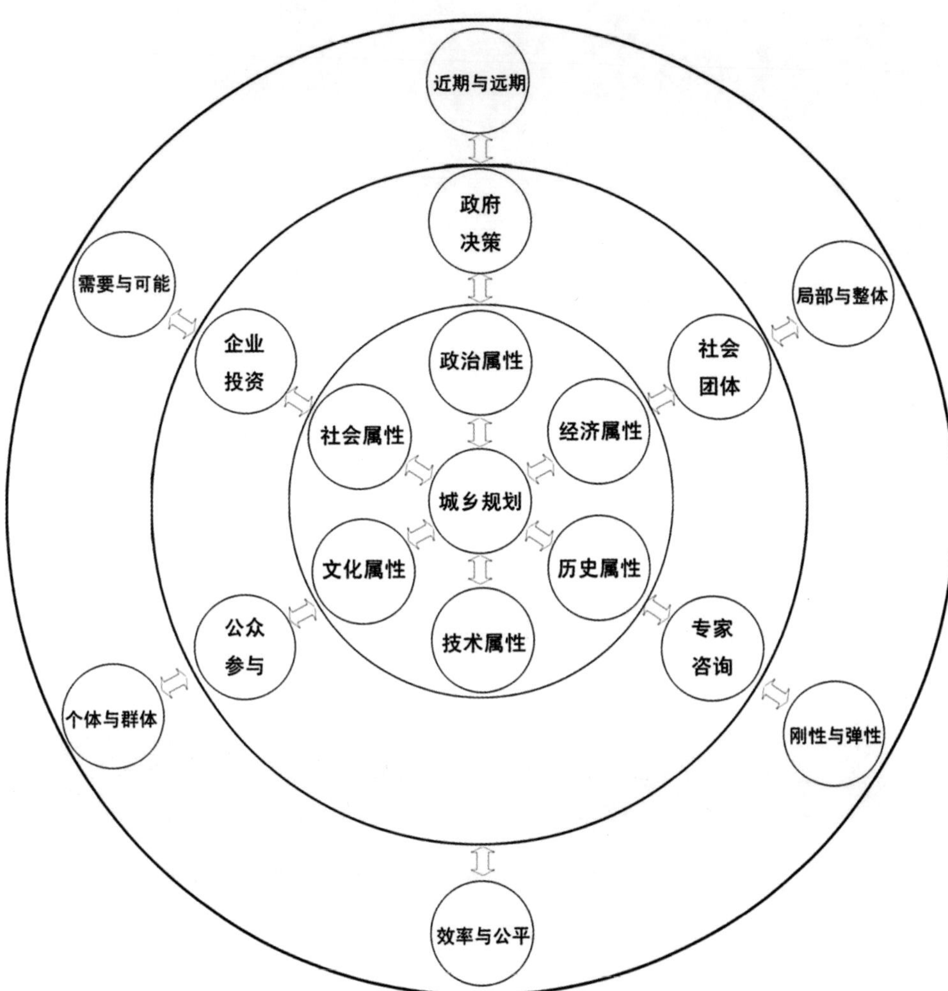

图 2–11　科学审视城市规划的圈层分析图解

第三章　城市规划价值体系的再认识

所有有关城市的决定和判断都是由价值观而不是技术因素驱动的。因此，尽管技术、经济和制度因素都很重要，但最后的决议都取决于决策者的价值观体系。

——英国规划专家迈克·詹克斯

问题不是规划是否会反映政治，而是它将反映谁的政治。规划人员试图实施的是何种价值观，以及何人的价值观？事实上规划就是政治过程。

——美国的规划理论学者诺顿·朗

城市规划体现着城市的价值观，这种价值观很大程度上由意识形态、利益关系和话语权决定。

——作者

导言：城市规划的价值体系决定行动方向

什么是价值取向？价值取向是价值哲学的重要范畴，它指的是一定行为主体基于自己的价值观，在面对或处理各种矛盾、冲突、关系时所持的基本价值立场、价值态度以及所表现出来的基本价值倾向。价值取向具有实践品格，它的突出作用是决定、支配主体的价值选择，因而对主体自身、主体间关系、其他主体均有重大的影响。人们在工作中的各种决策判断和行为都有一定的指导思想和价值前提。管理心理学把价值取向定义为“在多种工作情景中指导人们行动和决策判断的总体信念”。人的价值取向直接影响着人们的工作态度和行为方式。诺贝尔经济学奖获得者、著名心理学家西蒙认为，决策判断有两种前提：价值前提和事实前提。说明了价值取向的重要性。

价值取向，简单地说是指某些价值观成为一定文化所选择的优势观念形态，为个体所认同并内化为人格结构中的核心部分，是人们在判断社会事务时所依据的是非标准、遵循的行为准则。所谓核心，就是指价值取向中最重要、最关键的理念，是精髓，是灵魂，决定着行动的方向。一般而言，价值取向的内涵包括四个方面：其一，它是判断善恶的标准；其二，是社会群体对事业和目标的共同认同，尤其是共同的追求和愿景；其三，是在这种共同认同的基础上形成的对目标的追求；其四，形成一种共同的境界。现阶段，我国社会主义核心价值取向就是以人民为主体，以人民的利益为标准，在全社会实现平等、公平、正义的价值观。核心价值取向具有评价事物、唤起态度、指引和调节行为的定向功能。它是指导人们行动和决策判断的核心信念，直接影响着人们的工作态度和行为，是人们在工作中各种决策判断和行为的根本指导思想和价值前提。

1. 价值体系决定行动方向

核心价值取向是人们一切行动的指南针，成为人们活动的目标定向和判断事物的取舍标准。有什么样的核心价值取向，就有什么样的行动方向、行动目标、行动力量和行动效果。一个国家的核心价值取向直接影响着整个国家的对内对外政策，甚至影响全球战略；一个政党的核心价值取向直接影响这个党的路线、方针、政策和它的行动纲领和奋斗目标；一个人或团体的核心价值取向也直接影响他们的人生道路和行为好坏。

城市规划作为一项为了实现特定城市发展目标，对城市发展进行预先调控和安排的社会实践活动，客观上属于改造世界的范畴。规划师在进行城市规划实践之前，必然已经形成了关于什么是“好的城市”、什么是“好的城市规划”的价值判断，这是进行城市规划实践活动的认知前提，否则城市规划将因缺乏评判标准而失去方向。无论是我国古代《周礼·考工记》中关于城市布局的记载："匠人营国，方九里，旁三门，国中九经九纬，经涂九轨，左祖右社，前朝后市，市朝一夫"，还是西方城市规划建设史中古希腊希波丹姆模式的"以方格网的道路系统为骨架，以城市广场为中心"，表达的都是规划师（代表政府或统治阶层）的价值取向及由此产生的对城市秩序美的推崇。霍华德提出的"田园城市"构想，柯布西耶的"光辉城市"蓝图，都是基于试图通过理想城市物质空间构图来解决城市问题的价值判断。古往今来，"什么是好的城市"、"建什么样的城市"、怎么规划、怎么建设，实际上都取决于城市规划的价值取向，规划的价值取向直接决定了城市的布局结构和布局形态。正确的城市规划核心价值取向能把城市发展引向正确的方向和道路，促进城市的可持续发展。反之，则会使城市发展误入歧途，加重各种城市问题，使城市的发展陷入重重危机。

英国规划专家迈克·詹克斯指出："所有有关城市的决定和判断都是由价值观而不是技术因素驱动的。因此，尽管技术、经济和制度因素都很重要，但最后的决议都取决于决策者的价值观体系"。从对规划工作的影响程度上看，城市规划的核心价值取向是比城市规划原理更重要的决定性因素，它决定了规划工作者的基本态度、价值尺度、行为准则和判断标准，是规划工作的基本出发点和归结点。因此，城市规划工作的核心价值取向是关系到规划工作举什么旗、走什么路的重大问题，是关系到规划事业能否持续健康发展的核心问题，更是关系到规划师职业道德和素质能力建设的根本问题。必须牢固树立正确的城市规划核心价值取向，坚持用城市规划核心价值取向引领规划思潮，构建城市规划核心价值体系，形成统一指导思想和基本道德规范，才能引领和指导城市规划事业沿着正确的轨道健康发展。

2. 重塑当代城市规划的价值体系

在当前社会经济转型时期，社会阶层分化是社会结构变化的基本特征之一，而社会结构变化则是当前城市增长中诸多矛盾产生的根源。基于转型期我国城市发展的某些特征及其主要矛盾，城市规划价值观出现了多元化的基本态势。传统城市规划过分强调其经济职能，强调规划的目标就是促进经济发展，而缺少对转型期城市规划的社会性和政治性分析，客观上忽略了社会结构变化的影响。由于承认社会利益均一性,使城市规划价值观落后于社会发展现实，个别利益群体或社会阶层的价值判断成为城市规划价值取向的思想基础。因此，城市规划价值观的"错位"已成为导致当前城市规划困境的一个重要原因。

由于城市规划价值体系对引领城市规划工作的正确方向至关重要，近年来国内规划学者在城市规划价值观问题上已作出了大量有益的探索，并提出了许多富有创意的见解。如孙施文认为，城市规划应坚持以社会理性为主导，其核心价值应该是社会资源配置的公正与公平。卢源指出，中国社会结构的深刻变化影响城市规划的价值取向，不承认城市规划的阶层特征，将激化社会阶层的矛盾甚至导致社会冲突。李京生等人认为，城市规划在某种程度上可以说是特定价值观指导下的社会行为，其价值观就是保障公共利益，等等。

当前，随着经济体制的深刻变革，社会结构深刻变动，利益格局深刻调整，人们的思想观念和价值取向更加多元多样多变，正处于一个思想活跃、观念碰撞、多元综合的发散思维阶段。张兵指出，由于缺少统一的价值标准，使得城市规划的理论和实践失去方向，城市规划的重点是重建其价值体系。因此，在当前背景下，对城市规划核心价值取向进行重新定位与思考，重塑城市规划的核心价值体系成为当前摆在我们规划工作者面前的紧迫任务。

规划的本质属性决定了规划价值体系的内涵与外延，规划价值体系决定了规划本身及规划工作的方向，不同的政治、经济、文化背景必然产生不同的价值体系。根据前述对城市规划理论发展演变及规划本质属性的探讨，在当今“科学发展观”、“可持续发展”、“以人为本”、“和谐社会”等先进理念指导下，基于济南本土城市规划工作的实践探索，必须构建正确的规划核心价值体系，确立城市规划编制的核心价值观、管理的核心价值观、实施的核心价值观和工作导向，城市规划工作才能切实符合科学发展观的要求、符合城市规划的本质，才能具有持久的、旺盛的生命力，才能真正为社会为人民造福。

由此，本章在作者多年规划管理实践的基础上，将城市规划价值观念体系分为三个部分，它们分别是规划的价值取向、规划的核心理念和规划的基本原则。其中，规划的价值取向包括唯民、唯真和唯实三个理念，规划的核心理念包括科学、人文和艺术三个理念，规划的基本原则包括公开、公平和公正三个理念。另外，在此基础上，本章还对实现城市规划价值体系的导向和路径进行了探索。

第一节　城市规划的价值取向

城市规划工作需要城市规划管理者的介入，根据自身秉持的规划价值取向来干涉城市规划成果的完成。通过前述对城市规划理论发展演变及规划本质属性的研究，结合济南城市规划工作实践，确定规划的价值取向是“唯民”、“唯真”和“唯实”。必须用规划价值取向引导规划思潮，把价值取向贯穿规划的各领域、各环节，融入规划工作者思想教育、职业道德教育、精神文明建设的全过程，才能形成城市规划的根本指导原则和基本道德规范，确保城市规划事业发展的正确方向。

一、唯民

“唯民”就是“以民为本”或“以老百姓为本”。“唯民”的本质就是“以人为本”，尊重每一个人的合法权益和平等应有的权利，社会管理按社会大众的意愿行事，社会大众即“民”，即“老百姓”。早在半个多世纪前，美国规划理论家约翰·福里斯特在其经典著作《面临强权的规划》中，就曾旗帜鲜明地提出“为人民规划”的观点，这一目标至今仍然是全世界规划工作者为之奋斗的最高境界。1898 年现代城市规划理论的奠基人埃比尼泽·霍华德的“田园城市”理论，提出以人的尺度为依据构建田园城市，反映了早期城市规划理论以人为本的思想。1933 年世界第一个城市规划大纲《雅典宪章》，就提出了“对于从事城市规划的工作者，人的需要和以人为出发点的价值衡量是一切建设工作成功的关键”。1977 年的《马丘比丘宪章》更是强调了为人民规划的思想，提出规划“应该按照可能的经济条件和文化意义提供与人民要求相适应的城市服务设施和城市形态”。我国建筑学家梁思成先生指出：“城市规划的最高目标是使市民安居乐业”。人民群众永远是城市的主体，人民的需要也正是城市规划的需要。城市规划建设说到底就是为了人民群众，为了改善民生，为了提升人民的生活品质，促进社会公平正义，维护社会和谐稳定，使人民安居乐业。

城市规划确立“唯民”的价值取向，就是要把为人民规划作为一切规划工作的根本出发点和落脚点，作为规划工作者的根本行为准则和价值标准，牢固树立“民本为先、民生为大”的意识，坚持以群众为根本，把维护群众利益、满足群众需要作为首要任务，把群众满意不满意作为第一标准，全心全意为群众谋利益。就是要在加快经济发展的同时，兼顾社会民生的持续改善，以民生为本，为民生着想，全身心地投入保障改善民生的各项工作，使城市建设与改善民生相辅相成、相得益彰。就是要切实解决涉及群众切身利益的问题，规划建设的每一举措、每一步骤，都要想到改善人民的生活，想人民之所想，急人民之所急，为人们缔造一个满足各种需要的活动空间和生活环境，不断提高人民群众的生活质量和生活水平，让人民群众共享规划建设的成果，增强群众的认同感、自豪感和幸福感。

“唯民”价值取向的内涵可以被划分为三个方面。

第一个方面是“以民为本”。在规划中尊重人的需求，充分考虑人的尺度要求，而不是一味地追求“超大尺度”和“豪华壮丽”。同时，在规划的编制过程中，充分利用现代的信息技术，通过召开听证会等形式，鼓励公众参与到编制过程中来。

第二个方面是“民生为大”。在规划中要优先考虑民生项目的空间落实工作，这其中包括居住、就业、医疗、教育和养老等民生项目，特别是国家近两年大力推行保障房建设、公共服务设施均等化等民生优先工程，这就要求城市规划在编制时优先考虑这些工程的空间落实。

第三个方面是“关注弱势群体”。随着中国经济发展水平的提升，社会对弱势群体的关注力度逐渐增大，特别是中国社会正在进入“老龄化”阶段，60岁以上的老年人比例逐年增高，面对这一背景，城市规划工作应该注重对弱势群体的关注，在公共服务设施配置中，增加养老设施的配置，同时，在详细规划及城市设计编制阶段也要考虑弱势群体的使用要求，提升相关的设施服务水平。

二、唯真

“真”是什么？是真理，是真义，是真经，归根结底，是事物发展的客观规律。“唯真”就是把握规律、实事求是，是党的解放思想、实事求是思想路线的本质要求，是做好一切工作必须遵循的基本原则。规律是事物运动过程中固有的、本质的、必然的联系，规律无处不在，是客观存在的，不管你认识不认识，发现没发现，它都在发生作用。当我们认识了它的存在，自觉运用和把握规律，就能科学预见事物发展的趋势和方向，指导实践活动，改造客观世界，为人类谋福利。我们在想问题、办事情的时候，只有以对自然和社会规律的认识为基础，按照客观规律办事，才能拨云见日、事半功倍，达到预期的目的，取得成功。反之，不尊重客观规律，违背客观规律，不仅办不好事情，而且会陷入迷途、一事无成，必然遭到失败。

城市规划倡导“唯真”的价值取向，就是要在规划工作中自觉遵循和把握城市发展、经济发展、社会发展以及自然演化等人类社会发展的客观规律。第一，城市规划工作要遵循城市发展规律。城市是社会生产力发展到一定阶段的产物，是人类文明的结晶。城市是有生命力的，它沿着自己发展的轨迹逶迤前行，其发展演变遵循城市发展的一般规律。研究和把握城市发展的脉搏，寻找城市发展的客观规律，对于以科学规划引领城市科学发展具有极为重要的现实意义。第二，城市规划要遵循经济发展规律。经济发展规律是经济发展过程中不以人们的意志为转移的、内在的、本质的、必然的联系和趋势。要深刻认识我国经济发展的特点和规律，研究治本之策，谋划长久之计，不断提高驾驭社会主义市场经济的能力。因此，城市规划必须深刻认识和把握经济发展的客观规律，力求使规划工作符合经济发展规律的要求，这对于规划工作的成败具有决定性意义。第三，城市规划要遵循社会发展规律。科学发展观的提出，是对改革开放30多年来我国社会主义建设实践的科学总结，是顺应人类社会发展进步趋势、积极借鉴人类文明成果的体现，是我们党对社会主义市场经济条件下社会发展规律认识的升华。城市规划具有社会属性，是一项重要的社会实践活动，在规划工作中学习实践科学发展观，必须遵循社会发展的一般规律，自觉运用社会发展规律指导和推进规划工作发展。第四，城市规划要遵循自然发展规律。人与自然的关系是亘古至今人类为了生存和发展所必须思考和应对的重大问题。科学发展观明确提出了“统筹人与自然和谐发展”的科学论断，它作为指导人类发展实践的重要理论依据，直接影响着人们对人与自然关系的态度。科学发展观的提出对新时期城市规划工作提出了新的更高的要求，城市规划必须深刻认识和自觉遵循自然规律，运用它为社会和人类造福。

另外，城市规划工作倡导“唯真”的价值取向，要准确把握现代化建设和规划事业发展的阶段性特征，科学引领城市发展的正确方向，使城市发展科学合理、少走弯路。就是要加强对客观规律的学习研究，积极探索规划的政治、经济、社会、文化、历史、技术等本质属性，不断拓展规划视野，逐步向城市空间背后的人文、产业、生态等综合性领域延伸，充分发挥规划的统筹协调、先导引领、综合调控、引导推动作用。就是要坚持求客观规律之真，乘“势”、顺“时”、合“度”，把握辩证之“法”，处理好“为”与“不为”的关系，科学发展，惠民利民，构建和谐。就是要在实际工作中，遵循客观规律，尊重实践标准，理性地作出判断和选择，不会被个别群体的意志或利益所左右。实践证明，顺势而为才能审时度势，乘势而上，规划事业才能抓住机遇，大有作为，取得事半功倍的成效。

三、唯实

“唯实”就是一切从实际出发，实事求是，重实践、干实事，按照事物的实际情况说话办事，既不夸大，也不缩小。“唯实”是最基本的思想方法、工作方法和一切工作的行为准则，是我们必须始终坚持的发展道路。“唯实”重在真，贵在实，实干兴邦，空谈误国。它不但是一个思想原则问题、路线问题，更是一个实践问题，是必须身体力行的追求和准则。“唯实”往往说起来容易，做起来难，其最大的敌人是教条主义、经验主义、官僚主义和形式主义。如好大喜功，造假指标、搞假统计、报假数字。或不顾实情、生搬硬套、照搬照抄、简单复制，都违背了实事求是的思想原则。“唯实”必须紧密联系实际实情，与时俱进，不断开拓进取，以实事求是的实效真功来体现做事的认真执着，“从实践中来，到实践中去”，在实践中不断提高实事求是的自觉性和坚定性。

城市规划工作确立“唯实”的价值观，就是要立足以科学规划引领城市健康发展，加强对城市发展实际问题和事关人民群众切身利益难点、热点问题的调查研究，提出源自实际、符合规律、切实可行的规划方略，进一步提高规划质量和水平。就是要在规划工作中始终坚持实事求是的思想方针和行动准则，坚持“实践是检验真理的唯一标准”，从实际出发发现问题、研究问题、解决问题。就是要根据城市经济社会发展的特点规律、资源禀赋和发展情况，立足实际，科学谋划，既不能好高骛远，也不能目光短浅，不能根据个人的主观愿望、理想和热情来确定规划策略，而是要在对城市发展的内在情况和外部条件进行深入调查、研究和论证的基础上，制定目标明确、思路明晰、符合实际、切实可行的城市规划。就是要始终把工作重心放在解决发展中的实际问题上，按照刚性控制与弹性引导相结合、原则性与灵活性相结合的思路，积极推行务实规划、弹性规划，在实践中探索形成一套切实可行、能够满足多元化需求的规划方法。就是要不唯上、不唯书、不唯利，只唯实，本着知无不言、言无不尽的态度，深入开展调查研究，充分倾听群众呼声，真实反映民意诉求，出实招、办实事、见实效。

综上，“唯实”的价值取向内涵主要体现在两个方面。

第一个方面是在规划工作中要实事求是，尊重城市发展的现状。这就要求城市规划工作者，在规划编制工作中，认真地对规划范围内的自然、经济和社会发展情况进行认真的调研，摸清楚规划基地的地形地貌，尊重现实的地形条件，优先考虑基地的生态要素，在保障生态安全格局的基础上，尊重当地的经济社会发展现实，切实体会我国尚处在社会主义建设初级阶段的基本国情，切勿贪大求洋，制定适宜的城市发展战略。

第二个方面是在规划工作中要立足规划实践，切勿陷入空谈的误区。这就要求城市规划工作者在规划编制中走理论和实践相结合的道路。吴良镛院士提出：“中国城市规划学科的发展来自三个方面，一个是传统的规划理念，一个是向西方的学习，一个是新中国成立后五十年的实践”。这其中提出了城市规划的中国实践对中国城市规划学科发展的重要性，特别是要在实践中吸取经验和教训，争取在未来的规划工作中进行改善，从而推动中国城市规划的编制工作更具科学性。

第二节　城市规划的核心理念

“科学、人文、艺术”是吴良镛先生人居环境科学的学术精髓和核心理念。这一理论指出，21 世纪是一个历史的新纪元，是一个“大科学”、“大人文”、“大艺术”的时代。当今科学的发展需要“大科学”，人居环境，包括建筑、城镇、区域等，是“复杂巨系统”，在其发展过程中，面对错综复杂的自然与社会问题，需要借助复杂性科学的方法，通过多学科的交叉从整体上予以探索和解决。与此同时，时代也在孕育“大艺术”，城乡聚落是“最巨大的艺术品”，是自然与人工的综合创作，需要通过更为综合的艺术手法进行丰富的、有机的结合，人居环境的灵魂即在于它能够调动人们的心灵，在客观的、物质的世界里创造更加深邃的精神世界，如今我们在建设人居环境时，更要利用多种多样的新技术，探索新形式，表达新内容，使得我们的生活环境更加丰富多彩。

人居环境科学“科学、人文、艺术”的学术思想对当今城市规划领域的理论创新和规划实践工作具有极为重要的理论指导意义，它将科学、人文和艺术三者有机融合，体现了城市规划和建筑设计的科学精神、人文精神和艺术精神，培养科学思维，体现人文关怀，升华审美情怀，体现了求真、求善、求美的思想境界和理想目标。

城市规划工作贯穿城市规划的编制、审批和实施环节，主要是以城市政府为管理主体，体现了城市规划工作者和参与者之间就城市规划对象，按照特定的目标和管理原则，采用特定的手段和组织形式，进行计划、组织、指挥和控制等各项职能活动。基于对人居环境科学“科学、人文、艺术”思想的认识与思考，结合规划工作的实际需要，本章提出将“科学、人文、依法”作为城市规划工作的核心理念。

一、科学

就概念而言，“科学”指如实反映客观事物固有规律的系统知识。达尔文曾给科学下过一个定义：“科学就是整理事实，从中发现规律，作出结论”。达尔文的定义揭示了科学的内涵，即事实与规律。事实，就是实事求是，就是要从客观实际出发，而不是脱离现实的纯思维的空想。规律，则是指客观事物之间内在的、本质的必然联系。因此，科学是建立在实践基础上，经过实践检验和严密逻辑论证的，关于客观世界各种事物的本质及运动规律的知识体系。尊重事实、尊重实际、尊重规律、讲求合理是“科学”的本质要求。

城市规划是城市建设的总纲和城市管理的依据，引领城市持续健康发展首先必须有科学的规划。科学的规划必然是符合规律的规划、实事求是的规划、能够真正引领和指导城市建设发展的规划。城市规划秉持“科学”的核心理念，就是要以科学发展观为统领，全面落实“五个统筹”的要求，密切关注、正确把握经济社会发展的阶段性特征和城乡发展的一般规律，尊重实际，尊重规律，尊重科学，自觉按照经济社会和城乡建设发展实际和运行规律，在充分调查研究的基础上，从客观实际出发，统筹谋划、科学确定城市发展思路和发展战略，以科学的理念、科学的思想、科学的态度、科学的制度、科学的方法、科学的手段进行规划编研和管理，正确处理城乡建设发展速度与质量效益的关系，与资源环境承载能力的关系，与社会承受程度的关系，切实提高规划的科学性、前瞻性、指导性和适用性，增强规划对经济社会发展和城市建设的引领作用。

在城市规划工作中，科学的核心理念主要体现在城市规划的决策过程之中。提高城市规划决策的科学性，首先，规划管理应当树立尊重的态度，即是尊重科学、尊重专家、尊重规律、尊重群众的态度。其次，规划管理应当健全相关的规划决策制度。如在制定规划中，要多方案比较，要建立和实行严格的专家评审制度和听证制度。树立科学发展观，提高城市规划的科学决策水平，建立正确的政绩考评制度。最后，城市规划的科学性还应该体现在城市规划管理信息平台的建设上面。完善的信息技术管理平台的建设会大大规范城市规划的日常管理工作，为其实现科学性提供有力支撑。

二、人文

“人文”就是人类文化中的先进部分和核心部分，即先进的价值观及其规范。众所周知，文化是人类或者一个民族、一类人群共同具有的符号、价值观及其规范。符号是文化的基础，价值观是文化的核心，规范，包括习惯规范、道德规范和法律规范则是文化的主要内容。而人文则是人类文化中先进的、科学的、优秀的、健康的部分，其核心是先进的价值观，其主要内容是先进的规范，其集中体现是重视人、尊重人、关心人、爱护人。简而言之，人文，即重视人的文化。人文的核心是“人”，以人为本，也就是我们常说的人文关怀、生命关怀、人文精神以及先进文化的传承。从某种意义上说，人之所以是万物之灵，就在于它有人文，有自己独特的精神文化。

城市规划秉持“人文”的核心理念：一是要始终坚持以人民群众的根本利益为本，始终践行全心全意为人民服务的宗旨，始终把“人”的需求摆在核心位置，强调人的需要，满足人的需求，努力为“人”的发展创造机会，把实现好、维护好、发展好广大人民群众的利益作为一切规划工作的根本出发点和落脚点，切实尊重人民群众的意愿诉求，以人民群众高兴不高兴、满意不满意为根本标准，以人民群众的福祉为最高价值取向，从人民群众的根本利益出发谋规划促发展，一切规划工作都要符合群众的意愿和人民的利益，真正让规划成果惠及广大人民群众，做到规划为了人民、规划依靠人民、规划成果由人民共享。二是要增进社会和谐，坚持以群众的愿望为愿景，从“人本位”的角度出发组织开展规划设计与管理服务，在具体工作中深入推行人性化服务，注意倾听群众的愿望、心声，尊重各界群众的发展诉求，按照公平、公正的原则化解矛盾纠纷，自觉维护群众的合法权益，切实维护社会和谐稳定。三是要有利于先进文化的传承，高度重视城市人文精神的构建，注重城市文化特色的传承与培育，使城市空间布局、街道尺度、建筑风格等城市物质环境能够承继并展现城市文化信息，既要体现物质环境的特色性与多样性，又能表达城市文化的内涵与气质，创造出具有文化凝聚力的人文城市。

三、依法

“依法”就是要依照已有的法律法规处理事情。依法源于我国依法治国和依法行政的法治观念。依法治国是我们党在总结长期的执政治国经验教训的基础上制定的基本治国方略，是依照宪法和法律规定，通过各种途径和形式管理国家事务，管理经济文化事业，管理社会事务，保证国家各项工作都依法进行，逐步实现社会主义民主的制度化、法律化。依法行政是各级行政机关依据法律规定行使行政权力、管理国家事务的基本职能，是对各级行政机关提出的基本要求，也是市场经济条件下对政府活动的客观要求。“依法”是社会文明进步的重要标志，推进城市规划建设管理法治化进程是规划工作的努力方向。

城市规划秉持“依法”的核心理念，就是要在城市规划建设管理中牢固树立法制观念，坚持依法行政和规划的刚性原则，严格按照法律法规和法定程序编制、审批、调整各类规划，规划一经批准就具有法律效力，不能随意更改，从这个意义上讲规划就是“法律”，而法律的权威性、严肃性不容挑战，否则规划的约束力、公信力、执行力就无从谈起。必须建立健全法规规章体系，与时俱进地加以调整、优化、完善，使之符合城乡发展实际，体现公平、公正原则，满足规划管理需要。必须坚持规划管理的程序性，依法规划、依法建设、依法管理，完善管理程序和行政链条，依靠制度管人理事，确保严格依法行政，将城市规划建设管理的各项工作纳入法制化、制度化的轨道，确保各项工作有法可依、有法必依、执法必严、违法必究。必须坚持规划实施的严肃性，规划一经法定程序批准，任何单位和个人必须自觉遵守、严格执行，切实维护规划的权威性和严肃性。必须全面推进依法行政、从严执政，规划工作者经常处在平衡协调各种利益纠纷的风口浪尖上，更要知法守法、敬畏法律，既要依法履行职责，正确行使职权，严格按照法定程序办事，也要善于灵活熟练地运用法律手段、通过法律的渠道解决现实中的纠纷，防止滥用权力，从源头上预防和杜绝腐败现象的发生（图 3–1）。

城市规划的“依法”核心理念需要完善规划管理的法律法规。城市规划的管理工作首先要做到有法可依，在城市发展日新月异的今天，城市规划的工作环境也变得越来越复杂，我国在城市规划管理法规体系上面还存在有若干的缺项，与《城乡规划法》配套的法规建设还不够完善。因此，在“依法”理念的指导下，城市规划管理工作的首要任务是要完善现有的规划管理法规体系。近年来，济南市规划部门不断提升规划理念，注重全面发挥规划的公共政策功能，积极探索和推进城市规划由技术规划向政策规划的转变，逐步制定并完善了一系列覆盖规划编制与管理各层面、各环节的规划政策文件（图 3–2）。一是与《城乡规划法》有

图 3–1　“依法”是和谐规划的核心理念之一，济南市规划工作始终坚持依法规划

图 3–2　济南市规划局制定的规划政策文件

效对接，按照“有特色、不抵触、可操作、重实效”的原则，在全国率先出台了《城乡规划法》颁布施行后的第一部地方性规划法规《济南市城乡规划条例》，为全面提高规划编制和管理水平提供了政策依据。二是不断建立健全城市规划法规制度体系，针对规划管理的核心问题和关键环节，相继出台了《济南市城市建设容积率规划管理规定》、《济南市建设工程规划审批公示与听证暂行规定》、《济南市建设工程规划批后管理规定》等 70 多项法规规范和政策文件,各项规划工作基本纳入了政策化、规范化、制度化的轨道。三是以《济南市城乡规划条例》为依据，积极开展相关配套政策法规制定工作，先后制定了《济南市城乡规划管理技术规定》、

《济南市城市建设用地性质和容积率调整规划管理办法》、《济南市城市规划区村庄建设规划编制审批规定》等配套规章，逐步构建起了以《济南市城乡规划条例》为核心、以配套规章为支撑、以规范性文件和管理规定为补充、覆盖规划编、审、管、查各层面、各环节的地方性规划政策法规体系，有力地发挥了城市规划的政策规范功能，为城市规划和实施管理提供了良好的政策平台。

第三节　城市规划的基本原则

城市规划编制的目的是为了实施，即把预定的计划变为现实。城市规划是一个综合性的概念，既是政府的工作，也涉及公民、法人和社会团体的行为。城市规划的根本目的是对城市空间资源加以合理配置，使城市经济、社会活动及建设活动能够高效、有序、持续地进行。

公开、公平和公正是城市规划工作必须始终坚持的首要基本原则（图3–3）。面对日益多元化的社会利益诉求，城市规划工作要在公开、公平和公正的原则下妥善协调各种经济和社会关系，这样才能符合城市规划的本质。

一、公开

“公开”就是让权力在阳光下运行，使国家机关信息公开，行政权力公开透明运行。在现代法治国家，公开的原则几乎适用于所有领域。无论是审务公开，还是检务公开，或者是警务公开，乃至村务公开、校务公开、厂务公开，等等，都有一个共同的目的，就是为了使行使权力者接受监督，使民众参与权力行使的过程。政务公开也不例外，它是国家实行民主监督和民主政治的一个重要前提条件。我国是人民民主专政的社会主义国家，中国共产党的执政理念是“人民当家做主人”。作为主权的享有者，人民当然享有广泛的知情权，有权知道有关行政事务的所有信息，这是老百姓的政治权力。实行政务公开，有利于维护社会公众的合法权益，吸收社会各界参与讨论和决定有关事项，强化民主监

图3–3　济南市规划工作坚持“公开、公平、公正”的核心原则

督。没有公开，监督就无从谈起；没有监督，权力就要被滥用，就要腐败。这是万古不易的经验。因此，加强政务公开，有利于促进服务政府、责任政府、法治政府、廉洁政府建设，提高依法行政和政务服务水平，对于推进行政体制改革、加强对行政权力的监督制约、从源头上防治腐败和提供高效便民服务具有重要意义。

城市规划是一项公共事业，同时又是一个专业性、技术性很强的行业门类，尤其需要与社会的交流互动和政务的公开透明。城市规划坚持“公开”的基本原则，就是要坚持方便群众知情、便于群众监督的原则，按照以公开为原则、不公开为例外的要求，不断加大政务公开力度，把公开透明的要求贯穿于规划工作的各领域、各环节，及时、准确、全面公开群众普遍关心、涉及群众切身利益的政府信息，不断深化公开内容，丰富公开形式，切实保障人民群众的知情权和监督权。凡涉及群众切身利益的重要规划方案、重大政策措施、重点工程项目，在决策前必须广泛征求群众意见，并以适当方式反馈或者公布意见采纳情况。就是要完善重大行政决策程序规则，把公众参与、专家论证、风险评估、行政审查和集体讨论决定作为必经程序加以规范，增强规划制定的透明度和公众参与度，以公开促进政务服务水平的提高，创造条件保障人民群众更好地了解和监督规划工作。就是要积极提升规划的开放性和参与性，有效消除“信息不对称”造成的沟通障碍，使规划在阳光下运行，为市民行使知情权、参与权、表达权、监督权创造条件，努力达到“运用社会智慧决定城市政策”的理想状态。

城市规划的实施环节不仅涉及政府，还有公民、法人和社会团体的参与，因此公开的基本原则在其中发挥着重要作用，特别是在决策程序中的公示更能体现这一价值观念。并且，还要全面拓展公众参与渠道，构建公众参与平台。

为进一步实现规划管理的公开理念，确保社会公众参与到规划工作中来，济南市积极采取多种方式畅通公众参与规划的多种渠道。加强规划网站建设，设置“公众参与”频道，下设 12345 市民服务热线专栏、咨询信箱、投诉信箱、回音壁、在线调查等栏目，形成了网站咨询信箱与 12345 市民服务热线、咨询电话、服务窗口的“多点联动”的公众参与模式。建设全面展现城乡规划成就的济南市城市规划展览馆和规划展厅，积极组织社会各界参观学习，广征民意，广纳民智，广听民声，构建了市民参与规划、建言献策的重要平台（图 3–4）。通过规划展览馆、网站、新闻媒体、座谈会、恳谈会等多种形式，围绕当前规划建设热点和市民普遍关心的问题，引导群众发表意见，鼓励社会公众通过多种途径和方式参与规划、了解规划、监督规划，为实现规划管理的“公开”的基本原则增加分量。

图 3-4 市民参观济南市规划展览馆

二、公平

“公平”一般指所有利益主体的各项属性（包括投入、获得等）平均，也指处理事情合情合理，不偏袒某一方或某一个人，即参与社会合作的每个人承担着他应承担的责任，得到他应得的利益。“公”为公正、合理，“平”指平等、平均。公平包含公民参与经济、政治和其他社会生活的机会公平、过程公平和结果分配公平。公平最重要的价值是保障法律面前人人平等和机会均等，避免歧视对待。公平是现代社会孜孜以求的理想和目标，许多国家都高度重视机会和过程的公平，尽可能加大公共服务和社会保障力度。社会公平就是社会的政治利益、经济利益和其他利益在全体社会成员之间合理而平等地分配，它意味着权利的平等、分配的合理、机会的均等和司法的公正。公平的实现受具体经济社会发展程度的制约，由于经济文化环境不同、社会条件不同、个人禀赋和状况不同，因而现实世界绝对的公平是不存在的，只能求得大致公平、相对公平。

规划工作大到城乡规划的编制，小到一个具体项目的规划布局，都涉及社会各个不同利益主体利益分配的公平，事关广大人民群众的切身利益。因而城市规划坚持“公平”的核心原则，就是要从最广大人们群众的根本利益出发，充分尊重社会不同利益主体的意愿诉求，平衡协调不同群体的利益关系，妥善处理各种矛盾纠纷，不能只维护一部分人的利益而忽视另一部分人的利益，而是要在坚持公共利益至上的前提下，自觉维护所有人的合法权益。就是要把握好当前与长远、局部与整体、个体与群体、政府与市场的关系，合理配置发展资源，大力推进基本公共服务均等化，努力为所有市民创造安逸的生活条件、公平的社会环境、平等的发展机会。就是要维护城市发展的整体利益和长远利益，维护社会公共利益和群众的根本利益，注重保障弱势群体利益诉求，切实维护社会公平正义，让人民群众在公平、安定、有序的环境中工作生活，切实增强人民群众的幸福感和满意度。就是要在具体工作特别是项目管理中，不能“厚此薄彼”而要“一碗水端平”，中国自古就有“不患寡而患不均”的说法，只有保障社会公平才能实现长治久安。从这个意义上讲，维护公平始终是规划工作不容推卸的社会职责。

“公平”的基本原则在城市规划中还体现在机会均等上，协调上下级发展主体之间，均衡政府、开发商和公众之间的利益，避免在操作中过于向“财大气粗”的开发商倾斜，而忽视弱势群体的利益，应该优先保证社会公平，优先实施民生项目。同时，在规划实施中，也要加强对开发商公建设施开发义务完成的监督，加强批后管理，落实公共服务设施的建设，保障社会公平在规划操作中得到真正体现。

三、公正

城市规划实施中的“公正”理念也是处理规划中多方关系的基本原则。“公正”就是我们通常所说的公平正义。公正反映的是人们从道义上、愿望上追求利益关系特别是分配关系合理性的价值理念和价值标准，它维护正义，防止徇私舞弊。公正的基础是社会大多数人认同的社会规则，通过民主的办法，将代表大多数人根本利益并为大多数人认同的社会规则上升为法律和制度并严格执行，公正才有保障，因此社会公正必然是大多数人民群众意志的反映。社会公正问题是一切政府和社会必须面对和处理的问题，在当前社会转型、矛盾凸显、利益多元的背景下，实现社会公正，就是社会各方面的利益关系得到妥善协调，人民内部矛盾和其他社会矛盾得到正确处理，社会公平和正义得到切实维护和实现。

“公生明、廉生威”，规划工作的权威性很大程度上源自能否公正、公道地履行职责。城市规划坚持“公正”的核心原则，就是要做到规划公正，无论是规划编制还是审批管理，规划都要代表大多数人的利益，反映大多数民众的意志，体现社会的公平正义原则，始终把有利于城市发展、有利于保障改善民生、有利于增进社会和谐作为基本判断标准，妥善协调方方面面的利益关系。规划工作涉及社会方方面面的利益诉求，处在协调各种利益关系的风口浪尖上，规划的过程就是利益协调与博弈的过程，公平合理地妥善协调社会各方的利益关系，公平合理地处理好各种矛盾、冲突和纠纷，维护社会公平正义，不仅是新的发展形势对规划工作提出的重要任务，也是构建和谐社会给规划工作提出的新要求。规划工作的职能性质决定了通过规划维护最广大人民的根本利益，是其崇高目的和根本行为准则。人民群众的利益能否在规划中得到有效维护，利益矛盾能否得到公正处理，也是人民群众评价规划工作的基本标准。规划工作必须以公正规划为己任，担当起捍卫社会公平与正义的“守护神”职责，确保规划的公正与廉洁，促进社会的稳定与和谐。

第四节　城市规划的任务导向

上文确定了城市规划价值体系的九个观念，如果要想发挥这一价值体系的作用，需要从日常的工作实践中寻找接入点。城市规划的任务导向是旨在为实现价值追求必须始终坚持的工作目标和行为方向。无论是过去、现在还是将来，都对充分发挥规划职能作用、推动规划事业发展具有决定性作用。根据对城市规划本质与规律的探讨，学习运用辩证法和方法论思想，确定城市规划的任务导向为引领科学发展、解决实际问题、化解多方矛盾和保障城市和谐，这是做好规划工作的行动指南。

一、引领科学发展

科学发展是坚持以人为本，全面、协调、可持续的发展。历史的经验告诉我们，发展是硬道理，引领和促进城市发展是规划工作的第一要务。一切规划工作所遵循的最基本原则就是能够有效引领和促进城市持续健康发展。规划是城市发展的灵魂、是城市发展的第一资源，对于引领经济社会和城乡建设发展具有重要的战略性、全局性、先导性、基础性作用，城市规划搞得好不好，直接决定着城市建设发展水平的高低，决定着城市产业布局和功能结构是否合理、城市综合功能能否有效发挥、城市市民的生活品质和生活环境是否得到切实改善，直接关系到城市本身的持续健康发展。

城市规划坚持以科学发展为目标，就是要以引领发展、支撑发展、促进发展为己任，正确把握和妥善处理近期与远期、局部与整体、刚性与弹性、效率与公平等关系，通过规划的先导引领、统筹协调、综合调控、引导推动、公共政策等作用，为城市谋划形态合理、布局完善、功能协调、组织有序的发展蓝图，引领城市的合理发展和各项建设的合理布局，增强城市实力，完善城市功能，提升城市形象，实现城市社会、经济、环境综合效益的最大化。

二、解决实际问题

马克思说："每个时代总有属于它自己的问题，准确地把握并解决这些问题，就会把理论、思想和人类社会大大地向前推进一步。"从人类历史发展看，"问题"不仅是科学研究的起点，更是实践发展的契机。以问题为导向，树立强烈的"问题"意识作为思维的动力，能够促使人们去发现问题、认识问题、分析问题、解决问题。推动城市科学发展，必须从发现问题出发，以问题为着眼点，能不能发现问题、化解矛盾、破解难题是检验城市规划工作成效的重要标准。有没有"问题"意识，反映的不仅仅是一种思维方式，更体现了规划是否具有敏锐的眼光和宽广的视野，是否具有高度的责任感和使命感。城市规划不研究问题，是没有出路的。

城市规划强调以问题为导向，就是要通过翔实的实地调查，准确发现城市发展中存在的关键问题，找出矛盾所在，通过去伪存真和归纳分析，形成核心问题，通过发现问题寻求突破点，提倡创新性与因地制宜相结合的原则，由问题引导城市发展策略，科学提出解决实际问题的规划方略。搞编研策划要以问题为导向，科学务实，实事求是，有满足多元化需求的规划方法，通过规划的协调、引导、推动，突破制约城市发展的瓶颈问题。开展规划管理要以问题为导向，直面矛盾、梳理难题、解决问题，越是遇到复杂问题、棘手问题越要迎难而上，坚持原则、依法依规、灵活变通、积极作为，有一套甚至几套管用的办法和对策。城市规划以"问题导向"作为引导和指向，城市规划才能有的放矢、科学合理、针对性强，才能真正肩负起规划所具有的引领发展、改善民生、解决问题、化解矛盾、维护稳定、构建和谐的使命与责任。

三、化解多方矛盾

城市规划公共政策属性的确立使得城市规划成为一种平衡多方利益，缓解多方矛盾的有效手段。市场经济是政府分配多种资源的有效措施，改革开放以来，这一措施大大提升了资源的分配效率，促进了社会财富的大幅增长。但是这种分配方式在分配的原则上过于强调经济效益优先，而相对应地加剧了城市的贫富分化，忽视了城市弱势群体的空间诉求，因此城市空间资源调配在其中的作用更加凸显。如果空间资源调配不当会造就多种不同利益主体在诉求上存在较大冲突，则城市的稳定就会产生众多隐患。

城市规划是一项公共政策，也是弥补市场经济不足、落实政府调控政策、缓解多方矛盾的有效工具，城市规划的直接用途是合理研究城市的未来发展、城市的合理布局和管理各项资源、安排城市各项工程建设的综合部署，在缓解社会矛盾上主要体现在以下三个方面：

第一个方面，是缓解人口扩张与资源紧张的矛盾。随着城市经济的发展，近年来中国大城市的人口迅速扩张，由此造成了人口扩张与资源紧张之间的矛盾。因此，城市规划需要根据资源的承载力，合理分配人口规模，避免资源的过度开发，同时，城市总体规划还需要在规划中判定城市未来发展的主要方向，从而为城市的开发明确方向，避免“四面出击，到处开花”的不利局面。

第二个方面，是缓解贫富差距与资源不均的矛盾。市场经济体制的运作促使城市的贫富差距日趋拉大，住房、教育、医疗等关系民生的资源在分配上有着向富裕阶层倾斜的倾向，面对这一趋势，中央政府提出了公共服务均等化和保障房建设等政策以期缓解社会矛盾，《城乡规划法》也由此将住房和公共服务设施的内容作为规划的刚性内容进行了明确。

第三个方面，是缓解经济利益与资源保护的矛盾。“开发”只是城市规划的作用之一，面对地方政府开发的积极性，城市规划的另一个主要作用就是“保护”。这不仅要保护城市的生态资源，还有城市的历史文化遗产等一切对城市未来发展具有重要意义的资源。

四、保障城市和谐

保障城市和谐是城市规划的任务导向之一。这里的城市和谐是指经济、文化、社会、政治和生态文明“五位一体”的和谐。所谓经济和谐，首先要明确以经济建设为中心，以科学发展为主题，以加快转变经济发展方式为主线，是关系我国发展全局的战略抉择。文化和谐关键是增强全民族的文化创造活力。要深化文化体制改革，解放和发展文化生产力，发扬学术民主、艺术民主，为人民提供广阔的文化舞台，让一切文化创造源泉充分涌流，开创全民族文化创造活力持续迸发、社会文化生活更加丰富多彩、人民基本文化权益得到更好保障、人民思想道德素质和科学文化素质全面提高、中华文化国际影响力不断增强的新局面。社会和谐是指从维护广大人民根本利益的高度，加快健全基本公共服务体系，加强和创新社会管理，推动社会主义和谐社会建设。政治和谐是指积极稳妥地推进政治体制改革，发展更加广泛、更加充分、更加健全的人民民主。必须坚持党的领导、人民当家作主、依法治国有机统一，扩大社会主义民主，加快建设社会主义法治国家，发展社会主义政治文明。生态文明和谐，是关系人民福祉、关乎民族未来的长远大计。必须树立尊重自然、顺应自然、保护自然的生态文明理念，把生态文明建设放在突出地位，融入经济建设、政治建设、文化建设、社会建设各方面和全过程，努力建设美丽中国，实现中华民族永续发展。

城市规划在保障五个和谐上面具有重要作用。首先，城市规划是为经济发展服务的，其规划成果是为城市产业空间分配土地，从而实现城市经济的健康发展。其次，城市规划注重历史遗产和图书馆等文化资源的保护和建设，为市民的文化需求提供空间载体。再者，城市规划关系民生项目的落地，通过保障房、中小学等项目的空间选址为社会民生的改善提供了支撑。另外，城市规划为社会各个阶层在空间诉求上的表达提供平台，城市规划对促进社会民主体制的完善和社会监督体系的健全具有积极意义。最后，城市规划对生态文明建设具有重要意义，特别是在保护弱质生态资源上面具有刚性作用。

第五节　城市规划的作用路径

“规划力”指规划所具有的力量或能力，是城市规划地位作用的集中体现，反映了城市规划的功能和效力。通过对城市规划本质与规律的研究，确定城市规划至少具有六个方面的“规划力”，即规划的创新力、保障力、引领力、公信力、执行力和影响力。必须充分发挥“规划力”的作用，促进城市经济、社会、文化、生态全面协调可持续发展。

一、增强规划的创新力

当今时代是一个致力于发展而强调创新的时代，创新已经成为时代发展的主旋律。创新是破旧立新、推陈出新的认识和实践活动，是时代进步的本质，是发展的灵魂。形势不断变化，时空不断推移，实践不断深入，发展永无止境。只有以创新为动力，不断增强创新意识，自觉树立创新精神，才能打破一切陈旧的思想观念和主观偏见的束缚，自觉用创新思维来取代不合时宜的传统思维，才能使我们的思想观念更加符合科学发展观的内在要求，符合发展的新机遇、新形势、新挑战和时代的要求，这是城市发展和时代进步的根本要求，也是推进规划事业发展的动力源泉。创新永远是规划事业发展的不竭动力。

城市规划强调以创新为动力，就是要始终坚持解放思想、提升境界、实事求是、与时俱进，紧紧围绕大局大势，紧密结合规划事业的发展，积极破除头脑中固有的、落后的、消极的思想观念，突破束缚手脚的条条框框，勇于变革、勇于创新、永不僵化、永不停滞，以改革创新的精神谋求规划事业的新发展；就是要在城市建设发展的关键历史时期，冲破旧观念、旧模式、旧体制的束缚，以创新的思维和方法解决城市发展和规划工作中提出的新课题，不断推动规划理论创新、规划思路创新、规划体制机制创新、规划制度创新、规划实践创新，高标准、高质量、高水平地做好各项规划工作；就是要尊重客观规律，坚持求真务实，以勇于创新的姿态应对挑战、攻坚破难，坚决冲破一切妨碍发展的思想观念，用新观念研究新情况，用新思路解决新问题，用新举措开创新局面，在根本性、关键性、实效性的环节上实现突破，以高标准、新理念、硬措施，推动规划事业实现大发展。

二、增强规划的保障力

城市规划作为城市空间资源分配和利益协调的重要手段，必须切实加强制度建设，这是保障各项规划工作规范运行的有效约束和得力手段。俗话说“没有规矩，不成方圆”。规矩也就是规章制度，是一个社会组织或团体中要求其成员共同遵守并按一定程序办事的规程，是用来规范和约束人们思想行为的规范和标准，是人们共同遵守的规章、条例、规则、条文等的总称。制度具有重要的、明确的规范和强制作用，有了制度，就有了科学的、规范的、具体的标尺，就能够正确地判明是非、衡量工作、纠正错误、监督检查，有利于规范工作行为、保证良好秩序、纠正不正之风、防止腐败发生，因而制度是各项事业成功的重要保证。缺少了制度约束，权力就会失去控制，管理就会迷失方向，就会陷入无政府状态，必将呈现混乱无序的状况，甚至有步入歧途的可能。

城市规划强调以制度为保障，就是要着力构建科学的制度体系，既包括规范各类规划编制行为的法律法规、规划条例、部门规章、规范性文件和技术规定等，又包括规范各类规划管理行为的政府规章、政策文件、管理规定和管理办法等，使制度建设覆盖规划编制和规划管理的各领域、各环节，发挥好各项制度的整体功效，确保规划编制和管理工作按照相关制度规定规范操作和正确运行；就是要构建真正管用、实用、可行的规章制度，适应新形势、新任务的要求，针对规划管理的关键领域和薄弱环节，尤其是一些容易出现问题的环节和工作中存在的漏洞，切实加强制度的建立与完善，建立健全科学合理、具体实用、切实可行的各项制度，不断提高制度建设的质量和水平；就是要用制度规范行政行为、靠制度管人、按制度办事，严格按照制度规范各类行政行为，依照制度规定正确行使行政权力、履行工作职责，合理限制自由裁量权，不断提高依法依规行政水平，实现规划管理由以往的“人治”向“法治”的转变，确保各项规划工作纳入法制化、制度化、规范化的轨道。

三、增强规划的引领力

和谐规划从科学发展、改善民生、构建和谐的要求出发，秉持“科学、人文、依法”的核心理念，“唯民、唯真、唯实”的价值取向和“公开、公平、公正”的原则，科学统筹城市经济、社会、文化、生态等的协调发展，对城市土地使用进行科学配置和合理安排，建立起城市未来发展的空间结构和功能秩序，确定城市中各项建设的空间区位和建设强度，使之成为政府意志和政策的延续，使城市各类建设活动在规划“引领力”的作用下实施建设。在这种状况下，和谐规划主要通过社会所赋予的权力，运用“引领力”对城市建设项目进行科学管理，将它们纳入到法定城市规划所确立的未来发展方向上，城市未来发展的空间架构的实现意味着在和谐规划的价值判断下来引领城市空间的未来演变，因而和谐规划是引领城市经济社会和城市建设发展的指针、龙头和基础，对城市科学发展具有极为重要的“引领力”。

其一，和谐规划是引领城市经济社会发展的龙头，具有阐明政府战略意图、明确政府工作重点、有效配置公共资源、引导市场主体行为的基本功能，是战略性、政策性、指导性和约束性的策划。因而规划就是生产力，是实现未来发展的有力杠杆，是提升城市整体素质和竞争力的强力手段，是经济社会发展的龙头。其二，和谐规划是引领城市经济社会发展的指针。规划是通过分析国内外、城市内外发展环境而制定的根本战略策略的集中体现，它体现了党和国家的基本理论、路线、方针和政策，是贯彻落实科学发展观的具体体现，为城市经济社会发展指明了方向，确定了目标。其三，和谐规划是引领城市经济社会发展的基础。规划是城市发展的蓝图，它深刻地分析城市发展的主客观条件、优势和劣势，科学界定城市发展的战略定位和布局，制定相应的战略方针和举措，为城市发展提供前提和基础。其四，和谐规划是政府履行经济调节、市场监管、社会管理、环境改善和公共服务职责的重要依据，因而也必然成为引领城市经济、社会、环境协调发展的重要依据。

四、增强规划的公信力

公众与政府的信任关系对现代政府来说具有重要意义，是现代政府的力量源泉和执政根基。规划的公信力是指规划工作的执政能力和行政行为得到社会信任和认可的能力，体现了规划工作的绩效和权威性，反映了规划的民主政治和法制建设的程度，反映了社会各界和群众对规划工作的认可程度和客观评价，折射了人民群众对规划工作和工作方式的满意度和信任度。规划的公信力关乎政府形象，涉及群众切身利益，对于建设诚信规划、维护稳定、增进和谐具有重大意义。

和谐规划秉持“科学、人文、依法”的核心理念，体现了规划工作以科学发展观为统领，科学规划、为民服务、依法行政的规划核心理念，是城市规划依法行使行政权力、为民服务程度、依法行政水平的集中体现，因而有利地体现了规划的公信力和诚信度。和谐规划倡导“唯民、唯真、唯实”的核心价值观，反映了规划工作坚持以人为本、求真务实、实事求是的行为标准和价值取向，是城市规划高度重视和改善民生，真心实意为人民群众谋利益，坚持一切从实际出发，办实事，求实效，言行一致的具体体现，因而使规划更加具有公信力和信誉度。和谐规划倡导“公开、公平、公正”的核心原则，反映了规划工作公开透明、公平正义、构建和谐的行为标准和价值取向，是城市规划积极推行政务公开，不断扩大公众参与，切实加强规划与公众的沟通交流，充分倾听群众呼声，落实“三问四权”（即问情于民、问计于民、问需于民，人民群众有知情权、参与权、表达权、监督权）的集中体现，对于提升规划的民主政治建设水平、科学民主决策水平、维护社会公平正义与和谐稳定具有重要作用，因而大大增强了规划的公信力和群众满意度（图 3–5）。

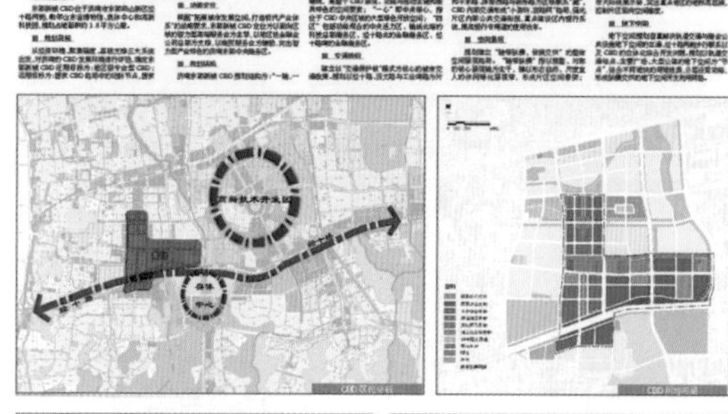
专版　济南日报

济南东部新城 CBD 城市设计

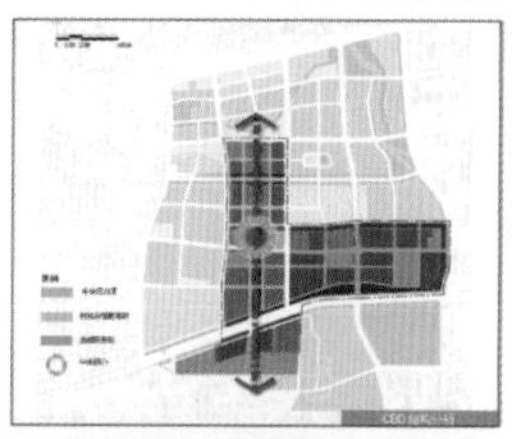

图 3–5　济南市深入推行阳光规划，致力于促进社会和谐，规划的公信力和执行力不断提升

五、增强规划的执行力

城市规划是城市建设和管理的龙头，是引领城市科学发展的法定基本依据。一座城市必须拥有高水平、高质量的规划，才能有效引领城市科学发展。但如果仅有好的规划，却没有得到很好地贯彻执行，那么再好的规划也形同虚设。纵观国内外先进城市的规划建设，那些布局合理、交通顺畅、生态良好的城市，那些新旧和谐、特色突出、既有现代城市的繁荣繁华、更有厚重历史积淀的城市，往往既得益于其拥有起点高、科学性和前瞻性强的规划，更得益于其拥有一套良好的规划执行机制，规划的执行力和权威性强，能够使规划执行到位，效力持久。规划是生产力，执行好规划就是维护生产力，就是对城市发展负责、对城市历史负责、对人民群众负责。提高规划的执行力是党委、政府的大职。

以往的城市规划缺乏公开性和公众性，规划成果极少向公众展示，规划决策缺乏公众监督，规划知晓率不高，难以得到公众的理解和支持。这就造成了规划少数人说了算、多数人对着干的状况。群众的理解和支持是规划得以执行的根本保证。和谐规划秉持“科学、人文、依法”的核心理念，是科学发展观以人为本、科学发展、构建和谐的思想内核在规划领域的具体体现，就是要把人民群众作为城市规划的主体，显示温暖的人文关怀，使规划更加人性化，满足人民群众日益增长的物质文化需求，让人民的生活变得更加美好。和谐规划倡导“唯民、唯真、唯实”的价值取向，就是要坚持不懈地推行“为民规划”、“务实规划”、“阳光规划”、“和谐规划”，让人民群众共同参与到城市规划中来，实行规划事前公示、事后公告、城乡规划定期报告等制度，聘请社会各界代表担任社会监督员，保证公民行使知情权、建议权、监督权，规划工作的透明度更高，群众对党委、政府的信任度和满意度更高，从而积极支持、主动配合规划实施，可以大大提升规划的执行力。市场经济条件下，政府的主要职能是营造公平竞争的环境，维护正常的市场秩序，加强宏观调控，但调控不是通过行政命令的方式，而是通过制度和法律法规的约束来实现的。和谐规划强调“依法”、“公开”、“公平”、“公正”等价值理念，就是要强调依法行政、依法规划，强化规划的执行管理，规划一经确定，不得随意更改，任何人不得凌驾于法律之上，即使确需更改，也要经过严格的法律程序，切实维护规划的法律强制性，确保规划的权威性和执行力。

六、增强规划的影响力

城市规划是一项全局性、综合性、战略性、前瞻性很强的工作，涉及城市经济、社会、人文、历史、生态、资源、环境等城市发展的各领域、各系统，因而其对城市建设发展具有广泛而深远的影响。城市规划对城市经济社会发展的影响力是全方位、多层次的，它通过公共政策的制定、规划的编制和规划管理，通过总体规划、分区规划、详细规划、专项规划、城乡规划等不同层次、不同类型的规划，定位城市的性质和规模，决定城市的发展方向，对城市空间布局和发展框架进行预设性安排，对城市功能布局、土地开发利用方式（序列、时间、开发强度等）作出明确规定，对城市的土地及空间资源进行科学配置和高效利用，对资源、环境、生态保护提出要求，对城市基础设施、公共设施建设作出安排，既在宏观层面又在微观层面

对城市的布局形态、用地功能、形象面貌等产生重大影响，从而对城市发展具有巨大而深远的影响力（图 3-6）。城市规划是百年大计，有什么样的规划，就有什么样的城市。

现代城市规划理论的发展，从霍华德的“田园城市”理想，到《雅典宪章》对城市“居住、工作、游憩、交通”四大功能分区的描述，再到《马丘比丘宪章》中“应该按照可能的经济条件和文化意义提供与人民要求相适应的城市服务设施和城市形态”的要求，无不指引着国内外城市规划建设的发展方向，对各国城市的规划布局和建设发展产生了巨大的影响力。而今，在和谐规划理论阶段，我们秉持“科学、人文、依法”的核心理念，倡导“唯民、唯真、唯实、公开、公平、公正”的价值取向，坚持“以发展为目标、以问题为导向、以创新为动力”的工作导向，将极大地增强规划的系统性、科学性、全局性、统筹性、综合性、预见性和协调性，它将科学预见并合理确定城市的发展方向、合理规模和空间结构，优化城市土地和空间资源配置，统筹安排城市各项建设，合理调整城市布局，完善优化城市功能，有效提供公共服务，协调不同利益主体的关系，做好资源环境预测和评价，维护城市整体和公共利益，使整个城市的建设和发展，达到空间布局合理、产业发展协调、资源匹配得当、生态环境平衡、交通顺畅便捷、人居环境良好的最优效果，为城市人民的居住、工作、学习、交通、休憩以及各种社会活动创造良好条件，从而实现城市经济、社会、人文、生态等全方位、全系统的健康、协调、持续发展，对于建设经济、社会、文化、政治和生态文明“五位一体”的和谐城市将产生巨大的影响力。

图 3-6　规划对城市发展具有巨大的“影响力”

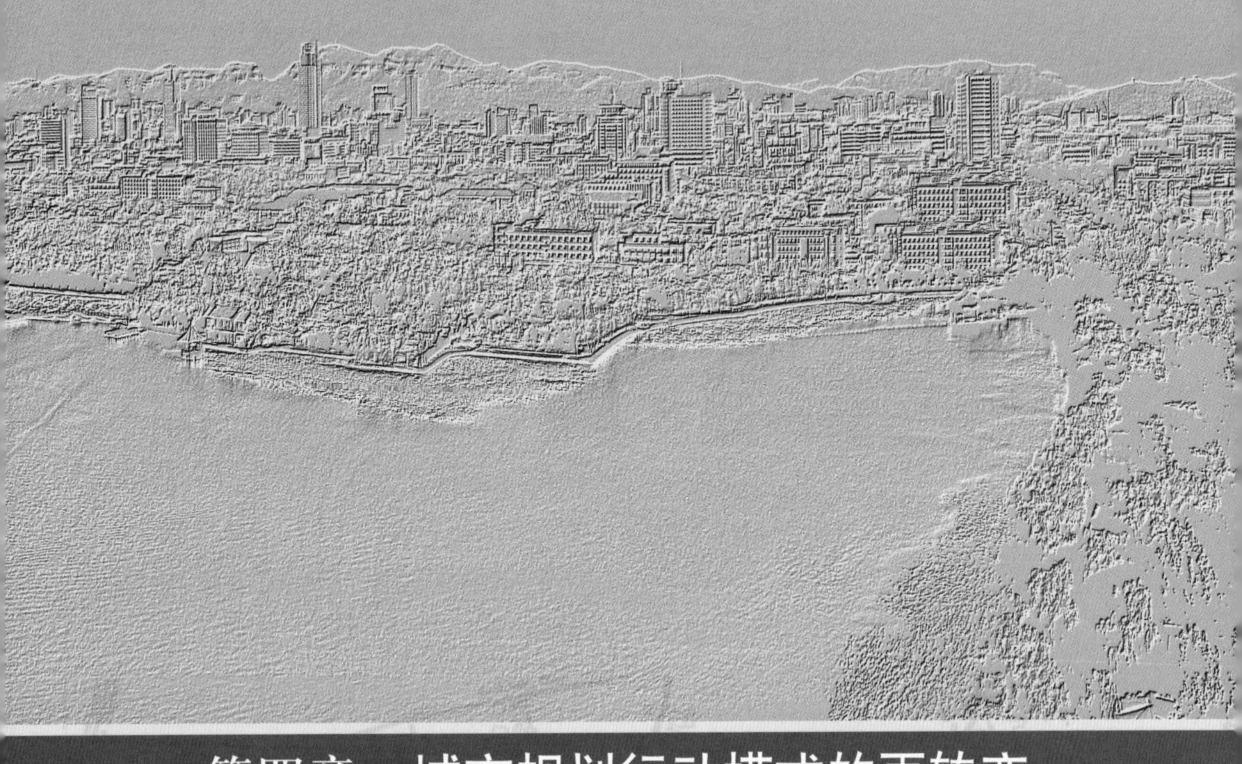

第四章　城市规划行动模式的再转变

规划是运用社会智慧来决定城市政策的行为。

——美国政治学家麦瑞安姆

一个城市并不是根据一张二十年的远景蓝图设计而成的，而是一个连续性的决策过程。

——美国著名城市设计专家巴奈特

加强对城市发展规律和城市政策的研究，要从政治、经济、社会、历史、地理、技术各个方面探讨城市特有的发展规律，从而制定有关政策。

——两院院士吴良镛

规划是城市发展的灵魂。

——作者

导言：城市规划行动模式亟待转变

1. 社会经济体制的转型必然要求城市规划行动模式转变

伴随着体制的转型和经济的快速发展，以及全球化和新技术革命等的深入影响，中国经济社会各个领域都出现了巨大转变，其内涵不仅仅是指“计划经济体制向市场经济体制的转变”，而具有更广泛的含义，即各个领域内出现的重大的、结构性的转变。

城市是人类经济和社会活动最重要的空间载体，经济社会领域出现的重大转变也必然导致城市的巨大变化，基于推动城市发展的主导要素变化而导致城市发展阶段与发展模式的结构性转变与制度变迁。

“城市”是一个社会经济发展和经济体制转型而不断演进的客观存在，“规划”是人们为达到一定的目标而制定的行动计划。“城市规划”的行动模式会随着城市发展阶段与发展模式的转变而发生变化，会相应地“转型”。随着城市发展的重大结构性变化，对城市发展起引导和调控作用的城市规划行动方式也必然会与以往不同，发生相应的转变。转型社会的种种矛盾也深刻体现在城市规划管理工作中。因此，社会经济体制的转型必然导致城市规划行动模式转变，基于计划经济时期形成并延续至今的传统城市规划行动模式亟待改革与创新，以适应社会经济体制的转型和城市发展的转变。

2. 城市发展的转型与重构蕴涵着规划行动模式转变的新使命

城市是经济社会发展的物质载体，规划是城市建设发展的龙头。在计划经济体制时期，城市规划工作是一种自上而下的指令性工作，政府充分显示其主导地位。随着社会经济体制的转型，传统城市规划由于缺乏社会性、综合性、政策性、系统性等观念，缺乏对经济、社会发展的全面深入调查研究，不能深入分析社会各种利益关系及其对规划的深刻影响，致使规划设计成果脱离现实，规划管理滞后于城市发展，“纸上画画，墙上挂挂”、“拍脑袋的规划”、“项目牵着规划走”等评价说明了传统技术性规划蓝图对实际建设的指导作用并不明显。在经济体制转型的新形势下，经济发展逐渐成为各项建设的主导，城市规划在地方政府主导之下向营销型发展，但是规划的理念滞后，又导致了转型期各种社会矛盾集中反映在规划管理工作中。“政府”、“专家”、“开发商”和“公众”等利益群体分别从自身利益出发，对城市规划表现出空前的热忱。这一方面促进了城市规划技术和管理的发展，另一方面也加深了城市规划中的利益冲突，规划管理者陷于两难境地，游离于理想与现实的边缘。

当前我国处于社会转型期，从经济学角度看是从计划经济转向市场经济；从政治学角度看是走向进一步的民主与法制；从公共管理方面看是切实转变政府职能，完善政府公共管理体系和体制。转型社会的主要矛盾是各种体制对经济转轨的不适应。随着公共管理理论的发展，服务型政府的理念在世界各国兴起，如何切实转变政府职能，以适应经济体制的转型，成为中国政府在经济转轨时期必须思考的问题。在这一复杂的转型社会中，城市发展的转型与重构，不仅表明了城市发展的新的姿态，更蕴涵着规划的新使命，对城市规划行动模式的转变提出了新的要求。

3. 城市规划行动模式转型方向

转型期经济社会制度的变化和城市建设的飞速发展，使传统城市规划行动模式面临着严峻挑战，规划滞后的问题、规划实施的问题、规划失效的问题，以及各种复杂的利益关系对城市规划的不利影响等。为切实转变政府职能，实现从经济建设主导型向社会服务主导型转变，探讨城市规划行动模式的改革已势在必行。城市规划行动模式应着力纠正传统技术性、物质性、空间性、单一性规划的不足，逐步向政策性、综合性、社会性、引领性规划转变。

近年来，城市规划领域不少学者意识到规划本身是一项系统性、综合性、社会性工程，涉及社会生活的方方面面，社会矛盾往往也是规划管理的矛盾。认识到城市规划工作已不单是技术工具，而更是一种公共政策，因而致力于探讨城市规划行动模式由技术性规划向政策性规划的转变模式。但在具体的行动理念上，尚缺乏对转型期城市规划行动模式转型的系统探索和研究。本书试图结合济南本土规划的实证案例，对转型期城市规划行动模式的转变予以探讨和揭示，构建城市规划行动模式转型体系，为我国城市规划模式转型提供借鉴与思考。

在当今城市化快速发展和体制转轨加速推进的背景下，随着对城市规划本质与规律认识的逐渐深入，传统城市规划理论面临着从观念到实践的全面改革和创新。在规划价值体系的指引下，必须进一步更新理念、创新思路，努力实现规划工作思维和行为模式由部门规划向社会规划、由空间规划向综合规划、由技术规划向政策规划、由速度规划向质量规划、由管理规划向引领规划的“五个转变”，指导规划工作不断达到新的高度。

第一节　部门规划向社会规划转变

一、传统部门规划的局限性

部门规划是由规划部门单一行使规划编研与管理权力、开展规划工作、指导城市规划建设发展的工作方式。在我国市场经济体制和民主制度日益完善的现实情况下，以往单纯规划部门独家编制规划的工作方式，已难以适应经济社会和城市建设发展的需要，存在着其自身的局限性。

1.“闭门造车”式规划造成现实与规划脱节

从某种意义上说，当前我国某些地方的城市规划仍然是一种封闭体系内运行的学问，传统“精英式”的规划体制使规划编制仅限于规划部门的专业人员内部进行。由于在规划编制过程中，规划部门与各区、有关部门及社会公众进行衔接沟通程度有限，甚至缺乏社会公示和公众参与的环节，使得规划编制“闭门造车”，与规划的实施环节严重脱离，规划编制完成之后就沦为一纸空文，给后期的操作实施带来了巨大的障碍。

2. 传统部门规划难以满足公众诉求

城市规划是政府部门的主要职能，它涉及公众切身利益，关乎城市经济社会发展，是公共利益的集中体现和有效保证。随着市场经济体制的建立与完善，社会变革不断深化，社会分异已成为不争的事实。在这一环境背景下，城市规划的决策和实施中，代表着各自利益的多元化主体互相博弈，使得城市规划成为利益博弈的平台，而城市资源却十分有限，分配的权利就显得极其重要。如果没有利益相关者的积极参与，单靠规划部门组织编制规划，难以保证形成兼顾各方利益诉求、满足城市健康长远发展需要的科学规划决策，更难以保证规划得到社会公众的支持和贯彻。传统部门规划由于缺少公众参与和社会调查，往往使规划脱离实际和群众需求，难以满足多元利益主体的意愿诉求，极易引发空间分化和社会矛盾。如现今回迁小区的规划招标，多停留在专家评议、开发商评议层面，而单单缺少市民的评议，其实回迁居民对其所处的居住环境是最有发言权的，这样往往造成规划脱离群众，回迁居民的意愿得不到满足，极易造成社会不稳定的隐患。

3. 传统部门规划缺乏社会监督

传统部门规划由于规划的编制和实施管理多处于封闭状态，缺乏有效的社会监督机制，催生了近年来市场经济发展所带来的一些负面效应，如拜金主义、权钱交易等在规划工作中也有反映。一些地方政府为了吸引投资、发展经济，追求所谓政绩，往往忽视广大群众的意愿和社会公共利益，在用地选择、容积率、建筑密度等问题上迁就“财大气粗”的开发商不合理的要求，造成对城市整体利益的损害。也有一些规划人员迫于种种压力，违反职业道德，面对不符合规划宗旨和法规的要求丧失了自己的底线，造成群众利益受损。同时，由于缺乏社会监督，造成城市规划难以有效地实施，违反城市规划、违反法律法规、执法不严、违法建设等现象时有发生。

二、城市规划是社会规划

1. 城市规划具有社会属性

城市规划作为一项全局性、综合性、战略性很强的工作，是为了实现城市社会、经济、文化、环境的综合发展目标，通过制定城市空间发展战略，合理调控和配置城市社会和空间资源，以引导、调节和控制城市建设发展的一种社会实践活动。因此，城市规划的制定和实施是一项复杂、庞大的社会行为，社会公众自始至终都是城市规划服务的主体。城市规划作为为社会公众谋福利的政策手段，与任何一个市民的利益都息息相关，是一个由广大市民参与的社会实践活动，具有社会属性和社会价值，需要广泛的公众参与。城市规划的制定、资源的利用和规划的实施，只有在社会系统的大循环中才能够得以真正实现。

2. 城市规划需要社会参与

随着市场经济的发展和民主制度的完善，城市规划不再是政府单方面的政策制定和硬性落实，计划经济时代由政府决策和统揽城市规划和一切建设活动的模式已不再适应新时期经济和社会发展的大环境，城市规划的编制和管理单靠政府单方面的决策和行政控制很难满足市场经济客观规律的要求。在新的环境和条件下，市场经济的“公平定律”决定了新时期规划工作必须把不同社会团体与公众利益的保障作为基本原则之一。在这一原则指导下，规划工作成为在政府主导下的科学决策和多方位协同运作，政府、市场、利益集团与公众均在城市规划编制和实施过程中扮演着重要角色，成为规划的直接参与者，城市规划的价值观念、指导思想和工作方法也必须随之进行调整与变革。因此，必须调整传统城市规划工作单一规划部门的角色定位，建立“政府—规划人员—利益集团和公众”新的角色定位。

3. 城市规划是社会规划

美国政治学家麦瑞安姆指出：“规划是运用社会智慧来决定城市政策的行为”。英国著名城市规划思想家尼格尔·泰勒指出：“规划是社会行动的一种形式”。现代城市规划理论告诉我们，现代城市规划从产生之初就致力于解决社会公共问题，从霍华德、格迪斯、芒福德等规划先驱的人本主义思想，到达维多夫的倡导性规划，无不渗透着城市规划对于社会公众和公共利益之关注，体现着城市规划的社会本质。正是因为城市规划所具有的社会本质属性，决定了城市规划在现代社会已经是一项事关全社会发展的社会公益事业，需要从全社会角度统筹公共利益和解决社会问题。因此，从根本上来说，城市规划既是一种政府行为，更是一种公众行为，不单是一项部门规划，而且是一项社会规划，需要各部门、各行业、各利益主体及社会公众的广泛参与和共同努力。

三、实现由部门规划向社会规划的转变

《马丘比丘宪章》指出："城市规划必须建立在各专业设计人、城市居民以及公众和政治领导人之间的完善系统的不断的互相协作配合的基础上"。随着社会经济的转型和民主制度的完善，城市规划必须实现由部门规划向社会规划的根本性转变，让全社会都来认知规划、理解规划、支持规划和最大限度地参与规划，全面实现公众参与。

只有实现由部门规划向社会规划的根本性转变，才能还权于民，体现"一切权力属于人民"的宪法精神。保障人民的知情权、参与权、表达权、监督权，增强规划决策的透明度和民主性；才能更好地借用"外脑"资源，广征民意，广纳民智，使规划决策更加科学合理，符合实际，切实体现公众的利益需求；才能逐步建立起充满活力、富有效率、更加开放、真正为百姓谋福利的规划工作体制和机制，维护人民群众的根本利益和社会公共利益；才能加强规划与社会公众的沟通交流，广泛听取公众的意见，协调处理好各种利益关系和矛盾问题，促进社会的和谐稳定；才能加强社会监督，使规划的制定和实施过程得到社会公众的监督和支持，确保规划有效实施，防止个别政府部门或规划人员利用规划权力寻租的不正之风，维护规划的权威性；才能在规划和社会之间架起理解和沟通的桥梁，使城市规划更好地造福于人民，造福于社会，造福于社会公共利益和城市长远发展（图 4-1）。

图 4-1 济南市规划局在门户网站设置公众参与栏目，致力于实现由部门规划向社会规划的转变

由此，必须打破单一部门编制规划的传统模式，实现规划决策的“民主集中制”，建立由“政府”、“部门”、“专家”、“公众”等共同参与的社会参与机制，推动公众参与从有限参与向全程参与、由事后参与向事前参与、由被动参与向主动参与、由形式参与向实质参与的转变，发挥好社会各利益主体的参与作用，实现规划由单一部门承担向社会共同参与的转变，充分体现规划的社会性和民主性，使规划更好地维护公共利益和整体利益，引领城市的整体发展和长远发展。

案例介绍：济南市推动规划工作实现由部门规划向社会规划转变

近年来，济南市规划部门充分认识规划是全社会的共同事业，致力于推动城市规划实现由部门规划向社会规划的根本性转变，积极倡导推行公众参与，采取多种方式扩大社会参与规划的广度与深度，探索切实可行的公众参与方式，逐步建立完善公众参与机制，在推动规划工作实现由部门规划向社会规划转变方面迈出了可喜的一步。

1. 建立城市规划委员会制度，领导专家共商规划

济南市于2003年成立了城市规划委员会，是市政府授权的城市规划审议审查机构，负责对城市规划的重大问题进行科学民主决策，审议审查重大重要的规划设计和建设项目。成员由公务员和非公务员代表担任，公务员委员由省有关部门分管负责人和市有关部门主要负责人担任，非公务员委员由专家学者、人大代表、政协委员、特邀规划监督员和群众代表等担任。济南市城市规划委员会聘请驻济专家组成专家委员会，是济南城市规划委员会的参谋智囊团，先后审议了《济南市城市总体规划》、《济南市南部山区保护与发展规划》等几十项重大规划事项，对促进公众特别是专家群体参与城市规划起到了积极作用。

2. 创新规划编研组织模式，专家领衔公众参与

在近年济南市城市总体规划、控制性详细规划、专业专项规划及重要片区重点工程等各层次的规划编制中，打破单一部门编制规划的传统局限，坚持开门规划，大胆创新规划编制组织模式，逐步探索形成了“政府组织领导、部门行业联动、专家咨询指导、社会公众参与”的工作新模式。特别是在控规编制中，全面创新组织模式和工作思路，确立了“政府主导、市区联动”的工作模式，使这项工作成为近年来国内编制规模最大、参编单位最多、市场开放程度最高、设计单位水平最高、组织工作最严密的一次规划编制活动。在专业专项规划编制中，重视发挥各行业部门的积极性和主动性，规划编制由各行业主管部门牵头，形成了规划部门和行业部门“共同组织、动态衔接、全程合作、无缝对接”的新模式。同时，济南市结合实施“精品战略”，引进了保罗·安德鲁等一批国际国内的“大师”、“高手”指导参与济南市的规划建设，有效带动了规划设计水平的

图 4–2 王新文博士与保罗·安德鲁探讨济南大剧院规划设计

全面提升。

3. 建立完善规划公开制度，确保群众知情参与

本着“透明决策、公开审批”的原则，制定出台并严格落实《济南市建设工程规划审批公示与听证暂行规定》等制度，将各类规划管理审批事项全部进行社会公示，各类规划设计和建筑方案、重要的规范性文件等全部进行了社会公示。据不完全统计，近年来济南市规划部门先后组织了数百次规划公示，广泛征求社会各界的意见和建议。同时，规划部门出台重要规章制度、审批群众关心关注的焦点问题一律组织公开听证，主动或依利害关系人申请举行各类听证会，充分听取相关各方意见，依法作出听证结论，使建设项目的审批更加合理合法，符合实际、贴近民意，有效化解了社会矛盾，保障了广大市民的合法权益。

4. 积极扩大规划宣传力度，增强群众参与意识

为提高全社会的规划意识，及时宣传报道省会规划工作的最新进展，构建公众参与规划的平台，济南市不断加大规划宣传的深度、力度和广度；分别在《济南日报》、《大众日报》开辟专栏和专版，作为规划宣传的重要阵地，及时对规划工作进行详细报道，有力地宣传了济南市的规划建设成就；及时编印各类规划宣传刊物，编著了《规划泉城》、《名家谈规划》、《意象泉城》、《高铁新城》、《商埠区保护利用规划研究》等规划专著，编印《泉城规划动态》、《城乡规划蓝皮书》、《规划美丽泉城》、《城市规划知识问答》等宣传刊物，全面介绍规划工作的新进展和新成果；积极开展以“倡导公众参与，共建和谐规划”、“深入基层，服务群众”等主题行动及规划下乡、规划进社区等社会交流活动，并在市中心和全市各区设立了 25 处规划宣传栏，取得了良好的规划宣传效果，社会公众的规划意识、参与意识切实增强。

第二节 空间规划向综合规划转变

一、传统空间规划的局限性

1. 传统空间规划难以解决社会公共问题

由于城市规划早期来源于建筑学的发展，因而传统的城市规划思想仍然脱离不了建筑学

的思维方式，表现为一种单纯以物质空间环境构筑为主要内容的工程设计形式。从古典时期的米利都城、中世纪的古罗马广场、到文艺复兴时的圣马可广场、绝对君权时期的巴黎凡尔赛宫等，都显示出传统城市规划无不致力于构筑几何形态对称、规整的优美空间图景，力图通过理想化的规划设计来改善城市物质空间环境和城市布局，实现城市发展和社会进步。然而，城市虽然是由商业、办公、教育、住宅等各种建筑和街道等构成的物质实体，但是透过这些物质形态对其进行深层次解剖后发现，城市是由政治、经济、社会、自然、文化、历史、环境、生态等诸要素构成的综合的、复杂的巨系统，物质空间环境只是各种要素、各种因素交互作用而表现出来的物质表象，而只注重表面形式的物质空间环境构筑的传统城市规划，缺少对物质空间形态背后深层次的社会、经济、历史、文化、生态等因素的综合探究，是无法真正解决社会公共问题的。

2. 传统空间规划弱化了规划的引导调控职能

城市是人类智慧所造就的最复杂的人工与自然复合体。随着市场化、全球化和机动化的到来，现代城市变得越来越复杂，影响城市发展的因素越来越多，城市面临的问题也越来越棘手。而传统城市规划由于受建筑学和理想主义影响深远，一般通过对规划目标进行“终极蓝图”式的物质空间设计来指导和安排城市空间布局，把城市规划作为扩大了的建筑设计，而不是从客观实际出发，综合考虑社会生活、文化、经济、制度等因素，协调解决当前的紧迫问题和迫切需要。规划师往往习惯于从物质空间层面解决规划问题，而对现实社会的各种复杂利益关系和规划的价值观念研究不透，对物质空间背后的政治、经济、社会、历史、文化等成因研究不够，导致规划与现实脱节，规划实施不利，使规划对经济社会和城市建设发展的引导和调控职能难以有效发挥，规划的权威性和效力大打折扣。

3. 传统空间规划不符合科学发展观的内在要求

科学发展观的基本要求是全面、协调、可持续，根本方法是统筹兼顾。科学发展观要求全面推进经济建设、政治建设、文化建设、社会建设，统筹城乡发展、区域发展、经济社会发展、人与自然和谐发展等。这就要求在规划工作中要统筹兼顾城市社会、经济、文化、资源等各方面要素，使城市经济、社会、人口、资源、环境等方面得到全面、协调、可持续发展。而以城市空间资源配置为主要内容的空间规划，往往只注重城市物质空间的利用安排，却忽视了对城市社会、经济、文化、资源、生态等各方面要素的综合考量和统筹安排，导致空间规划有失偏颇，使城市各要素之间发展失衡，难以促进经济、社会、环境的协调发展，也与科学发展观全面、协调、可持续的内在要求相悖离，不利于城市的健康、协调、全面发展。

二、城市规划是综合规划

1. 城市规划具有综合性本质

城市规划是为了实现一定时期内城市经济、社会发展的综合目标，确定城市性质、规模和发展方向，合理利用城市土地，协调城市空间布局和各项建设的综合部署。城市规划的主要任务是综合考虑城市的自然条件、历史情况、现状特点和建设条件等，对城市经济、社会、文化、基础设施等各项建设进行综合部署和统筹安排，保证城市有秩序地协调发展，使城市的发展建设获得良好的经济效益、社会效益和环境效益。因此，城市规划，无论是城镇体系规划，还是城市、镇、乡或风景名胜区规划，都是综合性很强的规划，而非单一的专业规划。长期以来，以为城市规划就是修马路、建房子的片面认识影响了城市规划综合职能的有效发挥。事实上，城市规划是综合了社会、经济、自然、文化、生态等因素的综合性战略安排，具有综合性本质。

2. 城市规划具有综合调控功能

城市规划的主要作用是对城市经济、社会发展和空间、土地及城市基础设施等资源进行综合调控，它要预见并合理确定城市发展方向、规模和布局，做好环境预测和评价，协调各方面在发展中的关系，统筹安排各项建设，使整个城市的建设和发展，达到技术先进、经济合理、“骨、肉”协调、环境优美的综合效果，为人民的居住、劳动、学习、交通、休憩以及各种社会活动创造良好条件。因此，城市规划既是建设性规划，更是涉及城市性质、规模、布局和发展全局的综合规划，是综合调控城市经济、社会、资源、环境协调发展的重要手段和基本依据。

3. 城市规划是综合规划

尼格尔·泰勒指出：“把城市看做一个相互关联的功能活动系统，这意味着，应该从经济方面和社会方面来考察城市，而不仅仅是从物质空间和美学方面研究城市”。城市规划的主体对象是城市空间，以往我们不注意考虑社会、政治、经济、文化等要素，单纯进行物质空间规划，偏重于空间的物质属性而忽略了空间的社会属性，忽视了城市空间影响因素及其内涵的极其复杂性，造成了传统物质空间规划的局限性。事实上，城市物质空间并不是一种与政治、经济、社会和意识形态保持距离的规划对象，城市空间的社会属性决定了其与社会经济文化诸要素紧密相关，因此城市规划不应再是传统意义上的物质空间规划，而是在综合考量社会需求、经济发展、文化传统、生态环境、行为规律、视觉心理、制度环境和政策法律等基础上的综合性、全局性安排，是统筹社会、经济、自然、文化、生态等因素的综合性规划。

三、实现由空间规划向综合规划的转变

《中国城市规划广州宣言》指出："规划工作要突出整合和综合，摆脱单纯物质环境规划的局限，开展空间、经济、社会、环境等多维度的综合研究，发挥城市规划综合协调功能"。城市规划研究的对象是城市，而城市是由社会、经济、自然、文化等诸多要素组成的综合的、复杂的有机体，具有多维度、多因素的综合特性，因而城市规划必然是一项综合了经济、社会、文化、空间、资源等要素的全局性、综合性、战略性、科学性很强的工作。今天，城市规划与实际需要的差距越来越大，传统的、从建筑学脱胎出来的、尚未完全脱离计划经济色彩的规划，越来越不能适应市场经济发展的客观要求。随着全球化、城市化、市场化的发展，影响城市空间及城市发展的各类因素日益增多，日益复杂多变，城市及其规划的综合性也日益增强，因而现代城市规划必须加快实现由传统空间规划向综合性规划的根本性转变，才能适应经济社会转型和全球化、市场化发展的需要，才能引导城市经济、社会、资源、环境健康协调发展。

实现空间规划向综合规划的转变，要在理念上摒弃唯空间论的传统规划思路，彻底摆脱就空间论空间的传统局限，突破以物质空间为主导的传统规划思维模式，树立综合、系统、整体、统筹的全新观念，深入研究物质空间背后的经济、社会、历史、文化等领域，充分认识城市空间及城市发展是城市政治、经济、自然、文化、历史、资源、环境等因素综合作用的结果，政治因素为城市发展指明了方向，经济、社会等因素为城市发展奠定了基础，自然、历史、文化等因素为城市发展标定了独具的特色、条件和环境，资源、生态等因素为城市发展限定了条件等。

城市规划的编制、管理与实施要对城市空间及其背后的社会、经济、历史、文化、自然等诸多要素进行综合的、全面的研究与思考，综合考量这些因素对城市发展的作用、影响及其发展变化趋势及规律，从注重构筑物质空间环境转向统筹兼顾经济、社会、资源、环境的协调发展，充分发挥规划的综合协调作用，将城市居住、交通、基础设施、公共设施、生态环境等因素的发展要求纳入城市有机体综合考虑和全面安排，不仅要考虑城市自身的发展，还必须兼顾周边区域和乡村的发展；不仅要满足当前发展的需要，还必须为未来发展留有余地；不仅要为人类的美好生活创造宜居城市，还必须保证资源环境不被破坏。通过城乡空间资源的统筹配置与综合安排，既保障整个城市的安全、卫生、公平和效率，又促进城市经济、社会、人口、资源、环境的协调发展，使各个要素、各个系统在城市有机体中彼此协调、协同发展，实现城市有机综合体的协调、高效、有序运转，保证城市综合效益的最优化。

案例介绍：济南市推动规划工作实现由空间规划向综合规划转变

近年来济南市在规划工作中，致力于规划理念和工作思路的创新，摒弃传统物质空间规划的局限性，充分认识规划的多种本质属性，强调加强经济、社会、历史、文化、资源、环境等多方面的综合性多维度研究，不断深化对省会现代化建设规律的认识，努力从全局上、整体上思考问题，坚持统筹兼顾、综合调控，努力实现规划工作由空间规划向综合规划的转变，规划的综合性显著增强（图 4–3）。主要体现在三个方面：

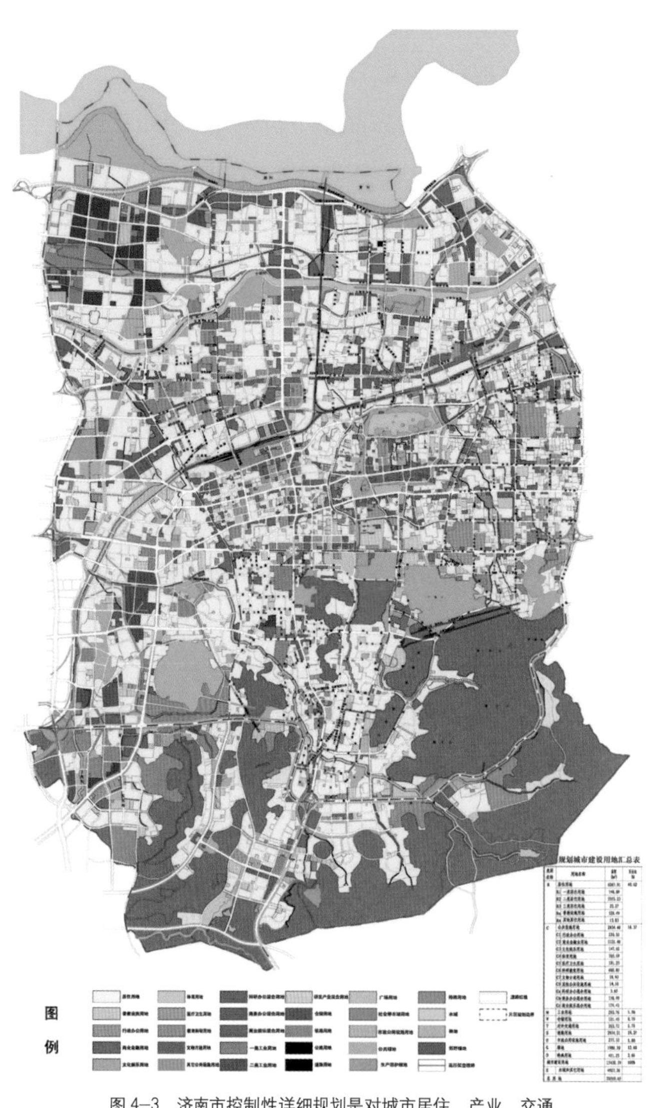

图 4–3　济南市控制性详细规划是对城市居住、产业、交通、基础设施、公共设施、生态环境等因素的综合部署和全面安排

一是在工作理念上，树立规划的综合性理念，突出强调规划的综合性和全局性职能作用，注重发挥规划的综合协调功能，提出加快实现规划工作由空间规划向综合规划转变的工作理念和工作思路，发挥好规划的引导、调控、推动、服务等综合性职能作用，切实增强工作的整体性、系统性和综合性。

二是在规划内容上，从新一轮城市总体规划修编，到控制性详细规划、各类专业专项规划、重点片区重要项目规划的编制，再到城乡统筹规划，规划的重点都由以往对物质性空间性规划的片面强调，转变为对城市经济、社会、生态、环境、资源等方面的全面重视和统筹安排。

三是在规划人员构成上，由过去以规划师和建筑师为主体的技术力量向经济学、社会学、经济地理学、生态环境学、管理学、制度学等多学科的专家和技术力量共同参与转变，为进一步充分发挥规划的综合调控功能和统筹作用奠定了制度和人力保障。

第三节　技术规划向政策规划转变

一、传统技术规划的局限性

由于传统城市规划学科脱胎于建筑学，而建筑学属于工程技术学科，因此城市规划被归于工程技术科学。在计划经济主导时期，技术被置于极其重要的地位，城市规划俨然成了“技术工具”。随着社会经济的转型和城市社会问题日益受到重视，传统技术规划由于过于强调规划技术的重要性，忽视规划的政治、经济、社会、文化和公共政策属性，已难以适应城市建设发展的实际需要，其局限性日益凸显。

1. 城市规划不仅仅是技术工具

在传统城市规划教育体系中，涉及建筑、规划设计、规划管理的技术教育内容占了较大比重，造成规划人员认为规划设计就是一门专业技术，要提高规划的科学性、适用性，只需采用现代科学技术手段、现代信息技术手段提高规划的技术含量即可。殊不知，这走向了一个误区，认为规划就是单纯技术工具。然而，规划不仅仅是技术，在现代城市规划工作中，虽然有许多技术工程问题需要研究，但这些只是城市规划的局部手段和目标，而不是全部。分析和解决城市的社会、经济、环境问题才是城市规划的主要内容。现代城市规划对城市建设和城市的干预是为了社会公众的利益，是由政府以公共名义来实行的某些特定的公共政策。为了使城市空间资源得以优化配置，力求经济效益、社会效益和环境效益的同步提升，作为政府干预城市发展的重要手段，城市规划的实施和城市规划公共政策的制定与执行，需要政府有效实现其城市规划管理职能。通过政策层次、管理层次、技术层次等多层次的调节，配以相应的体制、机制、法制和技术支持，调动公民的参与规划意识，因地制宜，才能对城市土地与空间资源的合理利用进行有效的综合调控。

2. 技术规划片面夸大了技术的作用

城市规划一百多年的历史表明，从文艺复兴时期开始，城市规划就被视为放大了的建筑设计技术，直到 1969 年麦柯劳林的《城市与区域规划：系统探索》出版，标志着城市规划已经由“物质形态设计”的“艺术”转变为“系统理性”的“科学”。但是无论是传统“物质形体设计”的城市规划，还是“系统理性”的城市规划，都被认为需要依靠具备相关知识技能的专业技术人员来完成，倾向于单纯依靠规划技术设计构图完美的规划图景，就能解决城市发展的各种问题。于是，为了搞好物质形态设计，不遗余力地引进各种规划技术手段，如地理信息系统技术、虚拟现实技术、遥感技术等（图 4–4），使得物质形态设计和技术分析日益

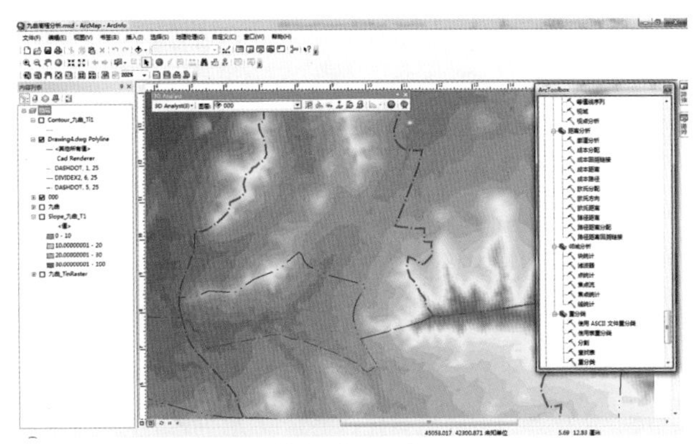
图 4–4　日益先进的规划技术手段

华丽。然而，城市是开放的网络化复杂系统，不是一个封闭的单元体系。若单纯依靠规划技术手段解决城市问题，无异于“隔靴搔痒”。例如，在城市规划中，采用数学模型无疑可以提高规划的技术含量，但有时看起来论证似乎十分严密的规划技术研究却往往脱离实际，究其原因，以个体无差别的状态来考虑城市社会是不现实的，城市规划中的各因素之间存在相关关系，却未必有函数关系。片面夸大规划技术的作用，光靠传统的“硬技术”和“图形模式”，在当今复杂多变的市场经济中是绝不可能具有驾驭和协调功能的。

3. 单纯技术规划无法解决复杂社会问题

长期以来，由于城市规划被作为单纯的技术工具，使规划行业形成了技术思维定式，对规划的认知往往停留在技术层面，而缺乏社会、政治、经济、文化层面的思考和认识，以至在规划领域中形成了这样一种社会分工：城市规划行业只负责学科意义上的专业技术工作，承担城市物质空间环境的研究与规划；而城市物质空间发展的社会影响，则由社会和人文科学去阐释。由于规划仅仅停留在单纯的技术层面，对现实社会独特的经济、社会、政治和文化背景的复杂性认识不足，因而当面对城市特有的、错综复杂的现实和日益凸显的社会问题时，技术规划往往表现出特有的单纯和超然，显得有些苍白无力。尤其是面对转型时期的诸多重大社会问题，单纯规划技术由于缺少对社会、经济、文化等问题的研究与思辨，难以提出对日益凸显的城市社会问题的规划策略，难免使规划处于“失语”的状态，极易造成“纸上画画，墙上挂挂”的尴尬局面。

二、城市规划是政策规划

1. 城市规划具有公共政策属性

城市规划是作为技术还是作为政策是规划界长期争论的话题。实际上，随着社会发展和时代进步，从空想社会主义中产生的现代城市规划理论从来就不简单的是工程技术，而是作为一种重要的政府行为而兴起，它通过政府部门对社会经济环境进行全方位改造，来实现一定的社会发展目标，成功地解决了许多社会公共问题。城市规划面对的是一个利益交织、关系复杂的城市有机体，公共利益、公共交通、公共安全不是简单的技术问题。美国政治学家麦瑞安姆认为，现代城市规划是“运用社会智慧来解决城市政策的行为，它立足于对资源的考虑，仔细综合，彻底分析，同时兼顾其他必须包含在内的各种要素，来避免政策的失败或失去统一的方向”。因而城市规划已不仅仅是技术手段，而是包含公共利益、社会目标、公共安全等诸多内容在内的重要公共政策，具有鲜明的公共政策属性。

2. 城市规划向公共政策转化是必然趋势

应该说，现代城市规划自产生之初就同工程设计技术有着本质的不同，但它在不成熟期的技术特征掩盖了它的本质，使它更像是以设计为主导的作品，这是当前城市规划编制过程中存在的主要问题之一。自 20 世纪 60 年代以来，西方城市规划大体经历了从“关注物质空间”向“关注社会经济”再向“作为公共政策”的转化过程。在我国，在计划经济条件下规划是计划的具体化，其技术特征鲜明。在过去 30 年经济体制转轨的过程中，随着市场经济的发展，利益主体呈现多元化态势，城市规划常常涉及公众利益，其内容涵盖城市发展的所有方面，城市规划必然成为协调、均衡和仲裁的手段之一，必须遵循公共政策在解决公共问题、维护公共利益过程中所遵从的社会公正等基本价值取向。因此，在当今社会经济转型期，我国的城市规划正经历着从“纯粹的物质工程设计的技术工具”向“独立的行政职能”进而向“综合空间政策”的演进过程，呈现出从单纯的技术规范转向公共政策的必然趋势。

3. 城市规划具有公共政策作用

改革开放以来的快速城市化和体制转轨，不但为城市规划带来丰富的实践机会，也对城市规划的政策导向和运作模式产生冲击。例如，我国城镇化水平从 1978 年的 18% 提升到 2010 年的 49.7%、年均增长由 0.9 个百分点提高到 1.4 个百分点，过度涌入的人口对城市健康发展产生严重冲击，各个城市普遍面临用水、土地、环境、能源等资源短缺现状，迫切要求城市规划在资源环境约束下对城市化模式、城市发展目标及空间布局制定政策措施。同样，随着政府职能从经济建设型向公共服务型转化，迫切要求城市规划适应外部条件变化和城市发展需要而及时修订城市目标及定位、功能分区、土地利用、建设强度，为广大市民提供公共产品或公共服务。正是在快速城市化和体制转轨的交织作用下，城市规划根据日益开放的区域视角来确立城市的发展目标、发展定位，分析城市面临的市场空间及可利用的发展资源，强调和重视规划的实施性，从而使城市规划这一传统上具有技术特色的空间配置手段逐渐转向公共政策，日益发挥出以公共空间配置为特色的公共政策作用。

三、实现由技术规划向政策规划的转变

两院院士吴良镛教授指出：“加强对城市发展规律和城市政策的研究，要从政治、经济、

社会、历史、地理、技术各个方面探讨城市特有的发展规律，从而制定有关政策”。城市规划是政府指导和调控城市建设发展的重要公共政策，规划技术是服务于政策制定和实施的重要手段。必须跳出传统规划就技术论技术的工作模式，把关注点从工程技术转向促进经济社会资源环境统筹发展上来，加快实现城市规划由传统技术性规划向政策性规划的转变，充分发挥规划调控城市空间资源、指导城市各项建设、维护社会公平的公共政策职能，正确把握和妥善处理局部与整体、近期与远期、个体与群体、需要与可能、刚性与弹性、效率与公平的关系，实现城市发展效益的最优化。

近年来我国城市规划领域关于“城市规划向公共政策转化”始终是一个热门话题，一方面因为现阶段空间资源越来越成为城市政府调控的核心资源，城市发展需要发挥规划的综合调控作用；另一方面是因为城市规划的公共政策职能还远未得到充分发挥，其现有的内容、形式和实施机制制约了其公共政策属性的实现。例如，我国很多城市在规划编制和实施方面采用了众多高科技手段，对于提高规划信息化、现代化水平起到了积极作用，但是却不能起到根本性作用。因为城市规划不仅是为实施开发而编制的技术方案，而是为公共管理决策提供技术依据的政策文件。城市规划编制的过程就是技术性和社会性政策制定的综合过程。例如，济南市在棚户区改造工作中，综合考虑开发商、政府和居民三者的利益，制定了“符合法律法规、符合城市规划、符合标准规范，提高容积率”的规划政策，有效解决了棚户区改造收益低、难度大的难题，提高了规划的可操作性和可实施性，大大加快了棚户区改造步伐。

实现由技术规划向公共政策的转变，存在着两方面要求：一是城市规划必须切实反映城市各组成要素在城市发展过程中的政策取向；二是城市各个方面的未来发展必须是在城市规划所确立的基本框架中。而协调好这两方面的关系，应当是城市政府政策框架的核心。在此方向下，城市规划应进一步拓宽视野，充分认识到城市中的各类要素在城市建设发展过程中的地位与作用及其行为逻辑与行为方式，加强与政府相关职能部门的横向联系与合作，不断提高规划的公共政策水平。通过建立从城市规划出发确立城市建设和发展政策的机制，使规划所确立的政策在城市各公共部门、机构和经济实体发展的政策中得到全面体现，引导其在规划所确立的方向上发展，控制其任何有可能逾越规划所允许范围的行动。在向公共政策转化后，规划体系应当明确划分并确定不同类型和层次规划的作用，战略性、引导性规划如城市总体规划等，应当成为政府宏观调控的主要手段，是城市公共政策的整体体现，其内容应当具有全局性和指导性，能够为各行各业所理解和执行。操作性规划如控制性详细规划、近期建设规划等，是规划实施的具体依据，是对以土地使用为核心的社会利益的直接调配和规约，必须成为地方性法规政策才具有可操作的法理依据。

案例介绍：济南中心城城中村规划编制及实施

济南市在城中村改造规划工作中，充分认识规划的公共政策属性，积极实施由技术规划向政策规划的转变和提升，有力地保障了城中村改造工作的有效开展。

1. 济南市城中村现状

济南市现有城中村（规划城市建设用地内的村庄）307 个，人口约 54.6 万，村居住宅占地 7628 公顷，人均约 140 平方米。目前，土地产权多属农村集体所有，村民以土地为生，村居零散自然分布，各种生活配套设施落后，村庄建设缺乏统筹协调，土地价值没有得到充分体现。

2. 编制城中村改造引导规划

针对实际情况，济南市在全面深入调研、科学研究论证的基础上，于 2010 年 10 月编制完成《济南市中心城城中村改造引导规划》。规划提出，以往单纯以村为主体进行单村改造，无法解决布点零散、不成规模、融资困难等问题，难以平衡协调各方利益、完善基础设施配套和有效落实城市规划，导致城中村改造基本无法顺利进行。规划按照“统一政策，统一标准，统一配套，统一安置”的思路和“按区整体统筹布局，符合城市土地‘两规’，尽量合并整合优化，方便配套和生活”的原则，统筹考虑发展需要、现状情况、行政区划、地理环境、村民意愿、利益关系、民宗习俗以及重大限制阻隔等因素，结合重点区域发展和重点工程建设，打破村居地域界限，将原有 307 个村庄整合为 106 处安置点，形成 50 个成片改造项目和 5 个重点建设片区。按照人均建筑面积 40 平方米、平均容积率 2.0 估算，释放土地约 6300 公顷（图 4–5、图 4–6）。

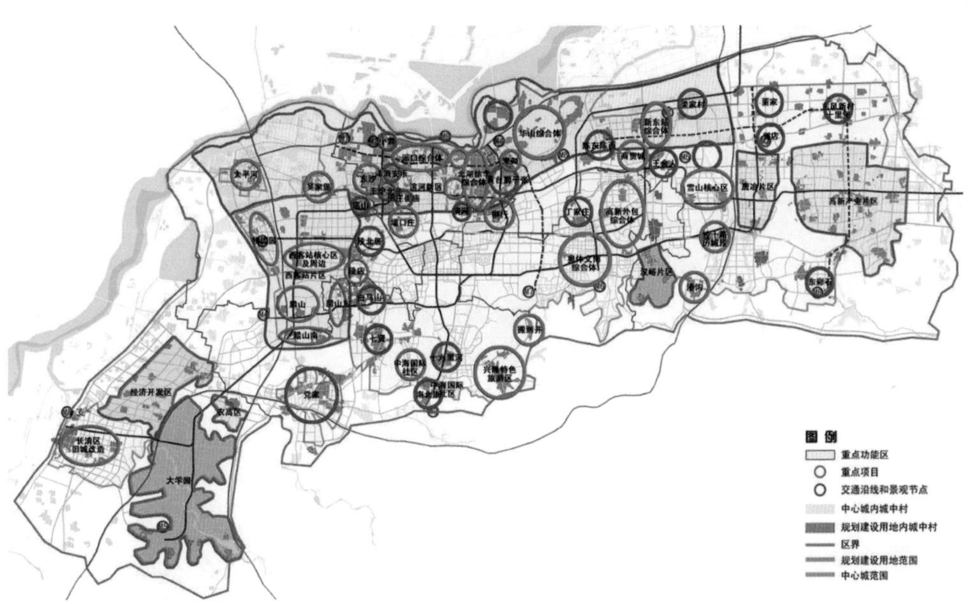

图 4–5　济南市中心城城中村引导规划图

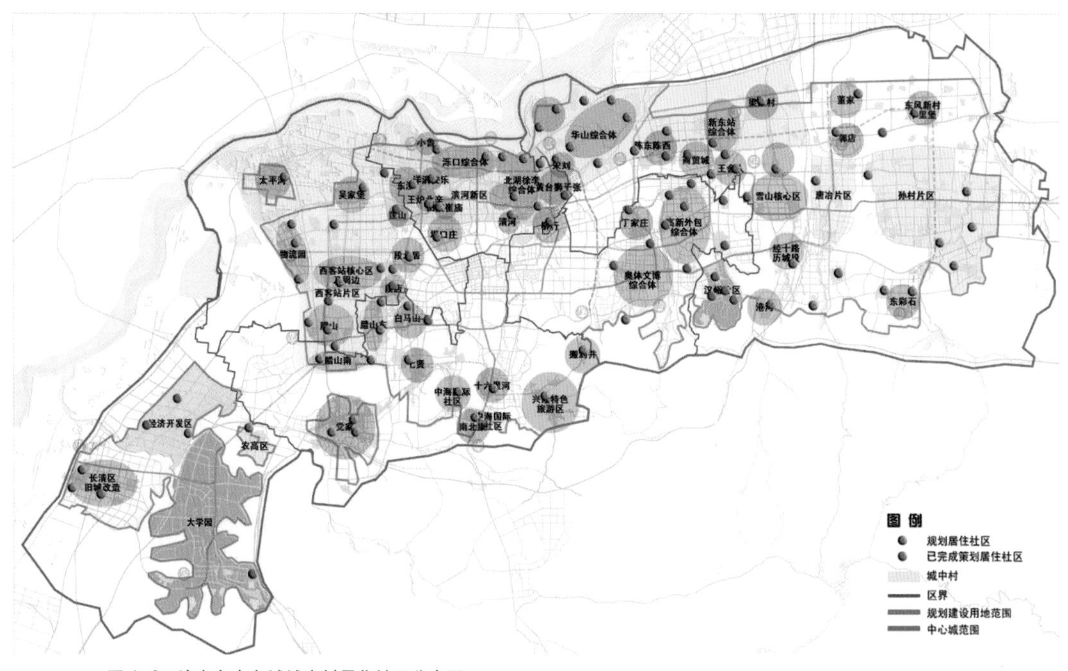

图 4–6　济南市中心城城中村居住社区分布图

3. 制定规划政策文件，实现由单纯技术规划向政策规划的转变

根据《济南市中心城城中村改造引导规划》，济南市积极探索城中村改造规划由单纯技术规划向政策规划的转变和提升，研究制定了《关于加快中心城城中村改造的意见》（以下简称《意见》），以政策文件的形式将规划技术图则转化为更具可操作性和实施性的实施纲领，用以指导城中村改造规划的具体实施落实。《意见》确立了“突出三个带动，实现四个转变”的济南城中村改造规划的指导思想和基本思路，即按照“政府主导、统筹推进，统一规划、多村整合，统一政策、集中安置，统一标准、整体配套”的思路，突出重点区域和重要功能区、城市综合体与重点工程、铁路、轨道交通及主要道路等重大基础设施的带动作用，统筹兼顾，科学有序地推动城中村改造，实现由“单纯改造城中村”向“提高城市化水平”转变、由“单纯村（居）分散改造”向“推动区域整体协调发展”转变、由“单纯村（居）民安置”向“建设综合性社区”转变、由“单纯房地产开发”向“统筹城市功能与产业发展”转变。落实城市规划，优化城市布局，高效利用土地，保障改善民生，使城中村在居住环境、管理秩序、经济发展等方面与城市全面融合，成为“和谐济南、宜居济南”的重要组成部分。《意见》还对城中村土地处置、供地方式、土地收益管理、拆迁管理、安置标准、费用减免等方面作出了明确规定，综合运用多种政策手段，有力地保障了济南市城中村改造工作的顺利实施。

第四节　速度规划向质量规划转变

一、传统速度规划的局限性

当前正处于城市化快速发展时期，城市规划建设项目呈逐年增加趋势，巨大的规划建设量给规划工作带来了前所未有的压力。城市建设发展对规划工作快和好的要求同时存在，在一定时期和条件下快的要求还会占主流。于是在城市建设发展中“多、快、省”的“大跃进”现象，盲目追求城市建设高速度、大规模、高标准以及严重浪费土地等一些“冒进式”的“速度化”趋向日益严重，出现了项目牵着规划走、赶速度、抢进度的不正常现象，规划质量受到严重影响，直接影响到城市经济社会的整体协调发展。在当前我国经济发展转方式调结构的背景下，一味求快求变的传统速度型规划模式日益表现出其不适应性和局限性。

1. 速度规划造成“规划短视”

在快速冒进的城市建设中，城市规划建设一味赶速度、抢进度，按照“大跃进”的速度倒计时，致使一些“百年大计”的城市建设工程未经充分论证和研究审批就急于上马，造成一些“短视规划”迅速出炉，一旦发现问题再修修改改或再搞所谓的“二期工程”。一些地方在制定规划时，由于受短期经济利益驱使，只重眼前，不顾长远，缺乏科学设计和咨询论证，造成大批所谓“政绩工程”、“形象工程”快速出台，待建成后却暴露出种种问题，不得不一声令下拆除，成为名副其实的短命建筑，暴露出传统速度型规划所带来的“规划短视”现象，使城市陷入了永无休止的大建、大修、大拆与重建的怪圈之中。近年来被强制拆除的短命建筑不绝于耳：杭州西湖边第一高楼，原浙江大学湖滨校区主教学楼被爆破拆除，该楼高 22 层 60 多米，实际使用仅仅 13 年；无独有偶，青岛市昔日的标志性建筑之一——仅建成 15 年的铁道大厦，被爆破拆除；广州天河城西塔楼被爆破拆除等。我国《民用建筑设计通则》（GB 50352—2005）明确规定，重要建筑和高层建筑主体结构的耐久年限为 100 年，一般性建筑为 50 ~ 100 年。仅仅使用了十几年的这些大楼，却是如此短命。

2. 速度规划造成城市资源的巨大浪费

长期以来，由于片面追求城市发展速度，城市建设发展中出现了很多不正常现象。比如，城市街道路面被反复地“开肠破肚”，“马路拉链”现象随处可见；道路被一遍一遍重复拓宽、重复改造，为拓宽道路很多几十年甚至上百年的树木被砍伐殆尽；加速进行的旧城大面积改造，一味追求城市变大、变新、变洋，使得很多历经风雨的非常有价值的老建筑被拆毁，割裂了城市文脉，大量宝贵的历史文化资源消失殆尽；近年来不少城市类似“西湖第一爆”的爆破拆迁不绝于报端等。上述种种现象充分暴露出传统速度型规划的非理性、不科学，使城市建设过程中大量短视行为反复出现，不仅造成城市资源和人、财、物的巨大浪费，还给城市道路交通、市容市貌、城市环境和可持续发展，造成不可估量的负面影响。

3. 速度规划违背了城市建设发展时序

城市是有机生命体，其发展演变有其自身的规律性，城市规划的制定和实施必须符合城市发展阶段和规律，方能起到引领城市健康发展的作用。但是在急功近利的思想支配下，传统速度规划由于缺乏对城市发展阶段及规律的科学研判和对城市发展时序及目标的准确定位，仓皇上马的城市规划往往违背城市建设发展时序，不符合城市发展规律和阶段，与现实严重脱节，难以发挥对城市建设发展的引领作用。例如，不少城市为期 20 年的城市总体规划实施 5 年后就已失效，有的城市规划目标和实施最终结果完全不同。再如，北方某城市在没有客观分析城市发展阶段、经济实力和建设时序的情况下，盲目攀比，做大城市规模，在没有进行科学论证的前提下，编制了新区规划并强力实施“造城运动”，建设了很多光鲜亮丽的现代化建筑。但是由于“造城运动”违背了城市发展阶段、建设时序和经济发展规律，脱离了客观实际，没有考虑新区与老城的相互依存关系，新区难以吸引人气，空置率极高，发展极为缓慢，造成了巨大的资源浪费。

二、城市规划应以质量规划为本

1. 质量规划是科学发展观的根本要求

党的十七大报告提出，必须“着力把握发展规律，创新发展理念，转变发展方式，破解发展难题，提高发展质量和效益，实现又好又快发展”，特别要在加快转变经济发展方式、调整优化经济结构方面取得重大进展。科学发展观战略思维的转变，实质是对发展理念所进行的一次深层次的哲学反思。发展不同于增长，发展是一种全面、协调、可持续、重质量、有效益的增长，发展观取代了传统的增长观、速度观。在规划工作中实践和落实科学发展观，必须坚持质量第一的原则，牢固树立质量意识、精品意识、责任意识，把提高规划设计和规划管理的质量作为首要任务，摒弃短视规划和速度规划，科学谋划、深入研究、科学论证、精细管理，切实提高规划质量和水平。

2. 质量规划是城市规划的本质要求

城市规划是城市发展的灵魂，是城市建设的总纲和城市管理的依据，城市规划的质量直接关系到城市的健康、长远发展。质量第一的原则是科学发展观的根本要求，更是城市规划的本质要求。中外城市规划建设发展的实践充分表明，城市规划的决策是历史性的决策，城市规划的贡献是历史性的贡献，城市规划的遗憾和错误也是历史性的遗憾和错误，造成的巨大浪费几乎是不可弥补的。因此城市规划是关系城市健康、长远发展的根本大计。同时，城市规划工作本身就是一项科学性、技术性要求极高的工作，城市规划的制定必须经过科学、审慎、严谨、周密的科学论证与深入研究，才能形成科学合理、符合实际的规划成果，用于引领城市科学发展。片面地追求速度和效率，则会使建立在科学研究与论证基础上的城市规划“本末倒置”，欲速而不达，不仅不能起到先导引领作用，还会严重影响城市的健康发展。

3. 质量规划是促进城市建设健康发展的必然要求

城市规划是城市建设发展的龙头和核心，高质量的规划能够引领城市建设持续健康发展，而低质量的规划不仅发挥不了引领调控作用，反而会将城市建设引向歧途，阻碍城市的健康发展。为切实保证以科学规划引领城市建设健康持续发展，必须以对历史和人民高度负责的精神做好规划工作，切实提高规划质量。特别是在当今从中央到地方对促进经济发展转方式、调结构提出一系列战略部署和要求的前提下，必须切实转变传统规划模式，实现由速度规划向质量规划的全面提升，促进城市发展方式由粗放型、外延型向质量型、内涵型的全面提升，着力以质量规划科学引领城市建设又好又快发展。

三、实现由速度规划向质量规划的转变

两院院士吴良镛先生曾经指出：“希望重大的决策要有科学和艺术规律作基础，进行反复认真的讨论，而不要急于求成”。当前我国正处于城市化加快推进、经济建设飞速发展的蓬勃发展时期，城市面貌日新月异，成绩斐然，有目共睹。但令人不安的是，随着城市化的加快发展，为了适应经济社会发展的新形势、新任务，城市建设突飞猛进，很多建设项目迅速上马，城市建设发展速度之快达到令人惊叹的程度。在这一形势下，必然催生了一批未经科学研究论证而急于出台的速度型规划。正如中国科学院院士郑时龄所指出的：“中国的城市正处于多、快、好、省的“大跃进”建设中，多而快，但是有些时候不见得好而且也不见得省。有些时候往往只注重过程的速度和求新求变，缺乏理想的城市目标，忽视终极目标的实现”。

诚然，城市规划作为城市发展的依据和城市建设的总纲，必须适应城市建设快速发展的需要，决不能因规划滞后而阻碍城市的快速发展。但是，城市规划是百年大计，正是因为城市规划对于城市的健康发展具有至关重要的先导引领作用，城市规划才不能仓促出台、迅速出炉，必须本着对历史负责、对城市负责、对人民负责的精神，始终把质量问题摆在规划工作的首位，全面提高规划质量和规划水平，努力打造精品规划、质量规划、一流规划，实现由速度型规

划向质量型规划的转变和提升，方能以科学规划、精品规划、质量规划引领城乡经济社会和城乡建设健康、持续、协调发展。为此，城市规划需在以下几方面下工夫。

1. 超前规划和高水平规划

中国科学院院士齐康先生指出："建筑完成后不可能推倒重来，为了减少遗憾，在动手设计时，一定要考虑周详"。建筑设计尚需如此，城市规划更需要如此。推行质量规划，必须在充分认识规律、正确研判形势、深入分析现状、正确把握趋势、科学研究论证的前提下，坚持高起点、高质量、高水平规划的原则，先期开展深入细致的前瞻性研究和规划策划，并使规划编制覆盖全部城乡发展区域，为城乡建设发展提供超前引领和科学引导。为切实提高规划编研水平，应全面开放规划设计市场，本着公开、公平、公正的原则，坚持市场化运作和公开竞争，积极引进国内外一流规划设计团队，高水平开展规划设计工作，使规划设计过程成为精品规划的生产线。

2. 合理把握城市建设发展的节奏和时序

城市规划与城市建设是驱动城市前进的一对车轮，二者相互促进、相互影响、相互制约。适应城市建设节奏、时序和规律的高质量的城市规划，会极大地促进城市建设健康发展。相反，不符合城市建设节奏和时序的规划，却会给城市建设发展造成不良影响，甚至带来难以挽回的损失。城市规划对城市建设的调控过程，既有近期调控，也有中期和远期调控。在当前城市化快速发展时期，城市规划尤其要重视对城市建设发展时序和节奏的把握，既不能急功近利仓促出台，也不能因规划滞后妨碍了城市的建设发展。要着眼当前，放眼长远，根据城市发展的规律特征、发展阶段和发展趋势，采取符合实际、切实可行的发展策略，合理确定城市近、中、远期发展战略、发展方向和发展时序，全面规划，分期实施，对城市建设发展实施全过程调控。要根据经济社会发展的需要，正确把握城市建设发展节奏，及时开展城市近期拟开发建设地区、重点地区及重大项目的超前研究和规划策划，以科学规划引领城市的近期建设和远期发展。

3. 正确把握规划质量和速度的关系

在当今我国加快经济发展转方式、调结构的发展环境下，引领城市建设又好又快发展，必须正确把握和处理好规划质量与速度的关系，这既是科学发展观的内在要求，更是规划工作的根本要求。一方面，要加快规划编制步伐，使城市规划适应经济社会和城市建设快速发展的需要，决不能因规划滞后阻碍城市的发展。另一方面，城市规划必须以质量规划为本，切实提高规划质量和水平，做到科学合理、周密严谨、符合实际。应按照科学发展观和转方式、调结构的要求，坚持质量与速度并重、质量优先的理念，正确处理速度与质量的关系，不仅着眼当前，更要放眼长远；不仅要看速度，更要讲求质量；不仅关注效率，更要注重效益。在保证质量的前提下，兼顾质量和速度，体现又好又快的发展要求，实现速度与质量、效益的有机统一，促进城市规划建设又好又快发展。

4. 努力提高规划审批的精细化水平

实现由速度规划向质量规划的转变和提升，不仅要不断提高规划设计编研水平，创造精品规划，还要在提升规划管理的精细化水平上下工夫，推动规划管理从重技术向经济、社会、环境、技术并重转变，把好方案策划、论证、审查等环节，全面提升规划管理、服务与审批的精细化、优质化、高效化水平，以严格的规划审批管理保障规划建设出精品、上水平，使规划编制与设计、管理与服务、审批与实施流程成为优质规划、精品工程的生产线。

案例介绍：济南精品规划编制工作

济南市借助山东省承办第十一届全国运动会的契机大力实施东拓战略，重点开展了东部奥体文博片区奥体中心、文博中心等区域的规划编研，高起点、高水平、高质量规划策划了奥体中心、全运村、全运会赛训场馆、全民健身中心等一大批精品规划项目。全运会后，济南市合理把握城市建设发展节奏，及时调整城市发展思路和目标，适时提出了“拓展城市发展空间，打造现代产业体系”的总体思路，规划确立了“一城三区”的城市发展框架。抓住京沪高铁建设的重大机遇，及时开展了西客站片区概念规划与城市设计、西客站片区控制性详细规划、西客站核心区城市设计等一系列规划编制研究工作，为加快京沪高铁济南西客站和西部新城建设发展提供了科学规划依据。同时，济南市还结合形势任务的要求，立足保障改善民生，积极实施城区北部小清河综合治理工程，超前开展了小清河两岸地区规划及滨河新区核心区规划策划等一系列规划编研工作。未来，2013 年第十届中国艺术节即将在济南举办，济南合理把握城市建设发展的时序安排，又及时超前开展了文化艺术中心规划策划，及时推进老城区、西部新城、东部新区、滨河新区“一城三区”规划编研，全面拉开了城市发展的新框架（图 4–7 ~ 图 4–9）。

在各个层次的规划编制中，济南市积极实施精品战略，始终秉持质量第一的原则，正确处理质量与速度的关系，超前策划，精心规划，深入论证，缜密研究，确保规划成果科学合理、符合实际、便于操作、易于实施，坚决杜绝“短视规划”。为切实提高规划编制的质量和水平，济南市全面开放规划设计市场，积极引入市场竞争机制，健全规划招标投标制度，重大、重要的规划事项一律进行国际招标，引入了国际国内一流规划设计机构，规划的科学性、前瞻性、合理性不断增强。

在规划管理工作中，济南市规划部门大力实施质量规划，着力在提高审批质量和行政效能上下工夫。围绕打造精品工程、提高规划审批的精细化水平，确定把景观效果审查列入规划审批的重要内容，针对城市建设的重点区域、重要地段和关键节点，在规划审批中重点对规划建筑的布局、体量、造型、建筑色彩、景观环境以及与周边环境的协调性等方面进行深入研究，提出细致详细的规划要求。济南市还围绕实施质量规划，突出济南文化中心、解放阁、绿地普利中心、二环东路、经十路、西客站核心区、滨河新区核心区等一批在建拟建城市建设重点项目，着重强调前期策划、方案招标、规划审批、项目实施等环节，以精细化审批管理和优质高效服务，努力使规划审批和服务效能达到国内一流，有力地推动了精品工程尽快落地、顺利实施，带动了城市功能形象、个性品位的全面升华。

图 4–7　济南精品规划——西部新城核心区城市设计

图 4–8　济南精品规划——滨河新区核心区城市设计

图 4–9　按照精品规划建成后的园博园成为省会济南的又一道靓丽风景

第五节　管理规划向引领规划转变

一、传统管理规划的局限性

传统的规划管理模式是在计划经济的背景下建立起来的，其本质上属于管理型规划模式，即重视对具体建设项目的审查和管理，这种模式在一段时间内发挥了对城市建设发展的引导调控作用。但是随着市场经济的建立和深化，传统的规划管理模式在现实中往往使规划管理陷入“重项目轻规划”、“重微观轻宏观”、“重事后审批、轻事前引领”的错误泥潭，日益表现出其不适应性和局限性。

1. 城市规划管理职能错位

传统管理型规划管理模式的一个突出特点就是热衷于对报建项目的审批管理，注重对既成规划方案的审查评定和实施项目的程序性管理，却忽视了对建设行为的超前引导，致使规划管理在忙乱中本末倒置，重项目审批，轻规划引导。这种侧重具体建设项目审批的做法无疑违背了城市规划管理职能的初衷，造成规划管理职能的错位，往往使本该是城市规划管理核心职能的城市发展战略、规划蓝图、宏观调控、空间资源配置等大计在日常工作中不知不觉被削弱，城市规划的先导引领作用得不到有效发挥，失去了城市规划管理的宏观整体方向。城市规划管理要适应市场经济体制和城市发展需要，必须破除传统规划管理模式“重审批，轻规划”、“重事后，轻事前”的误区，加快管理职能转换，加强规划超前引导，弱化具体项目审批。否则，面对当今市场经济条件下的复杂局面，城市规划工作是难以驾驭和适应的。

2. 规划管理行政效能不高

由于传统管理型规划管理模式缺少对建设项目规划的前期研究，导致建设项目审查审批时，需要进行反复研究和论证，而这个过程往往需要较长时间，规划管理人员的主要精力都用在具体建设项目管理的日常活动上，陷入了开会协调、纠纷扯皮、批项目、赶场子、事后补救等繁琐事务和环节而不能自拔，导致规划管理行政效能低下，大大降低和削弱了城市规划应有的为建设项目提供超前引导和科学指导的作用，城市规划的先导引领作用和综合服务能力、宏观调控能力、综合协调能力大打折扣，这也是当前我国城市规划管理中的通病。例如，现实规划管理中常有这样的现象：由于缺乏规划依据，一个建设项目的实施建设在方案制定、研究论证、审查审批、矛盾协调上耗费了大量的时间和人力，造成项目审批周期过长，贻误了建设良机。同时，由于规划依据不足，往往使建设项目选址不当或方案欠佳，使城市建设发展走了弯路。

3. 管理型规划是被动规划

传统管理型规划管理模式由于忽视了对建设行为的超前引导，不注重对建设项目的事前研究，有了建设项目报建之后才根据规划管理的程序进行审查和审批，造成规划管理工作疲于招架应对，规划跟着项目转，先报建、后规划的现象时有发生，往往使规划管理工作处于被动地位。在当今城市建设快速发展时期，面对越来越多的报建项目，由于缺少规划指导和超前引领，对建设项目的事前预判和研究论证不足，使规划管理工作显得十分被动，规划对经济社会发展和城市建设发展的引领作用也难以有效发挥。

二、城市规划本质上是引领规划

1. 城市规划具有先导引领作用

城市规划是对城市经济、社会发展和城市建设的先导性、综合性安排，从本质上讲，城市规划具有高度的前瞻性、预见性、先导性，是城市建设发展的龙头和灵魂，对城市建设发展具有先导引领作用。按照科学的城市规划实施建设，城市就能沿着正确的轨道建设发展，就能形成布局合理、功能完善、生态良好、宜人宜居的高品质城市，避免城市建设走弯路、走错路。如济南市高度重视发挥规划的先导引领作用，坚持超前规划、提前策划，先期开展了城市空间发展战略研究，确立了“东拓、西进、南控、北跨、中优”的城市空间发展战略，事关城市今后 20 年乃至更长时间的发展方向得以明确。在此基础上编制完成了新一轮城市总体规划、控制性详细规划、奥体文博片区、泉城特色标志区、腊山西客站片区规划等数百项重要规划成果，城市规划覆盖率达到 100%。在科学规划引领下，全面拉开了老城区和西部新城、东部新区、滨河新区“一城三区”的城市发展框架，城乡基础设施日趋完善，综合服务功能不断提升，生态环境逐步改善，泉城特色日益鲜明，综合经济实力和竞争力明显提高。近年来济南城市建设发展的成功实践表明，正是科学规划引领城市建设发展取得了长足进步，省会济南正朝着繁荣、和谐、宜居、魅力的现代化美丽泉城阔步迈进。

2. 城市规划的地位作用决定了规划必须发挥引领作用

从城市规划对城市发展的作用看，城市规划是一个城市近期和长远发展的战略性的全面部署以及对城市各组成部分的综合安排，是指导一个城市的社会发展、经济发展、文化发展以及各项建设事业发展的蓝图和总纲领，具有高度的综合性、战略性、全局性。近年来，城市规划工作得到了前所未有的重视，从中央到省市各级领导都充分认识到了城市规划在引领城市发展中的特殊地位与作用，认识到城市规划是政府引导和调控城市建设发展的公共政策和根本手段，政府更加强调通过城市规划实现对社会、经济各方面的宏观调控，因此城市规划的地位作用得到了进一步加强，在政治领域、社会领域中的地位也稳步提升。城市规划作为政府参与市场调控的主要手段和渠道，必须顺应外部环境的转变，担负起引领经济、社会和城市建设健康、持续发展的神圣使命和光荣职责，切实发挥好其固有的灵魂引领作用。

3. 城市规划的引领作用是市场经济发展的必然要求

在计划经济体制下，由于生产经营活动完全是政府指令性行为，规划只需要对建设行为进行程序性管理即可。而在市场经济条件下，城市建设主体呈现多元化特征，受短期经济利益驱使，容易出现市场“失灵”的现象。随着国家经济体制和政治体制的改革，政府正逐步退出经济运行主体这一角色，转而更加重视从宏观层面对城市建设发展作出调控和引导。城市规划作为政府实施宏观调控的重要手段，成为政府防治市场失灵最直接、最有效的调控手段之一，也是政府公共管理权力最重要的体现，未来的政府将更加强调通过城市规划实现对社会、经济各方面的宏观调控。为了避免市场失灵，城市规划必须充分发挥对经济、社会、环境可持续发展的宏观调控职能，对各类规划建设行为进行超前引领和引导调控，防止和杜绝市场失灵，引导城市建设健康、有序发展。

三、实现由管理规划向引领规划的转变

城市建设，规划先行。城市规划对于经济、社会和城市建设发展具有先导性、基础性和引领性作用，必须强化规划的事前引领作用，实现由管理规划向引领规划的根本性转变，着力以科学规划引领城市建设健康、有序发展。为此，规划工作亟待做好以下几方面工作。

1. 加快完善城乡规划体系

目前，我国很多城市，特别是在县乡一级，规划体系尚未完善，规划管理缺少基本依据，日常规划管理的主观性、随意性强，根本谈不上发挥规划对经济、社会发展的引领调控作用。要实现由管理规划向引领规划的根本性转变，必须健全、完善各类城乡规划体系，通过超前开展前瞻性研究和规划策划，将产业布局、公共设施、综合交通、基础设施、环境保护、城市景观、古城保护等提前进行统筹安排，为各类建设项目选址落地和规划建设预先提供科学依据。近年来，济南市规划部门坚持“规划引领、高点定位、突出重点、科学发展”的思路，坚持加快规划编制步伐和提高规划编研水平并重，建立起以总规为核心、控规为主体、重点片区规划为基础、专业专项规划为保障的规划体系，为城乡经济、社会又好又快发展提供了有力支撑。实践证明，健全完善科学合理、层次清晰的规划体系是实施引领规划的基础和前提（图 4–10）。

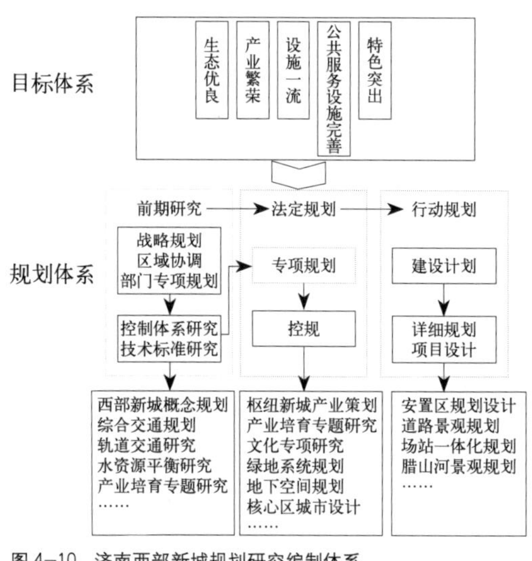

图 4-10　济南西部新城规划研究编制体系

2. 由被动审批向主动规划转变

目前，我国的规划管理还仅停留在规划部门对建设单位的报建项目进行审批的层面，面对日益增多的建设项目申请，规划部门十分被动，承受的社会压力也相当大。要改变这种局面，必须彻底改变传统规划“你报我批”、“被动审批”的管理型规划模式，由事后审批向事前引领转变，由建设项目的程序性管理向预先提供先导性的规划指导转变，由被动型管理规划向主动型引领规划转变，提前介入、超前策划、科学引导、主动服务。近年来，济南市规划部门更新规划理念，创新规划思路，变被动服务为主动服务，派出工作队深入基层社区、企业调查研究，主动了解建设单位的建设意向，开展现场办公和规划咨询服务，提前介入，靠上服务，大大加快了项目审批速度，得到了建设单位的一致好评。

3. 着力增强规划的前瞻性、预见性和主动性

推行引领规划，规划必须先行一步。要加强对影响城市发展的重大问题的研究，学习借鉴外地经验，超前进行规划策划，未雨绸缪，及早谋划，尤其要针对重点工程和重大项目建设以及一些热点、难点、敏感问题，超前开展更加深入、细致的前期调研，制订专题性的规划指引措施，把项目实施中的问题解决在事前。例如，为搞好轨道交通规划编制，济南市多次派出调研小组赴国内先进城市进行专题调研，充分学习借鉴外地经验，围绕有关轨道交通规划的一系列问题进行超前策划和专题研究，特别是针对轨道交通对泉水的影响进行了深入研究论证，为轨道交通规划建设奠定了坚实基础。

案例介绍：京沪高铁济南西客站片区规划建设

济南市规划工作致力于实现由管理规划向引领规划的转变和提升，城市规划在济南经济、社会和城市建设发展中的先导引领作用不断增强，京沪高铁济南西客站片区规划建设的成功案例就充分证实了这一点。

京沪高铁济南站选址于西客站片区，京沪高铁场站的建设无疑成为片区最为核心的推动因素。西客站片区位于济南城区西部，距主城区中心约 10km，现状为城乡接合部，以村庄、

农田用地为主，用地功能混杂，道路不成系统，公共设施和市政设施缺乏。

图 4-11　西客站片区城市设计导引图

济南市及时启动了西客站片区的规划研究与编制工作。为以科学规划超前引领西客站片区科学开发建设，济南市积极创新片区规划编制体系。围绕把西客站片区打造为“齐鲁新门户、泉城新商埠、城市新中心”的目标任务，本着前瞻性规划、系统性研究、高标准建设、高效能管理的原则，提前介入、超前策划、科学引导，以济南市城市总体规划等上位规划为依据，从片区现状、发展优势、约束条件等方面的研究入手，对该区域进行了前瞻性整体规划研究，先期开展了西客站片区概念规划与城市设计、西客站片区控制性详细规划等规划编研工作。在开展大量前期研究的基础上，精心组织开展并编制完成了西客站核心区功能定位与产业发展策划、核心区城市设计国际招标、片区综合交通规划及高铁场站交通规划、场站一体化设计、绿地系统规划、城市色彩规划、公交系统规划、慢行系统规划、地下空间利用规划等150多项重要规划成果，建立起了“前期研究”、“法定规划”、“行动规划”三个序列、全面立体的片区规划研究编制体系，科学引导西客站片区建设发展。同时，为更好地发挥好规划对片区开发建设的先导引领作用，济南市还大胆创新西客站片区规划工作的组织模式和工作方式，采取了“政府＋市场”的运作模式，整合市区两级政府的行政资源、利用市场机制、调动社会力量展开工作。在科学规划引领下，如今西客站片区建设已初具规模，一个崭新的现代化新城正在加速崛起（图 4-11）。

在当今城市化快速发展和体制转轨加速推进的背景下，济南市规划局结合多年来的规划实践，在前文“唯民”、“唯真”、“唯实”等九大价值观组成的规划核心价值观体系指引下，提出规划行动模式必须发生相应的五个转变。并且，行动模式的转变是顺利地实现前文提出的规划价值目标的思维基础，传统的部门规划、空间规划、技术规划、速度规划和管理规划已经在当前的城市转型中体现出了种种不适应，未来城市规划的发展趋势应该是，向着社会规划、综合规划、政策规划、质量规划和引领规划转变。本书顺应了这一趋势，及时提出了行动模式的五个转变，并结合济南市相应的规划实例进行了实践操作，为这一理论的探索提供了扎实的基础。

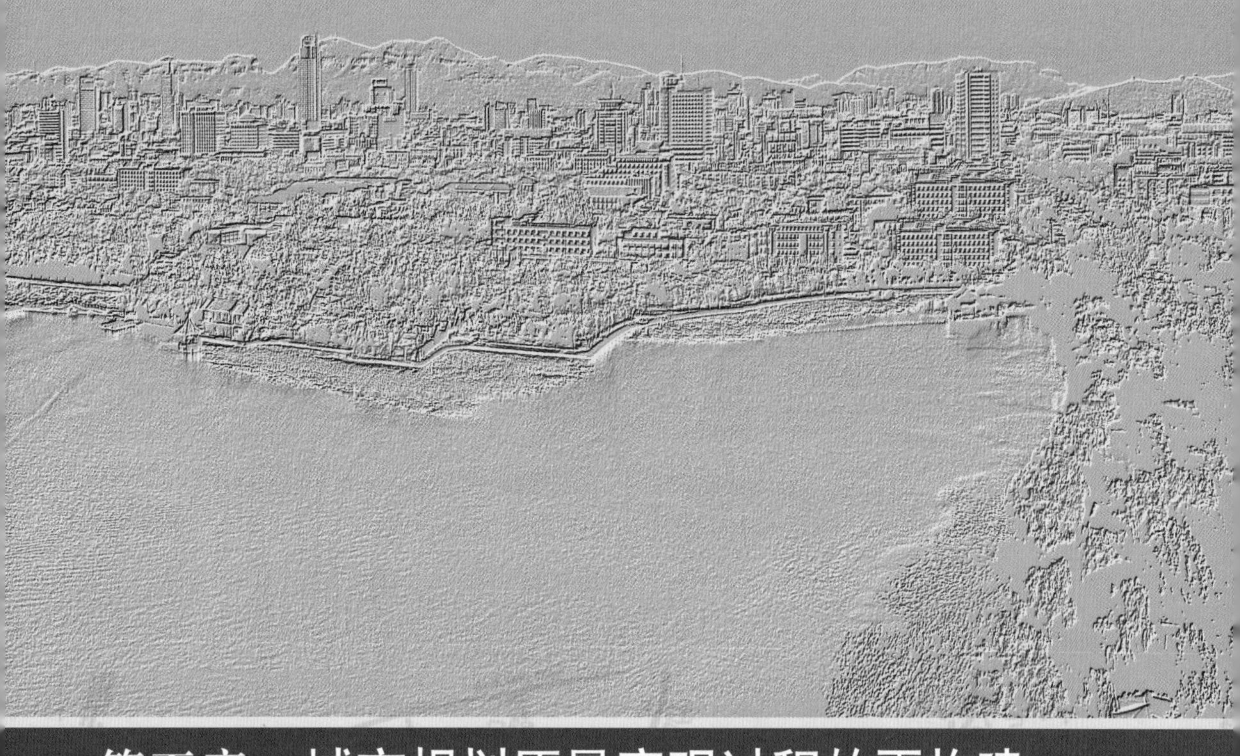

第五章　城市规划愿景实现过程的再构建

城市规划必须建立在各专业设计人、城市居民、公众和政治领导人之间系统的、不断的互相协作配合的基础上。

——《马丘比丘宪章》

编制更富弹性的规划以适应物质开发影响因素的变化。

——尼格尔·泰勒

规划工作要突出整合和综合，摆脱单纯物质环境规划的局限，开展空间、经济、社会、环境等多维度的综合研究，发挥城市规划的综合协调功能。

——《中国城市规划广州宣言》

规划过程实质是多种利益博弈的过程。

——作者

导言：城市规划由蓝图规划向过程规划转变

古希腊哲学家亚里士多德说过“人们来到城市是为了生活，人们居住在城市是为了生活得更好”。城市作为人们居住、生活、创业的空间载体，是人口、产业、设施、财富、活动的高度集聚地。联合国报告认为，城市是人类迄今为止能够找到的最佳聚居形式。因此，全世界都处在城市化进程中。中国的城市化是21世纪世界上最引人注目的现象之一，这反映了中国人民追求美好生活的目标取向，佐证了我国实施城镇化战略、推进城镇化进程的正确性。

城市规划是城市发展的灵魂和龙头，大到城市的总体布局、产业发展、功能分区和路网格局，小到一座建筑及一条街道的布局建设，都离不开城市规划的引领和指导，都要以城市规划为根本依据。城市规划的最高目标就是要为人们缔造一个满足各种需要的、和谐的、可持续发展的宜居环境。现代城市规划从诞生之日起，就将为人类创造良好生活环境作为城市规划的最高目标，无论是乌托邦式的规划理想，还是终极状态式的规划蓝图，都体现了其为人类创造美好生活的规划愿景。

城市规划的实现不可能是一蹴而就的，它是一个复杂的巨系统工程，而它所面临的发展环境也在不断变化，因此城市规划需要不断地调整以适应环境从而实现预期的发展目标。这一认识的变化，意味着城市规划不能再作为一项简单的工程性蓝图操作，而是需要转变思路，向过程规划转变，更加注重规划在实施中的过程性。实现城市规划的美好愿景，需要大力提升城市规划工作水平，需要从多个视角、多个层面、多个角度对城市规划工作本身进行深刻剖析，需要对城市规划工作所涉及的诸多领域和层面进行深入分析，从不同侧面、不同视角、不同方面构建起能够全面提升城市规划工作水平的合理途径，才能够全面提高规划水平，为实现城市规划的美好愿景奠定基础。

以往的规划理论研究中对提高规划工作自身水平的多视角、多层面分析方面的内容涉及较少，尚未全面建立起实现规划美好愿景的有效途径。本书结合济南本土城市规划的实践探索与实证案例，试图从科学规划、民主规划、依法规划、务实规划、和谐规划等多个层面全面构建起实现规划的过程体系，实现城市规划为人类缔造美好生活的最高目标，从蓝图规划向过程规划转变奠定坚实基础。

第一节　科学规划是理性过程

一、科学规划的提出及内涵

科学发展观要求城乡规划必须坚持科学规划。所谓科学规划，是指以科学发展观为指导，遵循城乡发展和规划管理的客观规律，从实际出发，实事求是，科学务实，以科学的理念、科学的态度、科学的方法、科学的手段进行的城乡规划。科学规划是对城乡发展客观规律的科学研判和准确把握，是对城市发展实际条件的深入研究，是对城市发展规律的科学认识和应用，也是城市民众价值理念的集中体现，是具有高度科学性、前瞻性、指导性、可操作性的规划。

科学规划的内涵十分丰富，至少包括如下四个方面：一是科学的指导思想，即坚持以科学发展观统领城乡规划工作，坚持可持续发展战略，坚持为人民大众根本利益服务的思想，坚持统筹全局的城乡发展策略等；二是科学的规划内容，如合理的环境容量和科学的建设标准、科学的土地和空间利用、合理的空间结构和功能布局、安全有效的基础设施和公共设施支持系统等；三是科学的规划方法，即要运用调查研究的方法、综合分析的方法、科学论证的方法进行城乡规划工作等；四是科学的规划体系，即完善的规划编研体系、健全的规划法规体系、高效的规划管理体系、规范的规划服务体系、严谨的规划实施体系等。

二、科学规划是实现规划愿景的理性过程

在城市化迅速发展的背景下，城乡规划受到前所未有的重视。“规划是城市发展的灵魂”、“规划是生产力”、“规划是第一资源”等先进理念逐渐深入人心。然而，在具体实践过程中，“规划究竟是不是科学”、“规划能否真正发挥引领作用”等问题也不断出现。人们在期待规划发挥作用的同时，也不禁发出对规划是否真正具有科学性的质疑之声。在此背景下，大力实施科学规划，切实提高规划的科学性更具有极为重要的现实意义。

1. 实施科学规划是贯彻落实科学发展观的必然要求

党的十六大以来，党中央紧密结合新世纪新阶段国际国内形势的发展变化，提出了坚持以人为本、全面、协调、可持续的科学发展观，构建社会主义和谐社会，建设社会主义新农村，建设创新型国家，“转方式、调结构”，推进新型城镇化等一系列重大战略思想和重大战略任务，为城乡规划工作指明了方向和道路，也成为城乡规划工作的根本指导思想和战略任务。科学发展观既是一种世界观，也是一种方法论。实施科学规划，是科学发展观等一系列重大战略思想在城乡规划领域的具体落实，也是规划工作深入贯彻落实科学发展观的集中体现。规划工

作必须适应形势发展要求，全面落实和体现中央的部署要求，坚持以科学发展观为统领，不断更新理念，创新思路，吸收和借鉴国内外先进城市规划工作的成功经验，从规划研究与编制、规划管理与服务、规划实施与监督等各个层面、各个环节，全面实施科学规划，改进规划工作，提升规划水平，切实提高城乡规划的科学性。

2. 实施科学规划是由城市规划的地位作用决定的

城市规划是城市发展的第一资源，关系城市经济、社会发展全局，决定城市建设、经营和管理的水平。城市规划搞得好不好，不仅直接关系到城市本身的持续、健康发展，而且关系到经济、社会、人口、资源、环境的协调发展。规划水平的高低直接决定着城市建设发展水平的高低，决定着城市产业布局和功能结构是否合理、城市综合功能能否有效发挥、城市体系能否正常运转。城市规划的地位作用决定了必须实施科学规划，切实提高科学规划水平，没有科学的城市规划就没有健康有序的城市建设和管理。

3. 实施科学规划是城市发展的根本要求

现代城市规划的发展已有百余年的历史，成功的经验与错误的教训车载斗量。实践证明，城市规划是一个关系城市数千万人工作、生活的大事，是一个关系本地区以及广大经济腹地长远发展的大事，是一个影响当代经济发展过程并对其长久的可持续发展起着重要影响的大事。人们对以往城市规划科学性存在质疑的原因主要有：一是规划对反映经济发展、社会发展、城市发展内在规律的研究不足；二是规划对经济发展与资源供应的协调性研究不足；三是对规划布局与满足人民群众实际需要的关联性研究不足；四是对经济发展与环境承载能力的匹配性研究不足。由于缺少深入的分析研究与科学的论证，必然造成城市规划的科学性不足，继而带来了法定性与权威性下降。只有科学的城市规划，才能引领城市科学发展。要创造一座城市的美好未来，促进城市健康发展，必须牢固树立科学规划理念，大力实施科学规划，切实提高城市规划的科学水平，以科学规划引领城市健康发展，这是城市发展的本质要求和根本出路。

三、提高城市科学规划水平

当前在经济、社会快速发展时期，如何根据形势发展要求实施科学规划显得尤为重要。我们要密切关注、正确把握经济、社会发展的阶段性特征和城乡发展的一般规律，以科学的思想、科学的方法、科学的手段进行规划编研和管理，着力增强规划的科学性、前瞻性、指导性和可操作性。

1. 密切关注经济、社会发展的阶段性特征

德国著名地理学家克里斯塔勒指出：“城市在空间上的结构，是人类社会、经济活动在空

间的投影”。这一论断深刻地揭示了城市及其规划与经济、社会发展的内在关联。城市规划受社会经济制度的深刻影响，具有很强的经济属性和社会属性。科学规划必须密切关注经济、社会发展的阶段性特征，科学研判经济、社会发展的特征和规律，自觉按照经济、社会发展实际和运行规律合理确定城市经济社会发展目标、城市性质和职能、空间布局和发展方向，确保城乡规划符合经济社会发展的宏观环境、符合经济社会发展的阶段性特征、符合经济社会发展实际、满足经济社会健康持续发展的需要。

2. 注重加强对城市发展规律的研究

城市的发展演变有其特殊的规律性，不同的历史时期、不同的发展阶段、不同的社会经济背景下，城市的发展演变具有不同的特征和规律。实施科学规划，必须坚持以科学发展观为指导，进一步加强对城市发展规律性特征的研究分析，科学研判城市所处的发展阶段和城市建设发展实际，深刻认识和客观分析城市发展阶段和现状特征，尊重现实的客观性和城市发展实际，按照城市发展规律科学谋划、科学确定城市发展思路、发展战略和空间布局，从而制定科学合理、符合实际、切实可行的科学规划，这是提高规划的科学性、合理性和前瞻性的前提和基础。

3. 坚持科学的规划理念和指导思想

实施科学规划，必须全面贯彻落实科学发展观的重要战略思想，坚持科学的规划理念、指导思想和工作思路。

一是坚持把发展作为第一要务。城市规划是国家发展城市经济的重要手段，肩负着引领经济发展、为经济发展服务的历史重任。实施科学规划，必须始终坚持以发展为第一要务，为经济发展服务这条主线，城市空间结构和功能布局的优化，要体现和促进经济结构和产业布局的优化和提升，要为城市经济增长方式转变服务，要体现和促进经济、社会环境的协调发展，切实发挥好城市规划对城市土地及空间资源的调控作用，为经济发展“转方式、调结构”提供强力的空间支撑。

二是坚持以人为本。把关注民生、改善民生作为城市规划的根本出发点和落脚点，充分考虑群众的住房、教育、医疗需求，加强生态环境建设和公共交通建设，体现对自然的保护和对人的深度关怀，让人民群众共享发展成果。

三是坚持全面、协调、可持续发展。根据土地、水、能源等资源禀赋，科学规划城市未来发展，注重城市文化特色的传承和弘扬，加强对历史文化遗存的保护，建设资源节约型、环境友好型城市，实现速度与结构、质量、效益相统一，经济发展与人口、资源、环境相协调，使人民群众在良好的生态环境中生产、生活，实现经济、社会永续发展。

四是坚持统筹兼顾。统筹兼顾，是现代系统科学的精髓，也是科学规划最本质的内核和精髓所在。必须统筹兼顾城乡、区域发展，统筹兼顾经济与社会发展，统筹兼顾人与自然和谐发展，统筹兼顾国内发展与对外开放，统筹兼顾近期与远期、当前与长远、个人与群体、局部与整体等的利益关系，充分调动各方面的积极因素，实现城乡区域经济社会发展整体利益的最大化。

4. 重视现状调研的基础性作用

从现代城市规划的发展历史和我国城市规划的经验来看，开展调查研究、进行现状调研始终是国内外城市规划所采用的一项基本方法，这是城市规划学科兼有社会科学性质的特点所决定的。深入开展现状调研，全面、系统、翔实地掌握城乡建设发展的第一手资料，是实施科学规划的前提和根本。科学规划的现状调研，不仅要按照规划编制程序进行调研，更重要的是对城市发展历程和规律的调研，对城乡社会、经济发展现实的调研，对社情民意的调研。科学的工作方法是从现状调研所收集的基础资料中，抓住主要矛盾和矛盾的主要方面，按照吴良镛教授提出的“融贯综合”的方法进行科学的综合分析研究，科学把握和预见城乡发展现实及各种不确定因素对城乡长远发展的深刻影响。只有高度重视现状调研的基础性作用，才能从城市的过去和现在，科学预测和展望它的未来发展，高屋建瓴地提出正确的发展战略和一系列目标体系，形成科学合理、符合实际、便于操作、易于实施的规划方案，使城乡建设沿着正确的方向和轨道发展（图 5-1）。

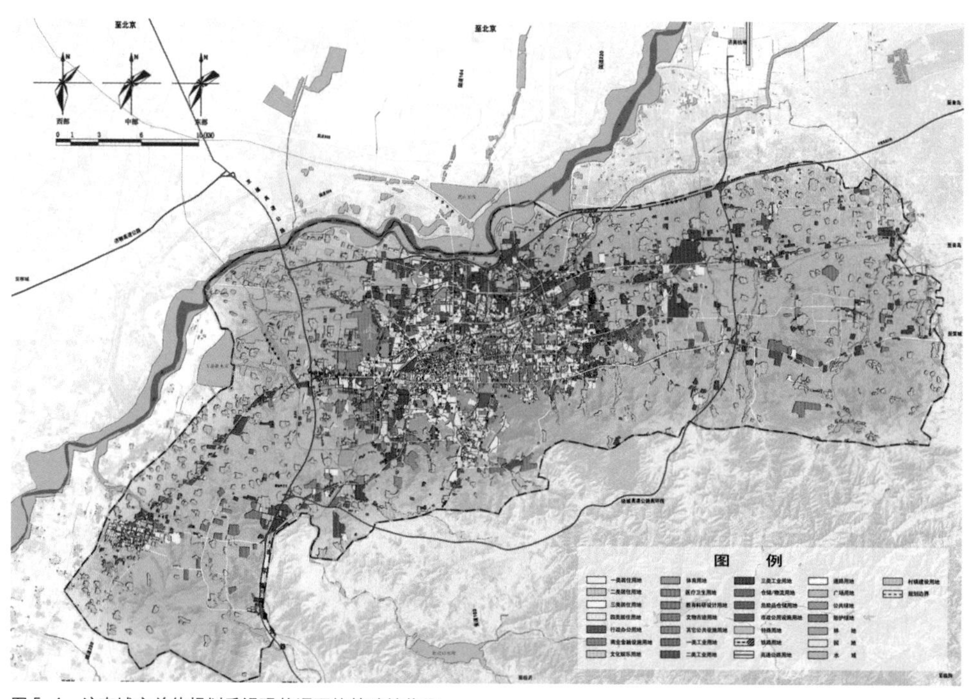

图 5–1 济南城市总体规划重视现状调研的基础性作用

案例介绍：济南西客站地区规划体系创新实践

近年来，济南市经济、社会一直保持了高速发展态势。在新的历史条件下，济南西客站地区的规划与建设充分结合了国内外特大城市的成功经验，以建设目标为导向、以现行法定规划体系为依据，纵向上根据规划层次进行分级、横向上根据专业规划进行分类，初步构建了较为全面、立体的城市规划体系。

1. 体系框架

基本系列指规划体系中必须编制的规划，包括战略性的结构规划（区域规划和战略规划）和实施性的发展规划（总体规划、分区规划、控制性详细规划和修建性详细规划）；非基本系列则是为构成完整体系而存在的辅助规划，包括根据不同阶段需要编制的行动性规划、整修规划，须深化、完善的系统性规划（如道路交通体系规划），特定地区和重点地区规划（如历史街区保护规划）以及贯穿于规划各个层次的城市设计等（图 5-2）。

2. 层次内容

结合规划体系框架及构建的重点，顺利落实城市规划战略目标、强调规划编制与规划实施的充分衔接，规划体系应包括三个层次五大阶段的内容。

1）宏观层次——指导性规划

宏观层次为城市指导性规划，包括战略规划和总体规划，主要包括三个方面的内容：一是大区域发展研究及对策制定，特别是城市与城市群、都市圈的关系研究。二是城市经济、社会发展战略和空间发展战略，其中经济、社会发展战略重点研究经济、社会和环境的发展目标与对策，空间发展战略重点研究城镇布局、基础设施的发展目标和骨干网络及重大项目的布局，确定市域内城镇化促进区和城镇化控制区。三是中心城市概要规划及发展对策，中心城区规划方案研究。

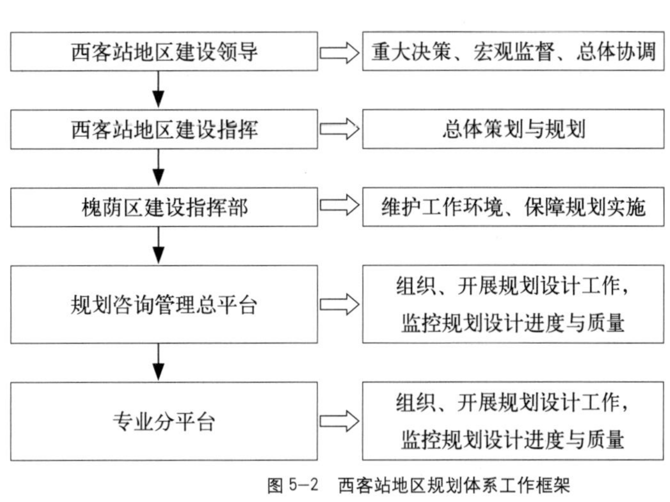

图 5-2　西客站地区规划体系工作框架

2）中观层次——控制性规划

中观层次为城市控制性规划，包括三大阶段的规划内容，即前期研究规划、法定规划和规划设计导引。

前期研究规划主要指片区区域研究、控规控制体系研究和技术标准研究。其主要职能是作为战略规划的深化和完善，建立地域性协调策略和规划行动纲领。法定规划主要指控制性详细规划及各类专项规划。其主要任务是在上位规划的基础上，对管理对象地块的土地使用性质、人口分布、公共设施和基础设施的配置、土地开发强度、环境要求作出具体安排，提出建筑适建规定。其重点在于和专项规划、控规无缝对接，将相关规划充分分解、落实至规划管理中。规划设计导引主要指城市设计。其任务在于将编制的规划工作落到实处，又将规划成果统一纳入控规之中，加强法定图则的拓展性研究，实现由意向性规划向强制性规划的转变，保障规划管理工作的有效进行。

3）微观层次——实施性规划

微观层次为城市实施性规划，主要指修建性详细规划和具体建设工程规划方案。其任务是在上位规划及研究的基础上，将城市规划在规划建设中予以落实。

3. 体系支撑

1）城市规划法制支撑

《城乡规划法》是我国城市规划工作的根本法律依据。部门规章《规划编制办法》，具体明确了城市规划编制的组织和各规划编制层次的主要内容和要求等内容。地方城市则结合自身特色及问题对城市规划规划编制及管理办法进行完善。以济南为例，济南市于 2008 年修编了《济南市城乡规划条例》并已颁布实施，《济南市城乡规划管理技术规定》草案也在试运行中。

2）城市规划体制支撑

规划的公众参与：市场经济条件下，利益主体多元化，为使决策能够得到最广泛的支持，必须实现公众参与、公开决策；规划工作的体制：须处理好规划管理、规划制定和规划监督三者的关系。对规划管理实行有效的监督，包括公众参与、听政制度、争议的仲裁；规划编制队伍：我国许多城市都开始出现了城市规划研究中心等类似的机构，综合研究城市规划编制问题和城市规划工作中的主要弊端而展开相关的工作，从而确保城市规划的科学性；相关部门的协调与配合：城市规划工作关系到方方面面的利益，规划工作的进行也涉及各个部门，城市政府应当进行适时的组织、协调，或设置必要的机构来统筹安排。

3）城市规划技术支撑

制定统一的城市规划的标准与准则，保证科学、合理地利用土地，配置公共设施，提高环境质量和生活质量，是实现城市规划、建设和管理的标准化、规范化所必需的。在国家标准的基础上，各地方据此制定各地的规划标准与准则，使各个层次的城市规划编制和图则制定有所遵循。

第二节　民主规划是政治过程

一、民主规划的提出及内涵

在深入落实科学发展观、构建社会主义和谐社会的历史进程中，对民主的呼声日益高涨。在此宏观背景下，一种全新的规划理念应运而生，这就是民主规划。民主规划摒弃了以往仅以精英决定规划的不合理做法，代之以能够充分反映社会各个层面的利益诉求，合理平衡各方利益的更加科学合理的规划。民主规划是符合社会发展规律、承继科学发展观、体现以人为本思想和构建和谐社会本义的规划理念。实施民主规划，要求在规划编制与管理过程中合理平衡各方利益，在城市规划任务确立、任务委托、规划编制、评审、审批、实施、管理、调整等各个环节中贯彻民主原则，主要体现在规划编制过程中的民主方法、规划管理与决策过程中的民主作风、规划立法上的民主形式等方面。民主规划是国家基本政治制度在城市规划领域的具体体现，要求城市规划必须广征民意，广纳民智，倾听百姓呼声，反映各方意愿诉求，保证规划决策的民主性、科学性和合理性，使城市发展建设为全体市民所支持和拥护，促进和谐社会的构建。

二、民主规划是实现规划愿景的政治过程

当今，我国正处在经济、社会转型和城市化快速发展时期，经济体制深刻变革，社会结构深刻变动，利益格局深刻调整，思想观念深刻变化。市民对城市发展的需求呈现多样性的特点，关注点从单纯的物质层面向非物质层面扩展。城市各阶层利益诉求多元化的趋势日益明显，社会各界都希望对城市建设安排拥有更多的话语权，通过影响和干预规划，使本集团的利益得到最大限度的保障。市民的维权意识日益增强，单一的行政手段已经不能解决城市规划建设中遇到的多种多样的具体矛盾。在此背景下，摒弃以往长官意识和技术精英型的城市规划，全面实施体现民主政治和公民权益的民主规划，具有极为重要的现实意义。

1. 实施民主规划是国家民主政治建设的需要

我国社会主义民主政治建设，已经到了非常重要的历史时期。而社会主义政治民主实现的程度如何，最重要的是看广大人民群众参与国家事务和社会事务管理的程度。广大人民群众有效参与国家管理是实现社会主义民主政治的重要途径。而人民参与国家事务和社会事务管理主要是参与国家决策。城市政治民主的核心是给公民提供更多的政治参与机会，保障公民

的各项政治权利得以广泛、真实、平等地实现，从而充分调动公民的积极性、主动性、创造性，不断把公众的智慧和力量转化为推动城市建设发展的强大力量。公民参政是城市政治民主建设的重要内容。城乡规划的民主化是社会主义民主政治建设很重要的组成部分，老百姓在规划领域的知情权是老百姓政治权力的一个重要方面，老百姓有权利了解规划过程、参与规划决策。因此，实施民主规划，从制度上保障老百姓有机会参与到城市规划的全过程，充分保障老百姓的知情权、参与权、表达权和监督权，是公民参政的重要内容之一，是政治民主建设在社会实践领域的重要组成部分，也是政治民主在城市规划领域的具体体现，不论是对于公民民主观念的提高，还是在民主制度上的实现，都具有巨大价值。

2. 实施民主规划是城市规划的本质要求

制定公共政策是国家管理公共事务、实现公共利益的需要。公众参与公共政策的决策，是现代民主制度发展的新趋势，也是法治政府的基本要求。正如有关方面专家所指出的：中国在过去改革发展中出现的问题，最根本的就是公共政策制定过程中公众参与的严重缺失。由于民主参与的制度化程度还比较低，缺乏全方位的公众参与、民众监督，所谓的科学民主决策有时也只能是一纸空谈。城市规划是公共行为，作为政府调控的重要手段，规划的公共政策属性毋庸置疑。其目标是维护公共利益，协调社会各阶层占有城市空间的矛盾，防止个体决策与行动的弊端，如损害或侵占其他成员的土地使用机会、土地使用上的不经济、基础设施和服务设施供应不足、弱势群体的合理诉求无法保证等。规划的公共政策属性决定了规划必然是一种社会事务，不能以个体或小团体的利益取代社会公共利益。城市规划的公共政策本质和社会实践特点决定了实施民主规划的必要性，城乡规划必然要从政府主体转向民众主体，真正变成老百姓的事情。

3. 实施民主规划有利于城市规划的顺利实施

城市规划是对城市社会各个层面发展建设的安排、部署，城市规划的最终实施满足的是生活在其中的城市居民的利益诉求，最终实现的是人的全面发展。城市是人民的城市，人民城市要由人民规划、人民建设、人民管理。城市规划只有充分反映人民群众的意愿诉求和根本利益，规划才能深入人心，才能为广大人民群众所接受，才能得到城市居民的支持和拥护，才能得到有效的贯彻实施。没有民主的规划，就得不到公众的支持，实施起来就会遇到很大困难，而且在一定程度上会加剧社会矛盾。实施民主规划，让社会公众直接参与到城市规划的调查、制定、决策和实施的全过程中来，可以使规划方案能够反映最广大人民群众的意愿诉求，能更好地协调各种社会利益关系，能增加社会公众对规划的认同感，从而使城市规划更易于被社会公众所接受和认同，保证城市规划的顺利实施。

4. 实施民主规划有利于提高规划决策的科学性和民主性

由于城市规划是一项复杂的社会公共福利事务，对社会、经济及环境的影响复杂。而在现行的规划决策中，主体是城市规划师、政府及其相关部门、专家，体现的只是小部分人的智慧，他们的决策是一个相对封闭的系统，难免出现失衡或带有倾向性，其公平性、开放性和透明度十分有限，因而其结果不免会发生偏差。而社会公众对当地的情况比政府了解得更翔实，满足他们的意愿诉求是城市规划的根本目的，因而社会公众对城市规划有更多的发言权和话语权。实施民主规划，改变过去唯权威人士、唯技术精英编制规划的传统做法，把广大人民群众引导到规划编制、管理、实施中来，集中最广大人民群众的智慧和力量，有利于纠正规划决策中可能出现的偏差，作出最符合实际和社会公众意愿的规划决策，切实提高规划决策的科学性和民主性。

三、切实提高民主规划水平

《马丘比丘宪章》指出："城市规划必须建立在各专业设计人、城市居民、公众和政治领导人之间系统的、不断的、互相协作配合的基础上"。城市规划是社会公众的共同事业，需要全社会的共同参与。公众参与既是民主的通俗化表达，又是一种具体的社会民主形式。公众参与的本质是民主规划，它以一种具象的、民主的实现形式而出现，是城市规划实践过程吸取公众意见的规划制度。建立民主、规范、高效、科学的城市规划公众参与机制是实施民主规划的根本要求。

1. 构建覆盖规划全过程的公众参与机制

城市规划可分为研究与编制、论证与决策、管理与实施三个阶段。健全公众参与制度，必须着力构建覆盖城乡规划全过程的公众参与机制，使城乡规划的整个过程都在公众的参与和监督之下，推动公众参与从有限参与向全程参与、由事后参与向事前参与、由被动参与向主动参与、由形式参与向实质参与的转变，确保城乡规划的科学性、民主性、权威性和公正性（图 5-3）。

图 5–3　济南市采取多种举措扩大公众参与

1）研究与编制阶段

研究与编制阶段公众参与的重点是如何反映各个阶层、各个区域、各个行业合理合法的利益诉求和真实意愿，并在规划的研究编制中予以体现，为此需完善前期调查、公开征询规划创意、规划指标评估三种机制。

2）论证与决策阶段

城市规划决策大致可分为两类，一是规划方案决策，二是项目审批决策。对于规划方案决策，应赋予公众选择权，可针对规划的目标、理念、构思、布局等，提供多个可供比选的草案，通过报纸、电视、网站等多种形式予以发布，使公众能方便地了解这些规划草案及其相关背景并参与投票评选，以充分体现民意。同时，应充分尊重公众投票的结果，可采取市民、专家加权平均的方式对投票结果进行综合计算，并将其作为规划决策的依据。对于项目审批决策，应深化规划公示和公开听证制度，根据市民的反馈意见，组织建设方和市民代表进行有效的调解斡旋，达成一致。对于某些矛盾特别尖锐的项目，还需要进行公开听证，以保证行政审批的合法性与合理性。

3）管理与实施阶段

这一阶段公众参与主要体现在建立行政监督和社会监督并举的规划实施监管网络。“人民城市”不仅要“人民建”还要“人民管”，“人民管”的过程也正是市民行使权力和履行义务的过程。着眼于引导和保障市民更好地行使对城市规划的监督权，城市政府及规划部门除畅通信访、投诉、检举渠道，被动地接收市民监督信息外，还应采取必要的主动行政措施，如建立完善规划监督员制度，对规划实施情况进行动态监控，在社区居民委员会聘请规划协理员，使之成为规划部门和市民间的“联系人”等。建立规划监督嘉奖制度，对及时举报在建违法项目，避免造成更大经济损失的市民予以表彰、奖励。

2. 构建多元化的城市规划公众参与主体

目前，除城市规划委员会这一重要的参与主体外，可以探索的城乡规划公众参与主体还可以包括：社区居民委员会、城乡规划协调委员会以及其他组织机构。①社区居民委员会。是群众自治性组织，也是最应该、最能够代表一定区域范围内市民利益的组织，应建立社区居民委员会制度，更好地代表市民参与规划。②城乡规划协调委员会。规划涉及社会各阶层的利益关系，有必要引入政府与公众之间“第三方”的概念，培育某种非营利和中介性质的公共组织作为城市规划协调委员会，作为政府、市民、利益集团之间对话的平台。③其他组织机构。各级人大和政协具有其他组织无法比拟的广泛性、权威性，除代表特定群体行使话语权、参与权外，作为民意代表可在参与城市规划中发挥干预和监督的作用；各类行业协会在参与规划中的作用主要是向城市政府及规划部门反馈本行业的发展设想和对城市资源的配置诉求，使规划能更多地接收来自经济、社会、文化等方面的信息；新闻媒体在参与规划中的作用至关重要，应引导市民树立正确的评价标准，引导正确的舆论导向，发挥好舆论监督的作用，使城市规划在阳光下运行。

3. 建立全方位、多层次的公众参与平台

公众参与城市规划必须依托于特定的载体形式，否则再好的制度、机制都可能成为"空中楼阁"。应建立透明化、公开化的信息平台，让更多的公众了解规划、参与规划，解决信息不对称的问题。

1）对话平台

行政式对话，完善听证会制度，对必须进行听证、可以进行听证等情形作出明确规定，把是否举行听证的决定权从行政部门更多地向利害相关人转移。自由式对话，建立座谈会制度，定期或不定期召开各类座谈会、恳谈会，实现政府部门与公众之间的自由对话，并就对话中居民提出的意见、建议制订改进措施，向居民反馈。公开式对话，利用电视、广播、网络等媒体平台，采用"政务面对面"等形式，实现政府部门与公众的直接对话。

2）网络平台

加强规划网站建设，有条件的城市应设立专门的规划网站，建立"网上规划展馆"，及时公示本市规划成果、审批事项。按照《政府信息公开条例》的要求，完善政务公开目录和指南，进一步规范规划政务公开工作。建立网站群，实现规划部门与本市相关政府部门之间、与规划编制研究机构之间、与外地城乡规划职能部门之间的链接。积极推广网上规划服务，逐步实现网上查询、网上报建、网上审批。

3）公示平台

建立多功能、复合式的城市规划展厅（馆），使之成为展示规划的窗口、普及规划知识的园地、公众参与规划的平台，为公众了解规划、参与规划提供集中场所。充分发挥展厅作用，集中发布各类规划公示信息，并由专业人士提供面对面的规划咨询服务，不定期开展规划讲座、民意调查等专题活动。

4）教育平台

在城乡居民层面建立"社区规划学校"，聘请业内人士授课，开展规划下乡、规划进社区等活动，加强对社区负责人、居民代表的培训，着重培养一批社会责任感强、有一定规划知识的社区精英分子，使他们能够更好地代表和带动普通市民参与和支持城乡规划。在城乡管理者层面，特别是针对各级领导干部，建立"规划高端论坛"，邀请高水平专家与城乡发展的决策

图 5–4 济南市规划局设置规划宣传栏扩大规划宣传

者就城乡规划的深层次问题进行对话交流，以期出现更多的“专家型领导”，提高科学决策水平。在城乡规划工作者层面建立继续教育机制，提高执业理念，加强职业道德，提高组织协调、利益平衡、矛盾斡旋的能力，使其在公众与政府之间发挥“独到”的作用。

4. 提高全社会的规划意识和法制观念

提高居民参与规划的意识与水平是提升规划公众参与水平的根本。加大城乡规划宣传力度，通过举办各类培训班、建设规划展厅、加强网站建设、设立规划宣传栏（图 5–4）、编印规划刊物等多种方式，向社会各界普及规划知识，宣传规划法规，展示规划成就，增强全社会对规划工作的了解和认知，教育动员人民群众了解规划、参与规划、执行规划、监督规划。充分发挥电视、广播、报刊等各类新闻媒体的作用，设立城乡规划专题栏目，定期发布城乡规划信息，引导正确的舆论导向，加强舆论监督，增进广大群众对规划工作的理解、信任和支持，努力在全社会形成人人关心规划、自觉遵守规划、监督执行规划的良好氛围。

第三节 依法规划是法治过程

一、依法规划的提出及内涵

城市规划是政府引导和调控城市建设发展的法定依据，依法制定的城市规划具有法律效力，因而规划具有法律属性。1990年我国第一部《城市规划法》的诞生，标志着我国城市规划进入了法制化、规范化健康发展的轨道，确立了我国城市规划的法律地位。2008年1月1日正式施行的《城乡规划法》，就城乡规划的制定和实施作出了详细规定，要求城市、镇和已经编制规划的乡村内的建设活动，都应当符合规划要求，按照法律规定取得相应的规划许可，从而进一步强化了城市规划的法律地位和法律约束性，城市规划进入了城乡统筹、依法规划的新时期。

随着社会主义市场经济的发展，市场成为配置资源的基础手段。市场主体追求的是效率，而政府的职能是维护市场秩序、克服市场的低效和失效，并追求社会公平，弥补市场的“失灵”。城市规划作为引导和调控城市空间资源合理配置的有效手段，必然涉及社会利益的调节及效率和公平的权衡，因而既要有基于价值判断的“公共政策”导向，也必须有法律的授权和约束，方能有效行使其职能和发挥作用。因而在当今社会经济转型期，城市规划的法律地位就显得更为重要，必须建立一整套规范、完善的城市规划法规体系，使城市规划管理有法可依、有法必依、依法规划、依法行政，才能真正维护城市规划的权威性和严肃性，保障城市规划的依法实施。由此，在近年来的规划实践中，一种新的规划理念应运而生，这就是依法规划。

依法规划源于我国依法治国和依法行政的法治观念。依法治国是我们党在总结长期的执政治国经验教训的基础上制定的基本治国方略，是依照宪法和法律规定，通过各种途径和形式管理国家事务，管理经济文化事业，管理社会事务，保证国家各项工作都依法进行。依法治国是我国发展社会主义市场经济的客观需要，是社会文明进步的重要标志，也是国家长治久安的重要保障。依法行政是各级行政机关依据法律规定行使行政权力、管理国家事务的基本职能，是对各级行政机关提出的基本要求，也是市场经济条件下对政府活动的客观要求。

由此可见，所谓依法规划，是规划行政管理部门依据国家有关法律法规及相关规范标准和技术规定，进行规划编制和实施管理的一种规划理念和方法，是依法治国、依法行政等法治观念在规划领域的具体体现，也是市场经济体制下政府针对市场“失灵”而进行公共干预的具体手段之一。其内涵为依法编制规划、依法管理规划、依法审批规划、依法实施规划、依法监管规划，加强行政主体的自律和对行政客体的监督，使依法行政贯穿规划编制、管理、实施和监管的全过程，保障规划的法定性，维护规划的权威性和严肃性。

二、依法规划是实现规划愿景的法治过程

1. 推行依法规划是依法行政的根本要求

依法行政、建设法治政府，是社会主义法治建设的重要组成部分。依法管理经济、社会

事务，有效依法行使职权是各级行政机关的重要职责。各级城市规划管理部门作为城市政府管理城乡规划事务的职能部门，必然要遵循依法行政的要求，依据法律规定行使行政权力，这是市场经济对政府管理的必然要求。因此，实施依法规划，是依法行政理念在规划领域的具体体现，也是依法行政的根本要求。推行依法规划，能够有效抓好体现科学发展要求的法律制度的贯彻落实，正确处理好当前与长远、局部与整体、经济发展与社会进步等关系，真正把科学发展观的要求贯穿于政府工作的各个环节，这是依法行政的根本需要，是执政根基的重要保障，也是反腐倡廉的有力武器。如济南市规划部门积极推行依法规划，突出容积率等核心规划指标、公共服务设施配套、城市特色保护等重点，坚持“符合规划的要快办，不违反规划的要办好，违反规划的坚决不能办”的依法规划原则，围绕规划管理的重点事项和关键环节，严把方案编制、选址用地、指标控制、批后管理和违法确认等关口，确保各类规划编制和建设项目的审查审批符合国家政策、符合法律法规、符合上位规划、符合规范标准，依法行政水平大幅提高。

2. 推行依法规划是依法治国方略的重要体现

依法治国是党领导人民治理国家的基本方略。实行依法治国，保障人民民主，既有利于充分发挥人民群众的主动性、积极性和创造性，又有利于保障国家政治、经济、文化等各项事业有序进行。而依法规划是依法治国方略在城乡规划领域的具体体现，只有坚持依法规划，才能有效规范和约束规划行政管理部门和建设单位的行为，真正规范和约束行政权力，限制自由裁量权，从根本上遏制违法违章建设行为；才能遵循法律规定进行规划管理，平衡协调各种利益关系，维护城乡建设的正常运行；才能依靠法制力量，依法公开、公平、公正地解决涉及广大人民群众切身利益的矛盾纠纷，保障人民群众的根本利益；才能运用法律手段，使广大人民群众充分享有各项民主权利，使他们能够享受城市建设发展的成果。

3. 推行依法规划是维护规划权威性、严肃性的重要保障

经过法定程序科学制定的城市规划，是具有法律效力的文件，具有法定性和权威性。规划一经法定程序批准，任何单位和个人必须自觉遵守，严格执行，必须严格按照法定程序编制、审批、调整规划。但是当前在城乡建设发展中还存在一些不容忽视的问题，如各级各部门依法实施规划的自觉性有待强化，全社会的规划意识和法制观念亟待加强，城乡规划建设中出现的有法不依、执法不严、随意批租土地、盲目建设等问题，至今尚未得到根本解决。受利益驱使，城乡建设中违反法律法规、违反规划要求的现象时有发生，违法违章建设行为屡禁不止。随着改革的深化以及城镇化进程的加快，有些问题将更加突出，迫切需要通过推进依

法规划加以解决。实施依法规划，依法编制、管理、审批、监管规划，是城市各项建设事业健康发展的重要保证，事关城市的稳定、发展和形象，对于维护规划的权威性和严肃性具有重要意义。

4. 推行依法规划有利于保障城乡规划有效实施

规划是城市建设发展的法定基本依据。高起点规划，高水平建设，高效能管理，是城市健康发展互为依托、缺一不可的三大支柱。有了好的规划，如果不按规划实施建设，规划的法定性就无从体现，城乡规划建设的正常秩序就会受到破坏，城市建设就会陷入盲目和无序状态。如果听任这种无序状态蔓延下去，将会严重阻碍经济社会和城乡建设的健康发展。不按规划实施建设而导致的大量违法违章建设的存在，践踏着城市规划的尊严，践踏着城市规划不容置疑的法律地位。为了遏制这种行为，必须大力实施依法规划，确保规划管理的程序性和规范性，坚决依法查处各类违法违章建设行为，依法保障各类城乡规划有效实施，促进城市经济、社会和城市建设健康、有序发展。

三、不断提升依法规划水平

实施依法规划是在依法行政、依法治国等法治理念逐渐深入的背景下提出的。只有按照国家法律法规的规定进行规划管理，才能使城市建设发展沿着正确的轨道前进。因此，必须按照依法行政的要求，以法律法规为依据，通过严格依法编制审批和实施规划、完善法规制度、加强规划监管、严格行政执法等措施，努力做到依法规划。

1. 严格依法编制、审批和实施城乡规划

深入贯彻落实《城乡规划法》，严格按照《城乡规划法》、《行政许可法》等法律法规进行规划的编制、审批和实施，把规划的编、审、管、查各个环节都纳入法制化、规范化的轨道。在规划编制层面，依据《城乡规划法》的要求，明确各级人民政府及其城乡规划主管部门对组织编制规划的责任，依法明确规划的强制性内容，严格执行城乡规划编制的程序要求，把好项目招标、专家评审、咨询论证、社会公示等关口，严格按照法定程序进行规划的调整、修改和备案、审批，确保编制程序符合法律法规和规章要求，确保编制内容的科学性和合理性。在规划审批层面，严格遵守《城乡规划法》、《土地管理法》、《行政许可法》、《物权法》等法律规定实施依法行政，坚持规划的刚性原则，完善管理程序和行政链条，确保规划管理的程序性和规范性。在规划实施层面，加强规划批后管理，健全建设工程竣工规划核实及相关工作机制，大力开展规划巡查，加强对规划实施的监督检查，依法保障各类规划有效实施。

2. 着力完善规划法规制度体系

规划法规制度体系是实施依法规划的前提和保障，只有健全法规制度体系，才能把城乡规划管理的各项工作纳入法制化、制度化、规范化的轨道。当前城乡规划地方性法规制度体系不健全已成为制约地方城乡规划工作的重要因素。《城乡规划法》的颁布施行，为实施依法行政奠定了基础。《城乡规划法》作为城乡规划领域的基本法，规定了城乡规划的全局性、根本性内容，但规划工作纷繁复杂，规划管理的细节问题，既需要国家层面制定相配套的法规进行完善，也需要各地结合当地实际制定地方性规划法规和有关规章、规范性文件，予以深化落实。因此，必须加快规划法规制度建设步伐，着力构建与《城乡规划法》相配套、具有地方特色的规划法规制度体系，确保各类城乡规划工作有法可依、有章可循。

3. 健全规划实施监督机制

加强规划监督检查是确保规划权威性和严肃性的重要抓手。必须强化“规划如山”的观念，建立健全行政监督、社会监督、舆论监督并举，全方位、多角度、全过程的规划实施监督体系，齐抓共管，形成合力，确保各项城乡建设科学高效、规范有序地进行。①加强项目跟踪监督。根据《城乡规划法》等相关法律法规，加强规划批后管理工作，落实规划监察执法报告备案制度，逐步建立规划管理动态信息系统，加强对项目实施全过程的跟踪监管。②建立驻区（县）规划督察员制度。参照住房和城乡建设部《关于建立派驻城乡规划督察员制度的指导意见》，借鉴重庆、成都等市的先进经验，由城市规划主管部门向各区和县（市）派驻规划督察员，依照有关法律、法规及经批准的城乡规划，重点对规划审批后的实施情况、违法建设行为及群众普遍反映的问题进行督察。③构建规划实施监管网络。着力完善事前、事中、事后并重的规划监管体系，积极推进规划监管向基层延伸，充分发挥基层街办、乡镇的作用，形成横到边、竖到底、无缝对接、全面覆盖的城乡规划监督网络。④健全舆论监督机制。充分发挥电视、广播、报刊、网络等各类新闻媒体的舆论监督作用，引导市民增强规划意识和法制意识，监督各类城乡规划以及建设项目依法审批和实施，使规划建设在阳光下运行。

4. 严格城乡规划行政执法

行政执法是依法规划的关键环节。当前城乡建设中存在的违法违章建设行为，是对正常城市规划建设秩序的公然践踏。必须全面加强行政执法，有效制止各种违法违章建设行为，保障城乡规划依法实施。①进一步加大行政执法力度。按照职权法定、权责一致的原则，加强发改、建设、规划、国土、执法、房管、环保等部门的衔接配合，延长行政链条，形成行政执法的合力。②严格实施行政执法。按照“有法可依，有法必依，执法必严，违法必究”的原则，坚决纠正有法不依、执法不严、违法不究的现象，坚决维护规划的权威性、严肃性。③建立违法违章建设防控体系。构建市、区、街（镇）三级联动机制，齐抓共管，确保及时发现、立即制止、坚决拆除各类违法违章建设，从根本上杜绝违法违章建设的发生。④严格落实行政问责制。按照权责一致的原则，建立违法建设责任追究制度，加强对各级各部门的监督检查，防止滥用自由裁量权，严肃查处实施违法违章建设的责任人，确保法律、法规和国家各项方针政策得到有效执行，提高规划的公信力和执行力。

第四节　务实规划是实践过程

一、务实规划的提出及内涵

在当今社会、经济转型的巨大变革时期，时代发展最突出的特征是“变”，最困惑的是变化中的选择和选择的变化性，最困难的是选择一种适应变化并在变化中保持优化选择的方法。与此同时，中国城乡的建设发展正在社会、经济转型的巨变中呈现着异常剧烈的变化。在此形势下，作为引导调控城乡建设发展重要手段的城乡规划如果以不变应万变，显然是不科学、不合理，也是不现实、不可取的。随着经济、社会体制的转型，多元性和异质性成为城市发展的本质特征，城市建设投资主体日益多元化，社会方方面面的利益矛盾日益复杂化，规划工作面临的“多重博弈”形势也日益严峻。必须在规划实践中创出一条“应变之路”，既保持规划理想、又满足现实需求。于是在近年来的规划实践中，逐渐形成了一种既可保持规划理想、又能够实事求是应对变化的新型规划理念——务实规划。

一个典型的事例是，2000 年《深圳市城市总体规划（1996—2010 年）》获得建设部优秀规划设计一等奖，并随即获得全国城市规划的第一个“国家金奖”，在此之前的 1999 年，该规划已经获得了国际建筑师协会（UIA）首次授予亚洲的“城市规划荣誉提名奖（阿伯克隆比奖）”。可以说，这是中国城市规划行业迄今获得最高荣誉的项目。城市发展历程证明，即使是如此优秀的规划蓝图在实施中也遇到诸多问题，导致无法确实有效地指导城市的健康发展。而其后的《深圳市总体规划检讨与近期建设规划》项目，则是在否定与反思该版总体规划的基础上编制而成的，它从分析实际情况出发，坚持以人为本，注重解决实际问题，实施后取得了较好的效果，促进了城市的健康、快速发展。正是在上述诸如此类的规划实践中，规划设计中存在的过于机械化和理想化的弊端逐渐显现，并在实践探索中逐步形成了更加贴近现实和城乡建设发展实际的务实规划理念。

务实规划，就是能办实事、能解决问题、能平衡各方利益、能提高社会满意度、能调控好城市空间布局、能彰显城市特色的规划理念。它是在总结和反思过去规划工作的基础上，进一步解放思想、更新观念，逐步探索形成的一套满足规划建设多元需求的弹性规划理念，是科学发展观和求真务实精神在城乡规划领域的集中体现。它不仅是一种规划理念，也是一种科学的规划方法。务实规划强调要从城乡建设发展实际情况出发，从以人为本入手，以解决城乡发展问题、科学引领城乡健康发展为目标，客观分析城市现状要素及今后的变化趋势，深入研究、力求把握市场经济对城市建设发展的影响，客观判断不同利益主体的意愿诉求，平衡协调各种利益矛盾，科学制定切实可行的规划方案，实事求是地提出解决问题的途径与方法，切实增强规划的可操作性和可实施性，确保规划符合城乡发展实际，引导城乡健康、有序发展。

二、务实规划是实现规划愿景的实践过程

务实规划是在规划工作直接面对社会经济转型、市场经济演变、城市快速发展和城市化大潮中，通过规划编制、审批、实施、跟踪、研究、再编制的循环过程，在体验了城市规划作用于城市建设的实际效用，感受了政治、经济与社会发展对规划理想的强烈撞击及社会多方力量的博弈后，在一次次适应变化的过程中逐渐形成的。在当今城市发展瞬息万变、多种社会力量利益博弈日趋复杂的社会环境下，实施务实规划，更具有极为重要的现实意义。

1. 实施务实规划是求真务实精神在规划领域的具体体现

中国共产党90年来的发展历程表明，求真务实是党的思想路线的核心内容，是党的活力所在，是党和人民事业兴旺发达的关键。而务实规划正是科学发展观和求真务实精神在城乡规划领域的具体体现。当前，在城乡规划领域，某些规划由于没有很好地坚持求真务实，使一些本来可以做好的事情没有做好，一些本来应该解决的问题久拖不决，一些本来可以缓解的矛盾进一步激化，在制约经济、社会发展的同时也造成了巨大的资源浪费。在一些地方，不少规划由于编制过于超前或滞后，或者缺少对经济、社会发展形势的深入研究，导致了规划一经审批就沦为一纸空文。这些情况，违背了科学发展观的思想内涵，与求真务实的科学精神格格不入，如不坚决克服和纠正，势必损害规划工作的社会地位，妨碍城乡经济、社会发展。在实际工作中，要有紧迫感和责任感，既要放眼长远，又要立足现实，科学分析，从具体规划项目的实际情况出发，因地制宜，对症下药，提出切实可行的对策思路，以务实的规划引领城乡建设全面、协调、持续发展。

2. 务实规划是规划理想与现实之间的理性选择

城市规划是为未来城市发展目标所设定的理想蓝图，是我们要积极争取实现的未来目标。但任何理想都不是凭空产生的，都必然、也必须与现实直接相关，与现实环境中的人的状况

与选择相关。事实上，现代城市规划自诞生之初，就是以解决工业城市中所存在的城市问题为己任的，就是要在城市建设和发展的过程中发挥作用，否则现代城市规划就丧失了其立身和谋求发展的基础，这一点可以用现代城市规划的整个发展过程予以证明。然而，在实际工作中，理想与现实的冲突无处不在，经常可以听到对一些理想规划图景的可实施性、可操作性提出异议的评说，认为有些规划只是形式美，却脱离现实，好看而不实用。实施务实规划，就是要在规划理想与现实之间作出理性选择，使规划实用、管用。所谓实用、管用，就是规划能够符合实际和发展需要，能够在现实中得到运用、付诸实施，能够解决实际问题，真正具有可操作性和可实施性。因此，在规划理想与现实的博弈中，务实规划正是理想与现实之间的理性选择。

3. 务实规划是规划工作直面复杂现实的必然选择

曾几何时，规划"看着美，落实难"和"纸上画画，墙上挂挂"成为规划界的诟病。究其原因，规划不切实际，不反映现实，难以实施是一个重要原因。城市真实的现实是城市发展的起点。对于不同城市而言，现实虽然不够理想，但它是客观存在的，是历史和当前各种影响要素共同作用的结果。在当前市场经济条件下，受各种不确定因素的影响和制约，城市建设发展的机制、动力、因素发生着巨大变化，意味着城市发展必然充满变数，表现出强烈的随机性和极大的不确定性。随着城市化进程的加快，新的城市在生成，老的城市在拓展，人们对规划的期待程度也日益提高：一是要求快，二是要求好，有时，快还成了主要要求。这使得规划界出现了或随波逐流或过于理想化的两种行为理念，造成一些劣质规划充斥市场，对城市发展造成了负面影响。规划不仅仅只是图纸上的优美形式，关键要能得到实施，真正解决城市建设发展中出现的问题，真正起到引领城市发展的灵魂性作用。在这种情况下，现实的复杂性要求城乡规划必须积极地作出回应，创新规划理念，实施务实规划。"务实规划"中的"实"，其第一要义就是客观"现实"，其根本出发点是立足现实、解决问题，它强调现状解读，重视现实的客观性和真实性，充分认识、客观分析、科学研判各种要素变化的趋势和方向。它倡导新思维，提倡创新解决问题的技术路线和技术方法。它抓住薄弱环节和关键问题，集中优势资源，提出合理、可行的规划方案，解决城市发展的核心问题，快速提升城市发展的综合能力。

4. 务实规划是应对多重博弈的现实选择

转型期城市发展受政府决策、企业投资、社会团体、公众参与、专家咨询等多元社会力量的影响和制约，这些"元"都在以其力所能及的方式对城市发展和规划建设产生影响，以实现其意愿诉求。多元化成为城市发展的本质特征之一，使规划工作越来越艰难地应付着多

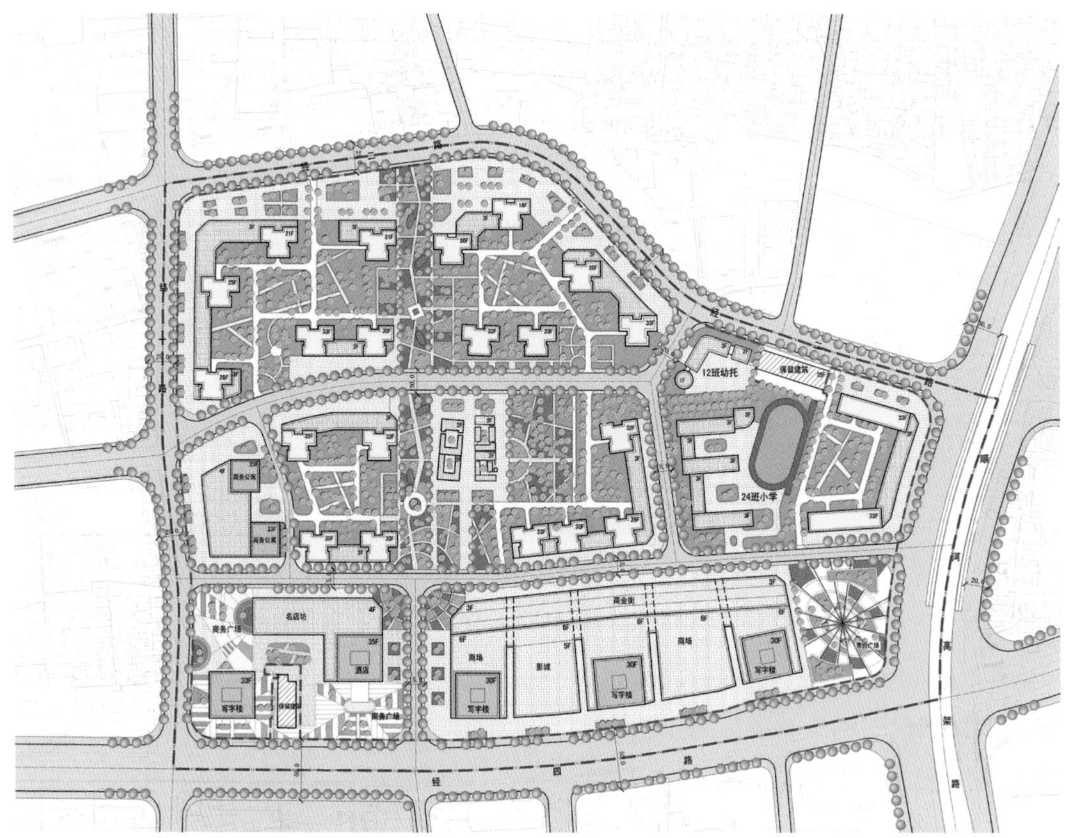

图 5–5　棚户区改造规划工作面临多重利益博弈

元利益博弈的沉重压力。在压力面前，城乡规划已经逐步分化为“左”、“右”两种倾向：要么屈从于现实，逢迎现实的主导力量，充当满足其特定利益诉求的工具；要么坚守规划理想，视现实如虚无，一味地以“理想蓝图”维护规划的传统地位。然而，事实却是不顾现实的“左”和放弃理想的“右”，都会给规划事业带来巨大伤害。多种力量的博弈冲突要求我们在实际规划工作中，要探索形成一套能够满足社会多元化利益需求的规划理念和方法，这就是务实规划。务实规划是规划工作应对多重博弈的客观选择，有利于客观判断多元利益主体的意愿诉求，有利于协调平衡各种利益矛盾和冲突，有利于实事求是地提出解决问题的途径与方法，是规划理想走向现实的必由之路（图 5–5）。

三、切实增强规划的适用性和可实施性

务实规划是对城市在市场化进程中快速而不稳定发展的深刻理解，是充分认知现实并致

力于逐步改善现状的规划理念，是实事求是的工作态度和追求社会责任与大众满意相结合的服务精神。作为一种倡导变化、适应变化的规划理念，务实规划的提出为我们提高规划的合理性、可行性和可操作性，提升城乡规划水平，依法保障规划实施，提供了方法论指导。必须坚持从实际出发，本着科学务实的态度，大力实施务实规划，切实增强规划的适用性和可实施性。

1. 坚持求真务实，牢固树立务实规划理念

在规划工作中落实科学发展观，必须树立求真务实思想，在思想认识上强化务实规划理念，不断解放思想，与时俱进，科学务实，积极作为，既要坚持原则，又不能墨守成规。要打破陈旧观念的束缚，以科学、务实、辩证的态度，把握好规划原则性与灵活性、刚性与弹性的关系，既要防"左"又要防"右"，务实弹性地开展工作。尊重客观现实，从实际情况出发，分析研究不断变动的现实情况，与时俱进地分析新情况，解决新问题，用新思维探索新举措、新思路、新对策，寻找解决复杂矛盾和问题的措施和策略，避免教条和僵化。在尊重社会、经济、文化与城市发展客观规律的基础上，不断更新规划理念、完善工作思路、创新工作方法，探寻最适合城市发展阶段与特征、符合实际、符合规律、便于操作、易于实施的务实规划设计与管理模式。

2. 注重统筹兼顾，满足规划建设的多元化需求

尼格尔·泰勒指出"有效的规划实施需要具备与他人联系、沟通和谈判技能的规划人员"。城市规划建设涉及社会各个利益主体、各种社会力量的利益诉求，规划编制、管理、实施的过程实际就是利益博弈的过程。实施务实规划，必须充分认识规划工作的过程就是利益协调与博弈的过程，要从政治和全局的高度统筹谋划规划工作，科学分析各种社会力量和利益主体对城乡规划的影响机会和程度，统筹兼顾各方利益，综合协调各种矛盾，探索形成满足社会多元化利益诉求的务实规划方法，切实维护城市发展的整体利益、长远利益和人民群众的根本利益、切身利益。

3. 注重结合实际，避免规划与现实脱节

所谓务实，其核心理念之一就是要以调查研究分析城市发展实际为根本出发点编制规划、实施规划管理。务实规划注重对城市发展规律和阶段性特征的研究，注重对城市建设发展实际状况的研究，注重对各类影响因素及其变化趋势的研究，它强调现状解读，突出规划目标分解，依据实际状况进行多方案比选，力图从多解中寻找最符合城市发展实际的规划方案，确保规划得以顺利实施，避免规划理想与现实状况的脱节。例如，某条规划道路要穿过一个村庄或一片居住区，如果单纯追求规划道路的顺畅、笔直、宽阔，划出的道路线形就有可能

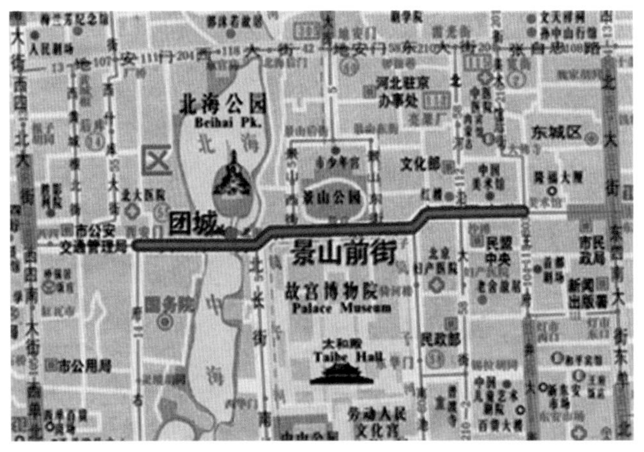

图 5–6　道路线形不必强求笔直

笔直地斜穿村庄或居住区，可能就要拆掉更多的村居和住房，牵涉到很多人，造成较大的拆迁量，大幅度增加拆迁成本。但如果从务实的角度考虑问题，规划道路的线形充分结合实际，在满足规划要求的前提下进行多方案比选，能少拆一户就少拆一户，路不一定要那么直那么宽，就可能得出完全相反的结论，就能大大减少拆迁量，就能给村民或住户减少很多麻烦，就能大大节约社会资源和开发成本（图 5-6）。如果没有大量调查和实事求是的规划原则，一味地追求规划理想，就不会得出这样的结论，这就是体现了务实规划的理念。

4. 加强沟通协调，扮演好利益关系协调人的角色

美国著名规划理论家约翰·福里斯特指出："规划人员必须是高效率的沟通者和谈判者"，"规划人员必须参与同实力强大的开发商谈判，他们有责任积极保护各个公众群体的利益，包括弱势群体或被边缘化的群体"。务实规划要求规划工作者必须充分认识规划工作是利益协调与博弈的过程，涉及社会各个群体的利益关系。无论在规划编研还是在规划管理工作中，都要从平衡协调各方利益入手，坚持具体问题具体分析，多角度、全方位地研究项目主体及相关群体的利益诉求，扮演好利益关系协调人的角色，不但要有精湛的专业技术水平，还要有很强的政治敏锐性和高超的判断能力、综合协调能力，加强沟通协调，平衡利益关系，在各种力量、各种矛盾、各种利益的博弈中搞好平衡、做好协调、解决矛盾，胜任当前的工作环境和任务要求。

案例介绍：济南市棚户区改造规划

2007 年 4 月济南市全面启动了棚户区改造工作，市委市政府确定了"力争三年基本完成棚户区改造工作"的目标任务。济南市规划部门按照市委市政府的部署要求，在棚户区改造规划策划工作中积极实施务实规划，精心策划，扎实推进，提前全部完成了棚户区改造规划策划工作，有力地推进了济南市棚户区改造工作的顺利实施。

1. 快速展开调查摸底，充分解读现状

实施务实规划必须建构在对现状情况进行充分调研的基础上，全面掌握第一手资料。为此，

济南市规划部门先期对城市内的棚户区进行了全面调查摸底，对各个片区的规划策划工作进行了全面梳理，明确了各片区规划策划的工作重点、进度要求和工作分工，制定了《棚户区改造重点工作配档表》，明确了工作目标、职责分工、标准要求和完成时限。

2. 正确把握需要与可能，兼顾刚性控制与弹性引导

结合棚户区改造实际，济南市坚持“政府主导、市场运作、政策扶持、阳光操作”的方针，按照“统筹规划、捆绑策划、先急后缓、压茬推进”的原则，突出整体规划、片区策划、项目实施三个层面，先后对魏家庄、官扎营、宝华街等城市重点地区、重点地段及其他所有棚户区改造项目进行了全面、系统的规划研究或城市设计方案招标与征集。

3. 统筹兼顾各方利益，确定“三符合一提高”规划原则

济南市规划部门从务实规划的理念和思路出发，充分考虑政府、棚户区居民、开发商等利益主体的利益诉求，研究提出了“符合城市规划、符合法律法规、符合规范标准，尽量提高容积率”的“三符合一提高”原则，即规划策划要符合城市规划，确保策划成果与城市总体规划、控制性详细规划及其他专业专项规划等协调一致。在此基础上，综合考虑经济、环境、利益诉求等各种因素，最大限度地提高容积率，提高建设容量，提高土地利用效率，降低改造成本，为改造顺利实施创造条件，切实增强了棚户区改造规划策划的可行性和可操作性。

4. 整体策划分期实施，兼顾局部利益与整体利益

济南市棚户区改造坚持统一规划、整体策划、分期实施、配套建设，按照群众利益、整体利益、公共利益至上及节约集约利用土地的原则，综合考虑地块开发的各种因素条件及棚户区居民的意愿诉求，正确把握局部利益与整体利益的关系，在全市范围内共划分了38个集中连片的棚户片区进行整体规划策划，确保棚户区改造项目便于操作、易于实施，根据总规、控规等规划确定的功能性质、公共服务设施配置等要求，结合实际，合理划分大小适宜的具体开发改造地块，分地块出具规划指标，确保规划的适用性与灵活性，满足棚户区改造分期开发、分期建设、分期实施的需求，确保棚户区改造工作的顺利推进（图5–7）。

5. 充分利用现实资源，完善配套易于实施

在棚户区改造规划编制过程中，坚持以人为本，保障和改善民生，按照统一规划、统一配套、统一实施的原则，严格按《城市居住区规划设计规范》（GB 50180—1993）和相关法律法规要求，合理配置和布局各类城市公共服务设施和市政基础设施。截至2010年年底，按照棚户区改造规划，济南市已启动实施了发祥巷、魏家庄、经八纬一路西、解放阁—舜井街、大明湖东、馆驿街等38个集中片区和34个零星片区的棚户区改造工作，开工建设安置房约300万平方米，

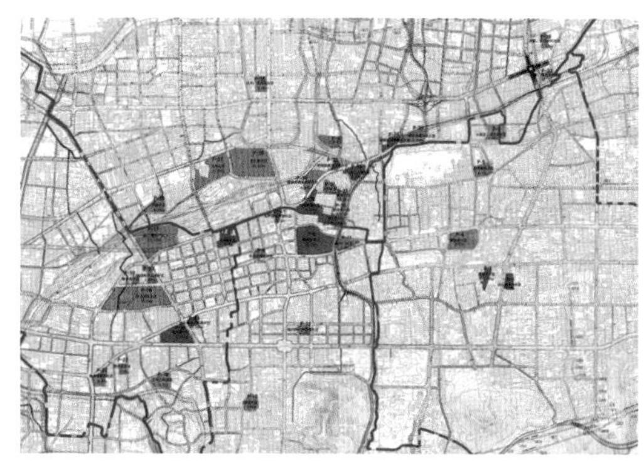

图 5-7　济南市棚户区改造片区分布图

图 5-8　济南市北刘片区棚户区改造规划图

竣工 130 万平方米。顺河街等 6 个棚户区改造项目已先后竣工，约 8000 户居民自 2010 年 6 月起陆续回迁入住新房，约 1.7 万户居民具备安置入住条件（图 5-8）。

第五节　和谐规划是社会过程

一、和谐规划的提出及内涵

“和谐”是人类社会始终追求的价值目标和共同理想。中国传统思想之天人合一、世界大同、和而不同等都体现了一种“和谐”的理想境界，如孔子说过“和为贵”，墨子提出“兼相爱”、“爱无差”的理想社会方案。在西方，古希腊思想家早就作出了“和谐即最美”的界定。1803 年法国空想社会主义者傅立叶发表了“全世界和谐”一文，提出现存资本主义制度是不合理的，必将为“和谐”制度所取代。1824 年英国空想社会主义者欧文在美国印第安纳州进行的共产主义试验，也是以“新和谐”命名的。从古希腊思想家对和谐的界定，到中国传统思想的天人合一、“和为贵”等思想，再到空想社会主义者对未来和谐社会的向往、描述和追求，都说明“和谐”是人类社会共同追求的价值目标和社会理想。对于正处于“黄金发展期”和“矛盾凸现期”的中国，“和谐”至关重要。

当今在深入落实科学发展观、构建社会主义和谐社会的宏观背景下，随着“和谐”理念的日益深入人心，在城乡规划领域贯彻落实科学发展观、体现构建和谐社会的理想目标，呼唤“和谐规划”的理念与方法。和谐规划与和谐社会一脉相承，是承继科学发展观、和谐社会的思想精髓而得出的新型规划理念。它以科学发展观为理论依据，以构建和谐城市为根本目标，在科学发展观统领下进行城市规划，是构建和谐社会的重要途径。

所谓和谐规划，就是指构建城市空间布局合理、产业发展协调、资源匹配得当、生态环境平衡、交通顺畅便捷、人居环境良好的规划。和谐规划的内涵极为丰富，蕴涵着经济、社会、政治、文化及生态系统各要素的和谐，也蕴涵着各系统、各要素相互关系的和谐，涵盖了城市空间、社会、经济、生态、人文等诸多方面的和谐。和谐规划以广大人民群众的根本利益为基本出发点和立足点，符合城市发展的客观规律，使城市经济、社会、文化协调发展，历史文化和风景名胜得到有效保护，人与自然和谐相处，实现城市社会文明、物质文明、精神文明、生态文明的和谐统一。

二、和谐规划是实现规划愿景的社会过程

1. 实施和谐规划是构建和谐社会的前提和保障

和谐社会作为一种社会理想，需要一代又一代人的不懈努力才能实现。凡事预则立，不预则废，对于和谐社会的构建而言，“预”就是统筹谋划、科学规划。构建和谐社会，和谐规划必须先行。和谐规划的根本目标就是要构建和谐发展的现代城市，和谐规划的过程本身就是协调不同社会主体利益，最终实现共赢和可持续发展的过程。没有和谐规划，就不会规划建设出和谐发展的城市，城市不和谐，社会难和谐。只有实施和谐规划，才能促进城乡经济、社会持续、快速、协调发展，才能推进先进文化的发展和延续，才能推动社会民主化进程和社会的全面进步。

2. 实施和谐规划是构建和谐城市的重要手段

和谐城市作为和谐社会的一个缩影，其内涵主要包括四个方面，即发达的经济实力、高度的现代民主、先进的精神文化、优质的生态环境。和谐规划作为政府宏观调控的重要手段，在推动经济增长、促进社会民主、建设先进文化和生态环境方面发挥着举足轻重的作用。和谐规划不仅体现了政府指导和管理城市建设发展的政策导向，而且由于其高度的综合性、战略性、政策性和特有的实施管理手段等特点，在优化城乡土地和空间资源配置、合理调整城市布局、协调各项建设等方面具有不可替代的作用，对城乡经济发展起着巨大的推动和调控作用；和谐规划不仅是物质空间规划，更是社会性规划，要综合平衡协调社会各方面的利益，通过广泛的公众参与，了解社情民意，促进社会民主，实现高度民主社会的建立；和谐规划通过文化的传承和文脉的延续，代表社会先进文化的前进方向，促进社会精神文明建设，在全社会形成积极向上、诚信友爱、充满活力、安定有序的良好氛围；和谐规划体现环境友好和资源节约的理念，通过对水源、土地、自然保护区、山林绿地水系等自然资源的有效保护与管制，既开发利用自然，又保护维护自然，创造良好的生态环境，实现城市与自然环境的和谐共生，最终实现和谐城市的构建。

3. 实施和谐规划有利于实现城乡和谐发展

建设和谐社会，最根本的是坚持以经济建设为中心，不断解放和发展社会生产力，保持国民经济持续、快速、健康发展，不断提高城乡居民生活水平。当前，我国经济社会生活中存在的许多问题和困难都与城乡经济、社会结构不合理有关，城乡分割、二元结构突出，城镇化滞后，城乡经济、社会发展缺乏内在的有机联系，农村经济、社会发展滞后已经成为加快和谐社会建设的最大难点。构建和谐社会要求把城市与乡村作为有机整体通盘考虑，任何将城镇与乡村割裂开来，孤立分析与研究的思路都是不妥当、不正确、有失偏颇的。实施和谐规划，要立足实现城乡和谐发展，把城市与乡村作为规划的整体对象来研究，从更高的层面、更宽的视野统筹考虑城乡建设发展的总体架构、生产力的合理布局、要素的有效搭配、城乡居民点的科学布局与发展、公共设施和基础设施的统筹配置，着眼全局，关注和谐，把着力点放在协调城乡关系、加快城乡发展这个关键点上，并以此为目标构建更为切合我国国情和各地实际的城乡规划工作思路、规划体系和管理模式，为促进城乡和谐发展、加快构建城乡和谐社会提供强力的规划支撑（图 5–9、图 5–10）。

4. 实施和谐规划有利于促进社会和谐稳定

规划工作大到城乡规划的编制，小到一个具体项目的规划布局，都涉及社会各个不同利益主体甚至利益人的利益关系。这一特点决定了规划的过程必然是利益协调与博弈的过程，必然充满矛盾与冲突。和谐规划以促进社会和谐为己任，通过推行公众参与、阳光规划、科学民主决策等制度，广泛倡导公众参与，畅通利益诉求渠道，统筹协调社会不同利益主体的利益关系，妥善处理各种矛盾纠纷，注重维护城市发展的整体利益和长远利益，注重维护社会公共利益和群众的根本利益，注重保障群众的知情权、参与权、表达权、监督权，注重保障弱势群体的利益诉求，注重兼顾各种利益关系，注重维护社会公平和谐，从而切实保障人民

图 5–9　济南市规划局网站设立公众参与频道及 12345 市民服务热线专栏，积极倡导公众参与规划

图 5–10　以和谐理念编制和谐规划

群众的切身利益和合法权益，让市民在和谐稳定、安定有序的环境中和谐相处，实现社会的公平公正、和谐稳定。

三、努力构建和谐规划

1. 树立和谐理念，编制和谐规划

城市发展的根本目标就是要打造和谐城市，意即要建设资源与产业匹配、生态与环境平衡、三次产业协调、空间布局合理、交通网络顺畅、环境整洁宜人、居住舒适方便的城市。实现这一目标，要注重以人为本，创新规划理念，改进规划方法，其核心就是要牢固树立和谐规划理念，把和谐思想渗透到城市规划的方方面面。

一是产业布局与资源利用相匹配的理念。和谐理念的城市规划不能就规划论规划，而是要综合考虑城市的资源利用与产业布局之间的协调关系。城市经济格局中的三次产业，乃至每个行业产业布局都要与相应的资源供应相适应、相平衡。脱离城市资源供应的实际能力布局城市产业的做法是不可取的。“但存方寸地，留与子孙耕”。不能通过竭泽而渔的办法发展经济，满足当前的发展，不能通过恶化生态环境的方式谋求发展。要树立城市经济的可持续发展观，既做到壮大优势产业，发展潜力产业，又做到节约产业储备资源，实现产业的可持续发展，为城市发展提供良好的产业支撑。当前我国实行的“转方式、调结构”宏观政策，目的就是要通过改变经济增长方式，调整优化经济结构，实现经济发展与资源条件相匹配，促进城市经济的长远可持续发展。济南市提出的“拓展城市发展空间，打造现代产业体系”的总体战略，也是基于这一思想作出的科学论断和战略决策（图 5-11）。

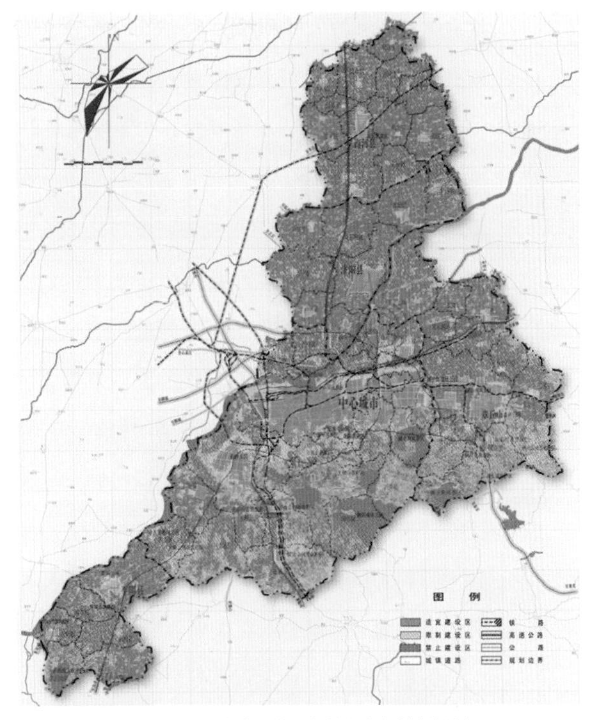

图 5–11　济南市域脆弱资源保护与空间管制规划图

二是城乡发展相协调的理念。和谐理念的城市规划坚持城乡统筹协调发展，彻底摒弃城乡二元分割的规划理念，创新覆盖城乡的规划体系，统筹考虑和综合布局城乡产业发展，合理调控城乡各类土地及空间资源，统筹布局城乡基础设施和公共服务设施体系，引领城乡居民点体系和城乡人口合理分布，遏制土地粗放利用、城乡土地管理混乱、环境污染、资源浪费等问题，有效保护资源环境，提高资源配置效率和设施共享程度，增强城乡综合承载能力和公共服务能力，加快实现全面建设和谐社会的宏伟目标，以和谐规划促进城乡经济、社会、人口、资源、环境协调持续发展。

三是功能分布与人居环境相协调的理念。城市规划的主要对象是城市空间资源，但这个空间是为人所用的，空间的主体是人。规划的最终目的是为了人的生产、生活与发展需要，而人的全面发展是构建和谐社会的根本要求。规划工作不能“见物不见人”，和谐理念的城市规划倡导以人为本，强调城市功能分布与人居环境相协调，明确定位工业区、生活区、行政商贸区、文化区和绿化水体生态区等，将工业污染影响缩小到最小范围，使城市人流、物流及信息流畅通方便，打造良好的人居环境。

四是城市现代化建设与历史文化保护相协调的理念。城市建设发展与城市历史文化的传承之间，不是相互割裂、更不是相互对立的关系，而是有机关联、相得益彰的关系。和谐理念的城市规划追求城市历史文化的传承发扬与城市现代化建设之间的和谐统一，重视自然和历史文化遗产的保护和承继，坚持有机更新、内外兼修、神形兼备，既注重构建城市外在物质形态的和谐，更注重构建城市内在历史文化内核的和谐，塑造和体现城市自身的文化个性、文化底蕴和历史文化传统，使城市现代化建设与历史文化遗产浑然一体、交相辉映，既展现现代文明的崭新风貌，又彰显历史文化的奇光异彩。

2. 体现资源节约和环境友好，实现人与自然和谐发展

当前，一些地方重经济发展轻环境保护的思想仍然存在，在经济建设上不遗余力，在环境保护方面却存在不够重视的态度，造成一些城市的规划设计不能合理划分工业产业与居民生活区，未能妥善处理污染企业与周边环境的关系，未能有效平衡工业企业高污染与社会低效益的关系，这些城市在经济发展的同时也带来了严重的环境污染问题，不仅降低了城市形象和品位，而且制约了城市功能的有效发挥，阻碍了城市的健康发展。实施和谐规划，必须把追求人与自然和谐发展作为规划的根本，按照建设资源节约型和环境友好型城市的要求，切实转变经济增长方式，调整优化经济结构，使经济发展与生态保护相协调，立足于资源和环境的约束条件，切实保护好农田、水源地、自然资源和历史文化等宝贵资源，妥善处理开发、利用与保护的关系，实现城市发展与自然环境相协调，人口、资源、环境相协调，避免超越资源环境的承载能力盲目发展而导致的资源浪费和环境破坏。

3. 重视社会事业发展，促进社会公平共享

改革开放 30 多年来我国经济的快速发展，为构建和谐社会奠定了雄厚的物质基础。但市

场作用是有缺失的，重经济建设而轻社会事业发展，造成当前社会事业滞后于经济发展，公益性公共服务设施短缺，公共资源的配置在城乡之间、不同社会利益主体之间的差距悬殊等问题。实施和谐规划，要求经济发展与社会进步相协调，在发展经济的同时，注重各项社会事业的同步发展，充分发挥和谐规划在社会事业发展中的调控与引导作用，更加注重社会公平、设施共享，通过规划的编制和实施合理布局各类公共服务设施和基础设施，重视各类社会事业专项规划和建设项目在空间上的具体落实，并通过严格的规划管理手段保证此类用地的有效实施。

4. 倡导公众参与，促进社会和谐

城市规划涉及各行各业、千家万户的根本利益，实施和谐规划，建设和谐社会，呼唤“阳光规划”。阳光规划是以提高政府决策的科学性、民主性和践行执政为民宗旨为目的，以推行规划工作的公开、公正、廉洁、高效为手段，以建立和实施政务公开、公众参与、民主决策制度为主要内容的城市规划管理工作机制。倡导阳光规划，扩大公众参与，是和谐规划以人为本的基本要求，也是推进民主政府建设的必然要求，更是构建和谐社会的根本要求。要切实改进规划编制和管理工作方式，通过建立完善规划委员会、政务公开、规划公示、公开听证、特邀规划监督员等制度，逐步完善民主决策机制、利益诉求机制、矛盾协调机制，畅通公众参与和利益诉求的多种渠道，不断提高规划的透明度和公众参与程度，统筹协调各种利益关系，妥善处理社会矛盾冲突，有序推进城市规划的民主决策和社会监督，逐步建立结构合理、管理科学、程序严密、制约有效的“阳光规划”体系，切实维护公共利益，促进社会和谐稳定。

城市规划愿景蓝图的实现需要多重的实施途径，本章经过理论分析和实践验证，可以将新的实施途径划分为五个过程，其中科学规划是理想过程、民主规划是政治过程、依法规划是法制过程、务实规划是实践过程、和谐规划是社会过程。这五个过程相互支撑、相互促进，五个方面共同构成了实施途径体系，既遵循了规划的核心价值体系，又体现了规划行动模式的五个转变，特别是密切结合了济南市的规划实践工作，使得本书对中国本土化规划理论的探索工作形成了一个理论构建的完整框架，为今后的相关工作提供参考和借鉴。

案例介绍：济南市和谐规划体系建设

近年来，济南市致力于建设繁荣、宜居、和谐的美丽泉城，坚持以人为本，大力实施和谐规划，取得了显著成效。

1. 规划编制充分体现和谐理念

济南市在新一轮城市总体规划修编中，立足于人与自然、城市与自然和谐相处，从资源和环境保护的要求出发，在市域内明确划定了禁止建设区、限制建设区和适宜建设区，制定明确的空间管制措施，以有效保护市域内的河湖湿地、基本农田、水源保护区、自然保护区等脆弱资源和生态要素地区，为城乡居民营造良好的生态环境。为有效保护作为泉水命脉和城市水源地的南部山区，严格控制城市建设用地向南部山区的蔓延扩张，济南市大力实施城市空间发展的“南控”战略，及时编制了南部山区保护与发展规划，界定了南部山区禁止建设、限制建设和适宜建设的空间范围，从而有效保护了南部山区的脆弱资源和生态环境。

2. 注重各类社会事业规划布局

近年来济南市在规划编制中，注重促进社会公平和谐，更加注重各项社会事业的规划建设。一是超前编制完成文化设施、基础教育、医疗卫生、体育设施、社会福利设施等各类公共服务设施专业专项规划；二是以迎接第十届“中国艺术节”为契机，高起点编制公共文化设施、文化产业发展和历史文化资源保护与利用规划；三是加大对各类社会公益性设施规划建设的支持力度，健全项目推进机制，畅通绿色通道服务，提供从立项到实施的“一条龙”服务；四是超前规划建设供水、供电、供气、供热、排污、排水“四供两排”等基础设施体系。

3. 高度关注、保障和改善民生

济南市致力于保障和改善民生问题，在加快经济发展的同时，兼顾社会民生的持续改善，切实解决涉及群众切身利益的问题，让人民群众共享发展的成果，全力推进和谐社会建设。一是大力推进保障性住房规划建设；二是积极推进公共租赁住房选址建设；三是努力改善群众住房条件；四是加快农村新型居住社区规划建设。

4. 努力维护省城和谐稳定

从政治和全局的高度充分认识维稳的重要性和艰巨性，健全完善政务公开、规划宣传、公众参与、信访接待等工作机制，积极排查和消除不稳定因素，全力维护省城社会稳定。

一是全面实施阳光规划。据统计，近年来济南市平均每年举办各种形式的规划公示约 600 项次，办理依申请公开 150 多人次，有力地保障了群众的知情权和参与权。二是广泛倡导公众参与。近年来，通过建设并开放规划展览馆、召开各界群众座谈会恳谈会、下基层解难题办实事、送规划进社区到乡镇、开设网站公众参与频道、广场听民生、做客电视台政务面对面、参与电台政务监督热线等多种形式。三是不断扩大规划宣传（图 5–12）。充分发挥门户网站、规划刊物、新闻媒体、规划展览馆、宣传专栏等平台的作用，加强规划宣传，扩大公众参与，正确引导舆论导向，营造和谐的规划工作氛围。四是高度重视信访工作。认真贯彻落实《信访工作条

图 5-12　济南市规划部门编印各类规划专著和宣传刊物，广泛宣传规划

例》，健全信访工作责任制，认真做好人大代表建议和政协委员提案办理工作，保障群众利益，维护社会稳定。五是积极化解矛盾冲突。“12345，服务找政府”。济南 12345 市民服务热线架起了一座联系党委、政府和市民群众的桥梁。济南市规划工作积极构建以市民服务热线为主线，整合服务窗口、规划热线、网站信箱等资源形成的“一线贯穿,多点联动”的规划咨询服务体系，听民声、察民意，化解矛盾，解决问题。

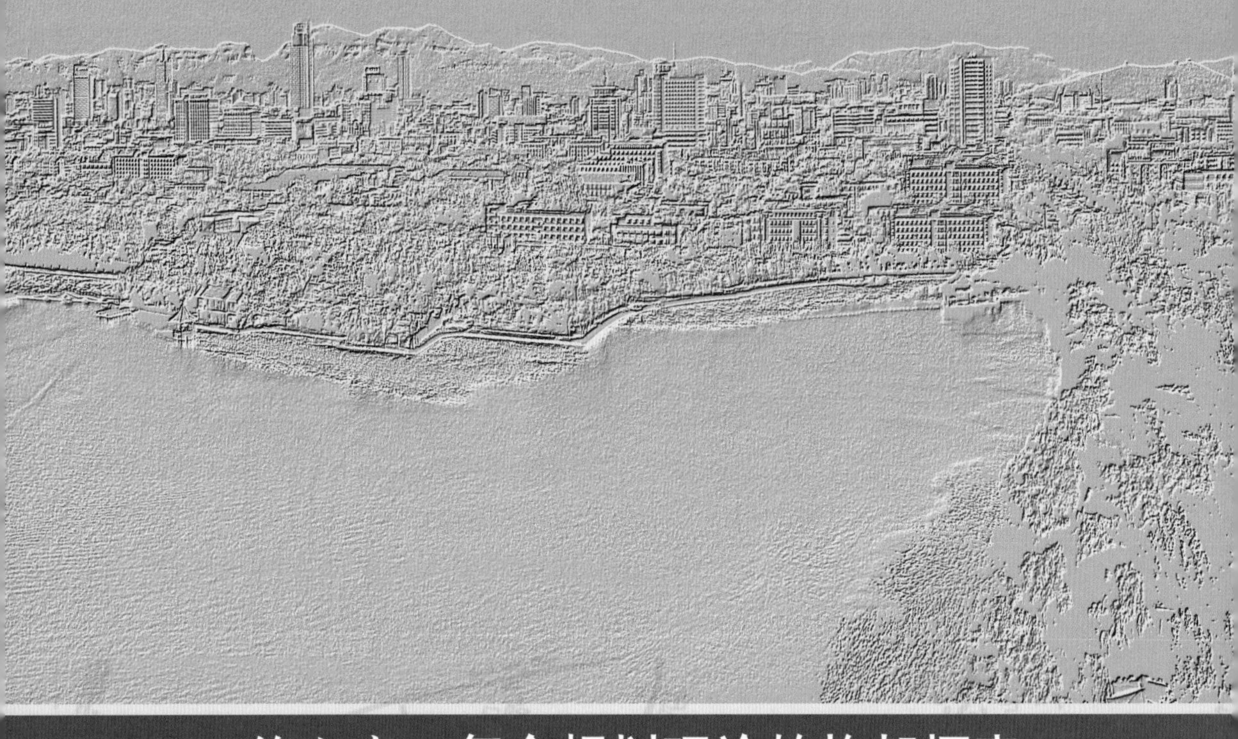

第六章　复合规划理论的构架探索

城市无法独自制定所有的必要政策，国家必须提供合适的宏观经济整体的框架。

——彼得·霍尔

要建立好民主科学的规划管理决策机制，处理好规划与决策的关系，凡城市发展的重大决策，城市政府及其规划行政主管部门必须在决策内容、决策程序等方面，充分尊重专家和公众的意见。

——中国城市规划学会发布的《中国城市规划广州宣言》

城市规划的好坏不单取决于专家和技术人员，更取决于城市价值追求和政策导向的决策者。

——作者

导言：转型期的规划创新型应对——复合规划理论的探索

复合规划是本书创新提出的核心概念，也是对本书前面章节的一个总结和提升，是笔者在多年规划实践中得出的务实规划理论。

根据作者多年在规划管理工作岗位上的实践经验，在现代城市发展转型时期，城市面临的发展环境越来越复杂。经济方面，市场经济的优越性逐步体现；社会方面，市民的需求更加多元化；政治方面，城市从封闭走向开放等一系列外部环境的变化，使得政府在进行城市开发时越来越认可“规划是龙头”的属性。不仅仅是《城乡规划法》规定了“先规划后建设”的基本原则，更是因为在土地资源约束日趋紧张的形势下，任何土地的开发均会涉及多方的利益群体，政府和开发商如果不能首先获得规划的许可，而强行进行开发势必会导致最后无法协调的尴尬局面出现。

另外，新的环境变化必然会对新的规划理念产生需求，依靠单一性的规划理念解决复杂城市问题的时代已经一去不返了。正如吴良镛先生提到的：“城市规划工作面临的是一个庞大的、多学科的、复杂的体系，已不是一两个专业的发展以及简单的学科交叉所能济事，也不要企图一个规划、一篇文章、一些小成就或某一种新的理论就能解决问题。从整体来说，这是一个大时代、大跨度、多领域、复杂性的前沿学科。”同时，两院院士、原建设部副部长周干峙说：“如今我们的规划设计工作已经相互交叉、融会贯通、相互集成、多学科已经联系起来。实践证明，这样的融贯、集成避免了许多决策的失误，所带来的经济、社会和环境效益不可估量。”由此，城市规划理念的复合化就成了时代发展的趋势，多种理论、多种要素通过融会贯通的综合性方法进行复合，从而孕育了复合规划的理念。

本章尝试提出复合规划的理念，首先从转型时期城市发展的五个问题出发，分析问题的复杂性、复合性和挑战性，提出了复合规划（Complex Urban Planning）的理念，并归纳了该理念的合作、综合和统筹三个方向；然后从问题导向、价值取向、转型发展、政策设计、区域视角、人文尺度、混合利用、强度匹配、多样共生、绿色低碳十个方面对该理念进行了阐述；其后，从政策工具的视角提出五项具体的应用；最后，结合部分济南的发展对复合规划的应用前景进行了展望。

第一节　转型期城市问题的复合性

转型期是一个城市快速发展而又价值多元的时期，由于最终的道路和模式尚未完全产生，中国的城市在复杂的发展的转型背景中摸索着自己的道路，由此也产生了多种问题，其中较为突出的问题归纳起来可以分为以下五个方面。

一、多元利益主体博弈

时至今日，单纯结论式的规划再也难以取得“一呼百应”的效果，精美的蓝图在实施过程中往往会屡屡受挫，“公共利益”的挡箭牌不再是“万无一失”。分析其影响因素肯定是诸多方面，但是规划涉及利益主体多元化是一个重要的原因。2010 年江苏常熟市，因一起突击拆迁纠纷，被推向舆论漩涡。当年 2 月 11 日，《常熟日报》突然一纸公告发布，由于需要规划建设，琴湖 8 宗地块居民房屋土地已经被收归国有，并要求 800 多户居民在 15 日内自动去相关机关注销土地使用权。琴湖区政府官员表示，拆迁是为了公共利益。但是律师认为，按照琴湖控制性规划，未来如果建造酒店、别墅、商场等，这些利益就完全被政府和地产商挤占，百姓的利益就无法保障。

改革开放 30 余年来，中国的经济实力大大增加，促使少数人先富起来的目标得到了实现，同时也加剧了社会贫富差距，社会各个阶层分化的格局正在逐步形成，不同利益群体参与城市的规划建设的局面也在不断深入。传统的城市规划从编制、实施到管理各个阶段多以政府的意志为主，这虽然与计划经济的时代特征相匹配，但是更多地体现的是以政府为代表的利益，这也与传统价值观强调“集体利益高于一切”的价值导向相一致。随着阶层分化的出现，在追求经济发展为目标的环境中，政府内部的部分行为也会因为利益的诉求不同而出现些许的不一致。这一现象，在近年来中央政府与地方政府关于房地产调控的事件中，表现得格外突出。中央政府从维持社会公平的视角出发，对全国的地产开发进行调控。而地方政府不肯轻易放弃土地财政的利益，在地产调控政策的落实上面，表现得不够积极，甚至有所抵触。同样，在多元利益主体逐渐形成的今天，城市规划的过程中，政府、开发商、专家、市民等多元主体，他们的利益也无法简单地达成一致，规划师的职责不仅仅是一个技术的协调者，更需要的是一个利益的协调者角色。

利益主体多元的格局逐渐成形，城市规划公共政策的属性需求更加突出。在城市规划的工作中，更需要考虑多元主体的利益诉求，从复合利益的视角出发，落实城市规划工作，以人为本，实现多方主体的利益协调，实现公平发展的价值目标。

二、城市建设单一化

在现实建设中，城市土地利用过于强调功能分区的理念，带来了土地开发利用的功能单一，缺乏活力；在设计上，过于忽视城市的地域、场所、文脉精神，而造成千城一面，缺乏各自的灵魂。

过度强调功能分区理念，造成城市开发功能的单一化。20世纪《雅典宪章》提出了功能分区的思想，通过处理好居住、工作、游憩和交通的功能关系，达到解决城市问题的目的。这种做法在当时有着重要的意义，很好地缓解和改善了工业化发展带来的各种问题。然而，随着经济社会的发展，传统城市规划中过于死板的功能分区，功能区之间绿化带分隔的措施肢解了城市的有机结构，使复杂、丰富的城市生活走向了简单化，与人类的心灵需要背道而驰。它忽略了城市地方性的特征与变化，导致了千篇一律、缺乏个性的“国际风格”的盛行。同时，过分强调城市功能分区，也是造成城市拥堵的直接原因。工业区、居住区、商务区等过于分散，会造成交通流量在一段时间内集中爆发。在城市早晚高峰经常可见半边路的现象，一边堵得水泄不通，一边几乎畅通无阻，充分说明了它的弊端。

千城一面，缺乏特色是当今城市建设开发中另一个突出的问题。特别是随着城市化进程的加快，中国各城市间的竞争也日益激烈，其竞争焦点体现在各个方面，但许多后发展的城市盲目照搬发达城市的模样，大有克隆城市的劲头。然而，遗憾的是一些城市未能挖掘自身文脉，只学皮毛，模仿外表，结果是不仅步了别人后尘，还丢失了地域特色。国内城市中，处处设置栅栏的街道、徒劳攀登的过街天桥、遍地开花的开发区、刺眼炫目的玻璃幕墙、凶神恶煞的石狮子以及劣质城市雕塑，不一而足，让人眼乱心闹。“克隆”使一座座历史悠久的城市失去了文化个性，文化的趋同性渐渐尘封了文化的多样性。我国在竭力争取完全市场经济地位的同时，我们的城市却深陷计划经济时代的泥潭——千城一面。由此造成走在中国许多城市的繁华街道上，确实会让人产生一种同样的错觉:不知此时身在何处。中国大部分城市的高层建筑、道路似乎都是“孪生姐妹”，没有各自的城市个性，区别不过是看谁的大饼摊得更大一些罢了。城市建设中当然需要借鉴先进的、带有规律性的东西，但这并不等于盲目模仿，依葫芦画瓢。简单模仿只能导致城市建设的雷同、刻板、僵化，无异于走进城市建设的“死胡同”。

单一性、缺乏特色的城市开发已经难以适应未来的发展需求，如何培养城市发展和建设的多样性成了未来城市发展亟须解决的问题。

三、无效交通过快增长

随着中国城镇化、机动化进程不断加快，以交通拥堵为代表的城市交通问题普遍成为困扰各大城市的难题。交通拥堵是大城市中人们感触最深、影响最大、积怨最多的问题，它破坏了使用机动车的初衷—— 提高人与货物的空间位置移动的便捷性和可达性，降低了城市效率和质量。

据统计，近年来许多城市道路面积的增长速度为3%~6%，而机动车的增长速度则高达百分之十几，单位道路面积车辆逐年上升。即使像上海这样道路建设力度很大的大城市，道路面积增长速度也赶不上汽车数量的增长速度。除了路与车的非均衡增长之外，城市规划布局不合理，管理体制和手段落后等，又加剧了交通拥堵。以北京为例，2005年新注册民用汽车数量达到34.2万多辆，2006年又新增37.4万辆，到2007年5月26日，北京市机动车保有量突破300万辆，每天上路新车达1000多辆，市区干道平均车速比10年前降低50%，主要路口严重堵塞的达60%。

图6–1　北京部分路段车辆大量拥堵

同时，目前在我国一些大城市，道路上行驶的低效或无效车辆过多。住建部副部长仇保兴同志指出："高峰期大城市的主要道路成了缓慢移动的停车场。有限的道路资源被无效的个体交通占用，交通拥堵急剧蔓延，这已成为中国大中城市的普遍灾害"。以北京为例，出租和私人车辆加起来是60万辆，而公交车只有1万多辆。私人轿车的使用效率很低，北京出租车空驶率为50%，它们却占全市37%的交通量。另外，城市公共交通服务水平下降明显，公交车速越来越低，现在平均车速只有每小时十公里，已低于自行车的12km/h和小汽车的20km/h。与十年前相比，公交出行时间平均延长10min，居民对城市公共交通服务不满意率高达70%（图6–1）。

近年来，城市交通专家开始反思交通拥堵的根本原因，而城市土地建设与交通开发的脱节这一原因成了大家的共识之一。以往，治理交通拥堵的策略是"头疼医头、脚痛医脚"的思路，即是哪条道路出现拥堵，一般会通过加强道路建设、扩充路面、增加车道宽度等策略提高交通的供应能力。这一策略的实施效果恰恰印证了"当斯定律"的准确性，增加道路的供给，只能暂时缓解道路的拥堵，时间一长，道路又会陷入拥堵的怪圈。因此，追求交通供给与需求的匹配，缩减无效交通，而促进城市土地建设与交通开发形成良好的互动，正是实现交通供给和需求有效匹配的正确思路，是解决城市拥堵问题的有效策略。

四、城市扩张与自然环境冲突恶化

随着城镇化的快速发展，中国城市的人口规模和建设规模急剧扩张，人工建设环境和自然生态环境之间的冲突更加明显。近年来，城市开发建设带来的废气、噪声、废水和固体废弃物等对城市的空气、水系等环境带来了巨大的问题。

城市的雾霾问题。近年来，城市空气污染愈演愈烈，特别是城市雾霾问题表现得更加明显。

2013年年初，中央气象台连续发布雾霾黄色预警。雾霾范围涉及河北西部、河南大部、山东大部、湖北北部、苏皖大部、浙江大部、福建西部、江西东南部、云南东南部及四川盆地大部等地，有能见度不足1000m的雾，部分地区能见度不足200m。雾霾是一种灾害性天气，对公路、铁路、航空、航运、供电系统、农作物生长等均产生重要影响。同时，雾、霾会造成空气质量下降，影响生态环境，给人体健康带来较大危害。

近年来，还有垃圾围城的问题困扰城市的发展。垃圾是城市发展的附属物，城市和人的运转，每年产生上亿吨的垃圾。一边是不断增长的城市垃圾，一边是无法忍受的垃圾恶臭，成为城市垃圾处理中的棘手问题。高速发展中的中国城市，正在遭遇“垃圾围城”之痛。统计数据显示，全国600多座大中城市中，有2/3陷入垃圾的包围之中，且有1/4的城市已没有合适的场所堆放垃圾。统计数据显示，全国城市垃圾历年堆放总量高达70亿t，而且产生量每年以约8.98%的速度递增，北京每天产生垃圾1.83万t，每年增长8%。而北京市的垃圾处理能力，仅为每日1.041万t，缺口高达8000t。据2010年上海市社科院调查，截至2010年年底，上海生活垃圾日产生量达2万t。同样，广州作为华南地区人口超千万的超大城市，每天产生的生活垃圾多达1.8万t（图6–2）。

另外，在城市的开发建设中，为了获取建设用地，挖山填河的现象屡屡上演。几十年前，在人定胜天和改造自然、战胜自然、征服自然的思想指导下，各地建设了许多“面貌一新”的工程和建筑。实践证明，这些工程很多都是违背自然规律的。近些年来，我国许多城市在建设中动辄填河修路、挖山造楼，把自然风貌弄得面目全非，这是反生态行为，不宜提倡。诚然，我们要有战胜困难的精神，但生态城市建设中不顾客观实际及自然规律的蛮干是不可取的。改造自然不如顺应自然，对大自然，人类要有一颗敬畏之心，而不能有丝毫轻慢。只有在充

图6–2　中国城市的垃圾围城

分尊重大自然的前提下，保护大自然、开发大自然，我们才能真正做到与自然和谐相处。

城市规划的出发点之一是为了创造更加适宜的人居环境。自然生态环境的破坏，是规划所不愿看到的，然而在现实的操作中，规划对生态资源作了相应的考虑，却常常面临控制不住的尴尬局面，这一现实值得引起我们的思考，传统以建设发展为纲的规划主导思路应该得到反思，生态资源的规划思路应该进行积极调整。

五、资源消耗与人的城镇化速率不匹配

城镇化需要大量的资源消耗来支撑，而在中国的快速城镇化进程中，存在着资源消耗与人的城镇化率发展不匹配的现象。很多的时候，这种不匹配在土地资源和能源使用两个方面表现得尤为突出。

第一，土地建设迅速扩张，而带动效应不足。根据有关资料统计，2008 年，中国平均每个城市建设用地面积达 59.8km^2，年均扩张幅度是“十五”时期的 6.5 倍。21 世纪以来国内城市的建成区面积扩张了 50%，而城镇人口只增加了 26%。这意味着，我国土地城镇化速度快于人口城镇化速度近一倍，带动效应明显滞后。

按国际公认标准，衡量土地城镇化和人口城镇化关系的城镇用地增长弹性系数，其合理区间在 1~1.12 之间。而从 2000 年到 2010 年，土地城镇化速率是人口城镇化速率的 1.85 倍。按照现在土地城镇化的速度，如果让人口城镇化的速度跟上来的话，2010 年城镇化率应该达到 59%。即人口城镇化率与土地相比，大概慢了 10 个百分点。

中国综合能源平衡表（2000、2005、2008 年） **表 6–1**

年份	2000 年	2005 年	2008 年
可供消费的能源总量（万吨标准煤）	142604.8	232225.1	287011.3
其中进口量比重（%）	10.05	11.61	12.81
能源消费总量（万吨标准煤）	145530.9	235996.7	291448.3
平衡差额（万吨标准煤）	–2926.03	–3771.57	–4437.01

资料来源：中国统计年鉴（2001、2006、2009 年）。

第二，能源需求快速增长，而结构改善滞后。2008 年全国能源消耗总量扩大为 2000 年的 2 倍，其中进口能源比重持续上升，供给和消费总量之间的差额逐年增大，供给不足的现象愈演愈烈（表 6–1）。同时，中国综合能源消耗结构不合理的现象近年来并未发生较大改观。通过数据不难发现，2000 年以来国内能耗供给主要依赖煤炭和石油两类化石能源，二者占能源使用结构的比重维持在 90% 左右，而可再生、清洁型能源的使用率始终偏低（图 6–3）。

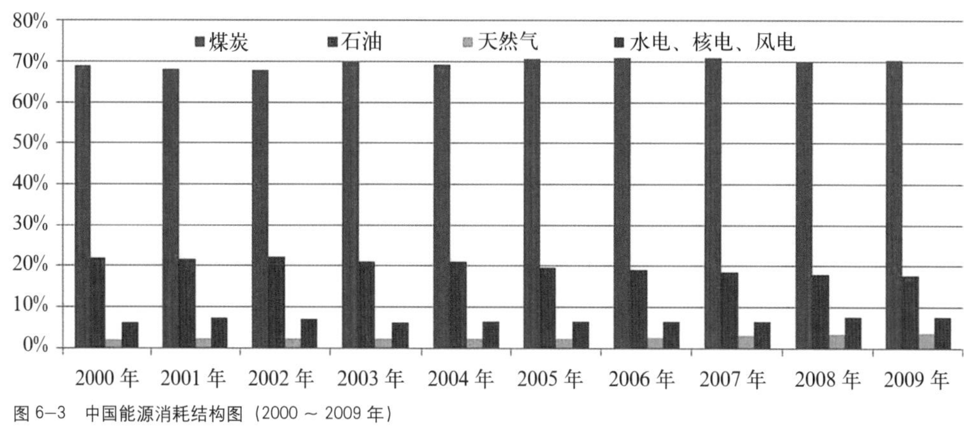

图 6-3　中国能源消耗结构图（2000 ~ 2009 年）
（资料来源：中国统计年鉴（2001 ~ 2010 年）

虽然城镇化趋势不可逆转，但这并不意味着现行的城镇化推进路径和方式已经成熟。中国城镇化率的快速增长，依靠低成本的强力推进，包括土地和劳动力的低成本、基础设施和公用事业的欠账、相当一部分人员社会保障残缺不全，以及公共服务能力明显落后于城市扩张，"目前的城镇化推进的路径和方式难以持续"。

城镇化的实质应该是，将农村剩余劳动力逐步转变为有就业、有住所、有社会福利和高素质的市民，并且逐步成为中等收入者。但中国的土地城镇化明显快于人口城镇化。如何真正实现人口城镇化、找到真正适合的推进路径，已经成为中国城镇化进程中不得不面对的问题。

第二节　复合规划的方向及属性

一、方向变革：由功能规划到复合规划

当前，我国正处在政治经济社会新的转型期，这一新的转型有两个较为显著的特征：一是科学的发展观和正确的政绩观的提出，不再单纯追求 GDP 增长；二是全面推进经济、政治、文化、社会、生态文明建设"五位一体"。新环境、新形势、新任务对规划理念提出变革的新要求，复合规划逐渐成为城市规划发展的新趋势。

如今，城市规划既要满足经济建设发展的需要，又要满足可持续发展的需要；既要做到创新与发展，又要实现传承与保护；既要满足公共利益，又要协调各方诉求；既要算经济账，又要算生态账；既要维护规划的严肃性，又要经得起多方"干预"……总之，城市规划面临的是一个广泛的、交叉的、多层次、多系统的区域与城市的复杂矛盾综合体。

因此，传统城市规划"就城市论城市、就规划论规划、就空间论空间、就结构论结构、

就技术论技术”的思维惯性已表现出极大的局限性。依靠单一的规划理念或理论解决复杂城市问题的时代已经成为历史，偏重技术和功能的规划手法越来越不能有效应对现实问题。这就要求规划从关注物质空间环境的构筑，转向统筹兼顾人文、经济、社会、人口、资源、环境的协调与可持续发展。城市规划不再是单纯的技术问题、空间问题、结构问题、形态问题、功能问题，而具有政治、经济、社会、历史、文化、技术等多重属性。复合、整体、融贯、统筹的策略集合成为规划的新趋势、新特征。

本文提出复合规划理论，正是基于以下三方面的考虑：①区域与城市是一个广泛的、交叉的、多层次、多系统的复杂综合体，规划既是技术过程，更是价值过程、政治过程、政策过程，以强调结构和功能为主旨的技术规划其适用局限性越来越凸显。②现实问题的解析和应对是复合规划的立足之本。规划应通过认识区域与城市发展现实问题和基本关系互动，做到“复合认识”，寻找到现象和问题背后的本质。③理念与方式方法创新是复合规划的实现途径。规划应通过多种理论、多种要素的复合运用，探寻复合规划特性，探讨适宜的解决途径和策略主张，实现对区域与城市复杂系统的真实求解。

本书提出的复合规划的概念，认为复合规划是复杂的、整体的、系统的、连续的、统筹的、融合的规划理论和策略，通过对现实问题的解析、解答和应对，认识区域与城市发展现实问题和基本关系互动，做到“有的放矢”，探讨适宜的解决途径和策略主张，实现对区域与城市复杂系统的真实求解，使人居环境得到根本改善。作为概念表述，复合规划理论是从我国当前城市转型发展的现实背景出发，立足于地区与城市全面、协调、可持续发展的目标，针对城市问题的复杂性、冲突性和挑战性，以合作、综合和统筹为方向，遵循问题导向、价值取向、政策设计、转型发展、区域视角、人文尺度、混合利用、强度匹配、多样共生、绿色低碳等十项主张，寻求地域化、现实性应对矛盾和问题的复合策略集合，这一集合应是体现并超越机械主义、理性主义、系统思想之上的新视点、新探索、新理论（图 6-4）。

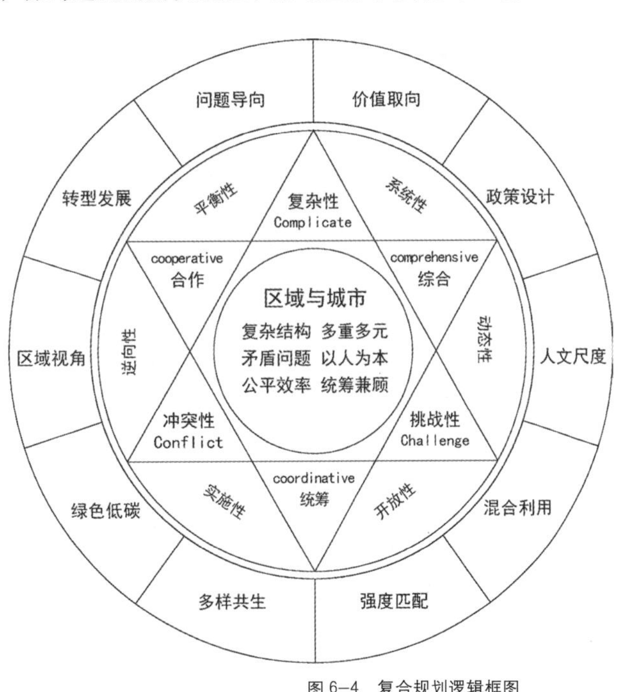

图 6-4　复合规划逻辑框图

二、问题的复合认识

当前，中国城市面临的内外发展环境越来越复杂，城市发展快，诉求多元化，冲突与挑战层出不穷，复合规划正是立足于对这些问题复合认识的基础之上，对区域背景下的城市复杂体系以 3C 解析和 3C 应对。

1. 城市问题的“3C”解析

当前，中国城市面临的内外发展环境越来越复杂。在这个被普遍称为“转型期”的时代，城市快速发展而又折射出价值多元的特征，中国城市在复杂的转型背景中摸索前行，反映出较为普遍的表征问题：城市内外多二元结构出现，政府决策非科学化、民主化，城市发展急功近利，多元利益博弈加剧，城市规划建设趋同，交通拥堵日趋严重，污水、雾霾、垃圾围城等生态环境恶化，土地、能源过度消耗，传统文化文脉断裂，各阶层矛盾凸显，社会维稳压力未根本缓解，城市认同感较差等。新的环境、新的形势、新的矛盾催生或激发了新的城市问题，现实问题更具复杂性（Complicate）、冲突性（Conflict）和挑战性（Challenge）。

1）复杂性（Complicate）。在我国经济社会体制改革发展过程中，城市发展面临政治、经济、社会、文化、法律、民生、生态各方面的诸多困扰，各种复合问题相互交织，产生叠加效应，已超越了城市结构、功能、形态问题本身，使城市发展面临的问题更加复杂、艰巨。

2）冲突性（Conflict）。我国城市正处于社会结构和社会机制调整的转型期，社会分化与社会流动使社会结构趋于多元化。原来单一的城乡二元结构已演变成城乡之间、城市内部的多二元结构，许多潜在的社会冲突不断地被酝酿和激化。如果城市治理体系和治理能力不能适应当下的要求，诸多深层次的矛盾将会愈演愈烈。

3）挑战性（Challenge）。我国城市发展面临资源、环境、技术、制度、政策等多要素的限制。一方面是资源短缺、环境容量有限的制约；另一方面是发展粗放、产能过剩的窘况，结构调整举步维艰。环境与生态问题日益尖锐。

2. 复合规划的“3C”应对

仅靠偏重技术和形式、空间和物质、结构和功能，而非经济与社会、政策与决策、整体与系统、有机与动态的规划理论与手法难以应对当今的现实矛盾和问题。复合的问题需要多元理论、多元要素、多元系统、多元策略的复合求解。与常规意义上的城市规划理解不同，复合规划强调从加强合作（Cooperative）、综合（Comprehensive）、统筹（Coordinative）三个方向寻求地域化、现实性、实施性的突破，鼓励社会各利益阶层和主体合作参与城市规划，以多元综合的视角审视城市问题，采用平衡和协调的方式提出统筹应对策略，进而构建复合规划的策略集合和政策体系。复合规划概念内涵在很大程度上超出了建筑与规划、城市与乡村本身，重点是追求建立在科学规划基础上的规划落实，自然涉及了城市整体的价值取向、政策导向、要素功能、结构形态、经济社会、生态景观等多领域复杂问题。在某种意义上说，复合的共同价值追求与科学民主决策比规划本身更为重要。

1）合作（Cooperative）

合作是城市管治理念的应用，强调建立在共同价值追求之上的多元利益阶层参与城市规划。它需要建立在相关利益群体相互博弈的基础上，以实现城市利益最大化和合作共赢为目标。规划应着力促进多方利益主体的积极参与，最大化地保障城市整体利益的实现。如何构建各方参与决策过程的机制和路径已是解决问题和化解矛盾的当务之急，而非仅靠城市主管和规划师孤军奋战。

复合规划在操作中强调合作，这一方向是城市管治理念的应用。管治与传统的管理有所不同，管治强调的是多元利益阶层共同参与规划过程，规划存在可以让他们进行诉求利益的过程，因此，复合规划的合作更多地体现在公众参与的环节之中。

建立和完善城市规划公众参与制度是个渐进的过程，这个过程是与整个国家政治体制改革的进程密不可分的，它需要整个社会民主发展的大环境条件的提升。在借鉴发达国家经验的基础上，构建起规划决策之前公众能够参与决策过程的机制，应当是我国城市规划公众参与制度进一步建设和完善的基本路径。

另外，复合规划的合作需要建立在相关利益群体相互博弈的基础上，以实现共赢为合作的目标。城市规划作为公共空间等资源的配置手段，在很大程度上是公共政策的制定与实施。在城市规划决策过程中，政府部门、企业、社会团体、个人成为博弈的参与方。博弈中的理性、博弈过程和博弈实效都将对城市规划产生重大影响。根据博弈论制定激励和约束机制，从而平衡行政机关与相关人的利益，是保障城市规划发挥作用的重要手段。

2）综合（Comperhensive）

随着全球化、信息化、后工业化发展阶段的到来，城市自我发展、自我完善的思路表现出相当的局限性。规划一方面应从区域综合的视角，为城市发展进行谋划，实现区域与城市发展共赢；另一方面应从城乡统筹发展的视角进行谋划，寻求工业经济“反哺”农业经济的路径，实现城乡融合、一体化发展；再一方面，应充分重视国家政治社会经济发展阶段对城市规划的影响力，如“五位一体”的发展思路，强调生态文明建设和经济、政治、文化、社会要素的同等重要性，从多元综合、整体系统的策略去谋划、构建解决之道。

复合规划的综合是指在规划中综合考虑多项因素，兼顾统筹。城市规划的编制应当依据国民经济和社会发展规划以及当地的自然地理环境、资源条件、历史情况、现实状况、未来发展要求，统筹兼顾，综合布局。复合规划在考虑问题上强调多元综合的视角，在谋划解决策略时以多元综合的元素进行构架。在规划区范围内，土地利用和各专业规划都要服从城市总体规划。同时，复合规划强调城市规划应当和国土规划、区域规划、江河流域规划、土地利用总体规划相互衔接和协调。

复合规划强调从多元综合的视角去考虑城市问题。多元综合的视角根本出发点还是综合考虑多元利益主体的诉求。在复合规划中的综合视角表现在区域综合和城乡综合的视角。所谓区域综合视角，是指在分析城市问题的时候不能局限于就城市论城市，而要跳出城市从区域综合的视角进行分析。这是因为，随着全球化、信息化的发展，区域一体化的态势越来越明显。城市之间的竞争已经逐渐演化成为城市所在区域之间的竞争，城市单兵作战过度追求自我完善的发展战略思路开始表现出一定的局限性，而应融入区域，结合自身特色开展城市分工，发挥区域整体的优势，实现区域与城市发展共赢的目标。同时，还要综合考虑城乡的统筹发展。传统二元制经济视角下，政府采取的是农村支持城市的发展思路，压低农产品的价格，降低农村地区的公共产品质量，以此赚取更多的资金来支持城市发展。随着我国东部地区进入工业化发展中后期阶段，工业经济具备了“反哺”农业经济的实力，城乡一体发展、综合发展的呼声也越来越高。复合规划正是顺应这一趋势，变二元对立到多元综合的视角，对城市问题进行解析。

复合规划强调从多元综合的元素去构架解决之道。国家社会经济发展阶段性对规划关注和解决的问题具有极大的影响力。新中国成立初期及改革开放初期，国家的经济社会发展水平较低，当时规划解决的问题主要是落实生产及其配套设施的落地问题，随着经济水平的提升，国家在关注经济建设的同时，也对社会、文化、政治等问题开始日渐重视，这些关注点也在规划中得到了体现，如保障房的规划建设。十八大报告更是提出了五位一体的发展思路，更加突出以多元综合的元素去构架解决问题的办法，强调了生态文明建设和经济、政治、文化、社会要素的同等重要性。复合规划更是如此，强调多元素的综合，并且从综合走向融合，再走向复合的创新思路。

3）统筹（Coordinative）

复合规划的统筹原则，是指所有的问题都需要统筹，比如我们的城乡二元制，尖锐的城市拆迁问题、生态环境问题等，归根结底，还是要协调各种利益群体之间的关系。前文分析到，城市中利益主体的日益多元化，多个阶层的利益诉求需要在城市发展中得到体现。传统精英式的规划难以体现多元化的阶层的诉求，复合规划正是突出了这种统筹原则。

影响城市规划的各种社会力量是城市土地及空间资源的利益主体，每个利益主体都有获得资源的欲望，而满足不同利益主体需求的城市资源是稀缺而有限的，因此城市资源的分配必然充满矛盾，表现为近期与远期、局部与整体、个体与群体等的矛盾冲突。因此，当前城市规划处在统筹各种复杂利益关系的风口浪尖上，是社会矛盾的焦点和公众关注的热点。正如吴良镛教授所言："城市规划的复杂性在于它面向多种多样的社会生活，诸多不确定性因素需要经过一定时间的实践才会暴露出来；各不相同的社会利益团体，常常使得看似简单的问题解决起来异常复杂。"

面对错综复杂的城市发展问题和多元化的社会利益诉求，如城乡二元结构、拆迁安置、社会维稳、民生改善、占地扩张、生态环境、交通拥堵等诸多问题，规划应坚持"统筹"思维，立足当前、着眼长远、远近结合、统筹兼顾各方利益，正确把握效率与公平、近期与远期、局部与整体、需要与可能、个体与群体、刚性与弹性等"六个关系"，提出平衡和协调政治与经济、城市与环境、市民与社会、人口与资源、新区与老城、结构与功能、形态与特色等问题的治本之策。

三、复合规划的六个特性

基于现实问题的解析和解答应对，复合规划从平衡性、系统性、动态性、开放性、实施性和逆向性六个方面确立了基本理论特性。

1. 平衡性

城市归根结底是人的城市而非物的城市，规划既要见物更要见人。全球城市正面临社会和空间极化的趋势。规划不仅是对空间的规划，更是对社会的规划，从根本意义上是对社会治理理念、能力和体系的再构建。核心应是以人为本，关键要平衡好各阶层利益。城市问题既是发展问题、结构问题、生态问题更是社会问题，规划应更多地从物质视角转向生态视角、从经济视角转向文化视角、从空间视角转向社会视角，整合割裂的城市空间和要素，重塑生态文化社会体系，最终实现人与自然、人与人、人与社会各领域关系的平衡与协调。

2. 系统性

城市是有机集合体，自然由多元素、多层次、多网络交织而成。规划是一项系统性工程，空间、秩序、经济、社会、生态、政策、制度各种要素都是构成这一系统的重要组合，需要统筹考虑、系统集成，避免结构与功能失调。同时，城市规划需要与国民经济社会发展规划、国土规划、主体功能区规划、环境规划等规划相互协调衔接，真正实现"五规合一"，从而体现复杂巨系统的特质与属性。

3. 动态性

城市是一个动态系统。静是相对的，动才是绝对的。现代城市发展面临诸多不确定性因素，传统静态型、终极化、蓝图式的规划显然已无法适从。“规划师和政策制定者必须把城市视为连续发展与变化过程中的结构体系”（《马丘比丘宪章》）。包括人口和用地规模在内的发展要素的不确定性是必然的，规划应充分考虑这些不确定性，突出城市规划的过程性、连续性，实现刚性和弹性的统一，作出动态的、合理的预期安排并实时评估和修正，从而能够对规划过程与城市发展的种种不确定性作出合理有效的应对。

4. 开放性

城市本身就是一个开放的巨系统，特别是自“规划选择理论”和“倡导性规划”以来，就鼓励开放式的公众参与，对多元利益主体予以包容和关注。城市规划的编制和实施离不开多元主体的参与，这一过程不应是闭门造车，它应以开放包容的态度，鼓励政府、企业、部门、公众等多元主体的参与。同时，规划应强调面向多元主体的包容与协调，尤其是包括社会弱势群体利益的平衡等，并在规划的编制与实施中予以体现和落实。

5. 实施性

区域和城市规划既包括规划制定也包括规划实施。不可实施的规划只是乌托邦理想主义的规划。规划要引领发展，就必须突出可实施性的特征，以解决城市发展的实际问题为出发点，即建立问题倒逼机制，科学设定规划的近、中、远目标和实施策略，协调各部门、各阶层、各专业之间的衔接性，并与现行的管理体制、机制、法规相协调，在规划的编制、实施和监督三个环节上强化可实施性，最终理想变成行动、蓝图变成现实。

6. 逆向性

人地关系是解决城市问题的关键。建立在“底线思维”基础之上的规划的逆向性类似政府管理的“负面清单”制度，告诉城市规划者、建设者、土地开发者首先不能做什么，然后才是能够做什么。改变以往规划理念过于强调开发建设为主体的思维方式，在区域尺度上、宏观战略上、重大项目中，从“五位一体”的导向入手来编制实施规划。如以“耕地红线”、“环境容量”和“生态安全”为标准划定开发底线，明确规划需要刚性控制的区域与内容等。

第三节　复合规划的策略主张

一、问题导向

规划中的所有理论、所有方法的最终目的都是要解决现实问题。以问题为导向，树立强烈的“问题”意识作为思维的动力，能够促使人们去发现问题、认识问题、分析问题、解决问题。此问题非彼问题、中国问题非西方问题、地域问题非全球问题……任何问题都既有普遍性又有特殊性。复合规划主张通过对地域城市现实问题的深度研判，针对社会、经济、文化、生态等多元化的复合问题，抓住矛盾的主要方面，更新理念、改革创新、转变思路、寻找办法，解决实际问题，重点关注土地利用的空间结构、生态格局、交通系统，使经济发展与社会公平、环境保护与集约高效协同共存。

复合规划强调以问题为导向，就是要通过翔实的实地调查，准确发现城市发展中存在的关键问题，找出矛盾所在，通过去伪存真和归纳分析，形成核心问题，通过发现问题寻求突破点，提倡创新性与因地制宜相结合的原则，由问题引导城市发展策略，科学提出解决实际问题的规划方略。搞编研策划要以问题为导向，科学务实，实事求是，有满足多元化需求的规划方法，通过规划的协调、引导、推动，突破制约城市发展的瓶颈问题。开展规划管理要以问题为导向，直面矛盾、梳理难题、解决问题，越是遇到复杂问题、棘手问题越要迎难而上，坚持原则、依法依规、灵活变通、积极作为，有一套甚至几套管用的办法和对策。城市规划以“问题导向”作为引导和指向，城市规划才能有的放矢、科学合理、针对性强，才能真正肩负起规划所具有的引领发展、改善民生、解决问题、化解矛盾、维护稳定、构建和谐的使命与责任。

二、价值取向

社会价值多元取向是当今时代的典型特征。不同群体和阶层的不同价值观理应在城市规划设计与决策过程中得以体现。城市规划是协调各方利益，统筹各类问题的公共政策，这意味着公共利益和城市整体利益最大化应是规划的最高宗旨。在以追求经济高速增长为主要目标的阶段，“规划就是生产力”，规划的主要目标就是促进经济增长，投资拉动、土地财政、高额利润、经济指标成了城市发展的代名词。这种粗放增长的背后实质上是项目引导规划而非规划引领发展。以“公平与效率”、“集约与内涵”为核心，推动“五个文明”、“多元目标”的均衡协调发展才是转型期规划价值追求的题中之意，纯粹的经济增长主义已逐步走向终结。

复合规划强调规划过程的公众参与，将不同群体和阶层对城市发展的诉求反映到城市规划中。公众参与使自上而下的政府的管理行为成为公民自下而上的自我管理，它使传统的冲突管理规划转化为协调合作规划。如今公众参与得到了规划师和公众的一致认可。基于价值多元诉求，公众参与提倡规划为全社会服务，认为城市不应该是既成事实而无法更新的居所，市民应该有自己的想法去创造他们所需的环境。要从“为城市而规划”转向“为大众而规划”，使规划更好地符合市民的意愿，鼓励市民积极而有效地参与规划编制到规划实施的整个过程，这对于提高城市规划的可行性与科学性将十分重要。

三、转型发展

城市没有终极发展阶段与目标，也自然没有终极规划和战略。转型发展是自然历史过程，在此过程中，市场是决定性力量，而包含规划在内的政府公共政策干预是实现转型的重要保障。通过价值取向、生产方式、生活方式的转型，克服当前普遍存在的城市规模扩张与结构化失衡、产业过剩、重复建设、功能转变滞后、空间布局和结构不合理等问题，选择符合城市特点和实际的经济发展模式、资源利用、产业和空间组织结构，促进城市功能跃迁、缓解城市发展压力、保护耕地和开敞空间、减少能耗需要，实现城市政治、社会、生态、经济效益的有效增值。

在转型时期，城市发展必须遵循两个原则，城市发展重点上应坚持“聚集城区、区域协调”，空间布局结构上应坚持“有机疏散、多心集中”。而转型时期复合规划的作用非常明显，首先，制定行之有效的城市总体空间发展战略对于城市政府应对全球竞争有着积极的影响，通过制定空间战略可以明确城市建设的重心与重点地区。其次，有利于稳定土地开发利用模式，明确战略基础设施配套的工作；而空间战略的制定过程也有助于宣传城市“多中心”概念，达到统一认识、形成合力的目的。最后，复合规划在转型期强调创新发展。21 世纪是城市化世纪，智力资本代替物质资本，创新发展方式，将以一种崭新的可持续发展的新理念成为人类发展共同的价值观和行动纲领。复合规划的理念正是顺应了这一趋势，以创新为原则，主要关注理论创新、制度创新、管理创新三个方面的内容。

四、政策设计

因市兴城，因城活市。城与市的关系在一定意义上也是政府与市场的关系。政府失灵也好，市场失灵也罢，关键是缺少与政治、经济、社会、文化等相适应的制度安排与政策设计。在宏观层面的顶层设计中，要着力解决涉及土地问题的一系列法律法规问题，关于土地问题的一系列法律法规已经不起实践的检验，关于总体规划的编制体系和审批体制也不能适应管理要求，关于城市拆迁安置的一些政策不一致、不协调问题也导致矛盾冲突不断加剧，关于依法行政和社会维稳的辩证关系问题也常常模棱两可、无所适从……诸如此类的政策设计问题已迫在眉睫、刻不容缓。科学的政府治理理念、治理体系、治理能力建设已成当务之急。另外，政策的设计要尊重市场经济的规律，在兼顾各方利益的基础上，积极运用金融、税收、财政等调控手段实现城市规划内容有效政策化的目标。

五、区域视角

区域是城市的基础腹地与动力，但城市与区域的整体性、有机性从来就没有得到足够的尊重。地域和行政分割破坏了区域、城市、地区等内在的连续性和规律性。区域与城市协调发展的整体性、系统性至今没有建立起来。必须打破行政分割、治理分区、职能分块的被动局面。通过建立区域发展和协调机制，在更大的区域范围来研究地区、城市、郊区和旧城的和谐发展等问题，实现经济区域、生活区域、生态区域和政策区域的统筹发展。

经济区域视角是复合规划的区域视角之一。各种经济圈规划是区域规划制定的类型之一，其空间范围是以城市间的经济联系强度来制定的，通常会由一个经济中心城市，周边有若干个经济联系紧密的中小城市共同组成。国内的长三角、珠三角、京津冀、中原经济区、长株潭、成渝等经济圈的规划已经通过国务院的审批，成为促进区域经济发展的重要策略。复合规划的区域视角正是为了顺应区域经济发展的趋势，通过加强区域的经济联系，实现区域的一体化进程。

生活区域视角也是复合规划的区域视角之一。随着城市建设规模的快速扩张，城市空间尺度已经超越了以往以步行为主的生活组织结构，城市区域的空间开始出现，特别是高速公路及高铁等基础设施的建设，更是大大加速了城市生活扩展到区域中来。然而，生活尺度的扩大，也加剧了市民的通勤成本，降低了城市的交通效率，加剧了城市的交通拥堵。复合规划的生活区域视角就是为了缓解这些问题，通过快速公共交通设施的建设，实现区域生活的舒适化。

生态区域视角是复合规划需要秉持的基本原则之一。环境问题是区域主义思想产生的基础之一，正是为了缓解工业革命带来的城市环境问题，霍华德才提出了田园城市的规划理论。复合规划提倡区域一体的生态视角，通过区域内多种生态要素的一体化维护来实现城市的基本生态安全格局。

政策区域视角是复合规划寻求国家新政策平台的方向之一。改革是新一届政府确定的发展主旋律，中央政府通过制定各种新型的政策来推进国家经济、政治和社会方面的制度改革，通过制度的松绑来刺激经济社会的发展。面对这些推出的新政策，中央政府需要地方来试验推行，比如，武汉城市圈“两型社会”建设试验区、成渝统筹城乡实验区等。复合规划的区域视角原则需要顺应国家改革发展的趋势，落实国家推行的改革政策，实现助推城市及区域发展的目标。

六、人文尺度

随着 21 世纪城市时代的来临，城市作为国家经济社会发展的主体作用越来越明显。然而，新时代城市的快速发展也带来了一系列问题，而这些日渐严重的城市问题往往归因于城市规划过程中人文关怀的缺失。城市规划师不得不思考新世纪城市的走向。L·芒福德在其著作《城市发展史》中曾经提到：“城市乃是人类之爱的一个器官，因而最优化的城市经济模式应该是关怀人、陶冶人”。吴良镛先生在对 1999 年国际建协第 20 届世界建筑师大会草拟的“北京宪章”的诠释中强调：“技术的发展必须考虑人的因素，因而不可避免地要将人的因素放在技术的中心位置”。此时，人本主义规划理念再次表现出了它的魅力。

城市规划要以人为本，努力塑造城市中能够“看得见山水，留得住记忆，记得住乡愁”的人文空间。好的城市既要活力、生态、宜居，又要重视人文的回归、文脉的延续，主张通过规划促进割裂空间织补、多元文化融合以及塑造宜人尺度的场所空间。中国的很多城市都有着悠久而灿烂的城市发展史，在发展的同时应着力保护古城的整体环境及历史文化遗产，通过对地方乡土文化的研究发掘明确的地域性风格特征，应用于现代城市规划与设计中，使场所具有宜人的空间尺度。

复合规划强调塑造宜人尺度的场所空间。城市归属感的产生是城市发展走向有序的必要前提，也是各种社会经济活动所寻求的目标。复合规划不仅强调城市整体环境的宜居性，还强调“人”的场所塑造的主题思想，认为城市应是一个可增加人生经验的活动场所。提倡城市建设应为连续渐进式的小规模开发，认为城市发展建设是一个连续渐进式改变过程，而不是激进的改造过程，城市是生成的，而不是造成的。强调向城市过去的建设经验学习，从地方性的传统中借用如市民广场、乡土建筑或建筑小品，营造尺度亲切宜人、具有地方文化特色的场所空间，使城市更加宜居、生态、有活力。

七、混合利用

受传统规划思想的影响，中国城市用地功能分区规定已经制度化、法律化，混合利用方式的改变触及政府的政策设计，实施难度较大。当前中国城市应鼓励在较为宏观的层面上如城市发展战略、空间功能的混合布局，倡导多组团、网络化、紧凑集约的均衡布局理念，促进城市生活功能、生产功能与生态功能的融合。再如中观层面上鼓励城市空间功能区的有机适度混合，并通过文化、产业、居住等多功能的综合开发和结合公交站点走廊的集约开发，实现城市历史街区、旧城和新区的协调互动发展。涉及微观层面上的土地开发建设，应在保持地块主导功能的前提下，通过多种用地混合利用，鼓励发展集居住、服务、就业于一体的混合型社区模式，致力于在一定范围内形成相对紧凑的土地利用环境。

八、强度匹配

复合规划强调开发的强度匹配，其本意是反对现实特大城市建设“摊大饼”式的开发模式，提高土地的利用程度，并且尊重土地的基底差异，形成与该地块定位、容量和承载力相匹配的集约利用的强度开发。在打破功能过于追求明确分区的理念的同时，复合规划需要强调开发的强度匹配，这是一种尊重自然差异和设施水平的规划理念。考虑到空间的区域、城市和分区三个尺度划分，复合规划强度匹配的理念应具体体现在以下三个方面：

在区域尺度上，规划要考虑与《主体功能区规划》相对接，根据不同区域的资源环境承载能力、现有开发密度和发展潜力，统筹谋划未来人口分布、经济布局、国土利用和城镇化格局，将国土空间划分为优化开发、重点开发、限制开发和禁止开发四类，确定主体功能定位，明确开发方向，控制开发强度，规范开发秩序，完善开发政策，逐步形成人口、经济、资源环境相协调的空间开发格局。

在城市尺度上，复合规划在进行开发强度匹配界定时，需要考虑以下两个方面：

第一个方面，提出依据土地供求关系，确定总体控制目标。这一个方面仍然是需要考虑在城市及各个分区的生态安全格局的基础上，对土地的供求关系进行分析，从而从整体上先确定各个分区的开发强度，并结合土地利用指标进行协调，做到城市规划与土地利用规划的相互协调。

第二个方面，形成强度递变格局，塑造地区形态特色。一个城市，特别是大城市或者特大城市，动辄几百万人口，几百个平方公里的用地，规模的快速扩张使得城市低密度的蔓延的态势逐渐扩展开来。复合规划强调的强度匹配是在顺应城市开发扩张的趋势下，强调城市土地的集约利用，围绕交通等公共设施的开发节点，形成强度的递变格局，结合景观视廊的设置塑造地区形态特色。

在片区尺度上，界定各类控制区域，贯彻分类管制原则。城市中不同的功能片区，由于自然条件、建设现状和功能定位等方面的差异，其在开发强度要求上也表现出一定的差异。以城市的旧区和新区为例，旧区一般存在较多的历史遗存，这就局限了该区的开发强度。相比较而言，新区的约束性条件则较少，在开发强度上具有较大的余地可以操作。同样，考虑到市场经济的影响，高端服务业要在城市 CBD 处集中，从而产生较高的开发强度，这也是需要在规划中予以考虑的。因此，复合规划需要去界定城市中各类控制区域，贯彻分类管制的原则，为规划管理提供基础。

九、多样共生

中国人崇尚“中庸”、“和谐”，意指环境、经济、社会、政治多个层面的平衡协调与多样共生。复合规划倡导城市的多样共生，鼓励物种多样共生、文化多样共生、景观多样共生和群体多样共生，并将其作为未来中国城市重要的发展目标。

复合规划鼓励城市生物种类的多样共生。因为，一是人类衣食住行所需要的资源和生命所需要的营养需要多样共生的生物来提供；二是每一种生物生存都要有多种物种来保障；三是人类生存的环境需要多样共生的生态系统来提供保障。在规划中需要减少城市建设与生物体系的冲突，如采取规划保留生物迁徙走廊等方式减少对城市的动植物种类的危害，同时要在考虑动植物的生态基底的基础上，对城市生态体系进行规划。

复合规划鼓励城市文化的多样共生。文化多样共生是人类社会的基本特征，也是人类文明进步的重要动力。“文化多样性”被定义为各群体和社会借以表现其文化的多种不同形式。这些表现形式在它们内部及其间传承。在处理不同时代的文化遗存时，复合规划需要贯彻积极保护的思路，处理好历史遗迹与现代建设的关系。

复合规划鼓励城市景观的多样共生。景观多样共生是指不同类型的景观在空间结构、功能机制和时间动态方面的多样共生和变异性。在规划中，要避免城市建设单一化、千城一面的格局，就要鼓励城市景观的多样性。这种多样性既存在于显性的物质结构如城市建筑、街区风格之中，又根植于无形的社会资本如生活习俗、尊重意识、包容能力之中。

复合规划鼓励城市群体的多样共生。随着市场化、全球化、工业化、城镇化、信息化的深入发展，从传统的工人、农民、知识分子等社会成员中分化出了许多新兴的社会群体。复合规划鼓励城市群体的多样共生，在空间上营造群体可以共存的氛围，如在城市住宅区开发中，安排一定比例的经济适用房或者保障房建设，来实现群体共生的目标。

复合规划通过由“正规划”向“负规划”转变，由“先建设、后保护”向“先保护、后建设”转变，维护城市生态安全格局；贯彻积极保护的思路，处理好历史遗迹与现代建设的关系，保护城市文化和景观的多样性，提高城市宜居水平；鼓励不同社会群体的融合，营造群体共存的氛围，增加城市生命力。

十、绿色低碳

复合规划的“绿色低碳”与追求“生态城市”的目标也有共同之处，需要从社会生态、自然生态、经济生态三个方面来确定。社会生态的原则是以人为本，满足人的各种物质和精神方面的需求，创造自由、平等、公正、稳定的社会环境；经济生态原则保护和合理利用一切自然资源和能源，提高资源的再生和利用，实现资源的高效利用，采用可持续生产、消费、交通、居住区发展模式；自然生态原则，给自然生态以优先考虑，最大限度地予以保护，使开发建设活动一方面保持在自然环境所允许的承载能力内，另一方面，减少对自然环境的消极影响，增强其健康性。

城市边界应在生态界限内，并在根本上减少人类的生态足迹。从社会生态、自然生态、经济生态入手，倡导绿色、低碳理念，加快调整经济结构、转变增长方式，构建资源节约、环境友好的生产方式和消费模式，着力推进绿色发展、循环发展、低碳发展、安全发展。城市应是绿色低碳的，在设计和功能上应接近大自然，克服与自然相悖的传统规划理念，倡导采用循环代谢的模式，鼓励可持续、健康的生活方式，强调更高品质的生活和创造更适于生活的邻里关系和社区。

第四节　复合规划的应用工具

复合规划的应用工具是在复合规划理念指导下针对中国城市发展的实际问题而提出的规划方法，是指导城市健康发展的实用之道，也是落实复合规划的具体工具和有机组成部分。本书列举了逆向规划、地域化 TOD、地域化统筹、地域化制度复合、地域化规划体系五个工具，并进行了详细阐述。

一、逆向规划

逆向规划是复合规划理念的体现之一，与传统规划先建设用地后生态用地等过于追求物质空间建设，为经济发展服务的理念不同，逆向强调的是逆向思维，从更加宽阔的视角来对规划进行反思，反思传统物质空间规划思维带来的种种不适的情形并加以纠正。

在城市发展的过程中，传统的刚性城市规划思维已经不能适应未来城市建设的需求，应该在城市规划的编制中使用逆向规划的工作方法。在现代市场经济发展背景下，应使用逆向城市规划的工作方法，去适应城市建设中存在的不确定性和灵活性，最终达到城市规划总体的稳定性和局部的可调节性。

1. 优先考虑生态安全规划

2012 年 11 月，党的十八大从新的历史起点出发，作出“大力推进生态文明建设”的战略决策，从十个方面绘出生态文明建设的宏伟蓝图。这一战略决策的提出标志着生态文明建设，已经逐渐提升到与经济、政治、文化和社会建设等同的地位。传统的规划思维开始是注重物质空间的规划，改革开放以后逐步地为经济建设服务，随着和谐社会、民生工程的建设，文化和社会建设的理念逐步在规划中得到体现，今后生态文明建设的理念将会在规划中体现得更加明显。

逆向思维就是顺应这一发展态势，城市规划在市场经济体制下已经无法实现计划经济体制下命令式的规划方式，以强制性的文件自上而下地推行生态用地保护。逆向战略思维一是要先规划生态用地后规划建设用地，二是要在市场经济体制下形成利用和保护的良好互动。

第一，复合规划鼓励利用技术工具分析，推进整体生态安全格局的构建。

生态安全格局也称生态安全框架，指景观中存在某种潜在的生态系统空间格局，它由景观中的某些关键的局部，其所处方位和空间联系共同构成。生态安全格局对维护或控制特定地段的某种生态过程有着重要的意义。不同区域具有不同特征的生态安全格局，对它的研究与设计依赖于对其空间结构的分析结果，以及研究者对其生态过程的了解程度。

复合规划逆向规划工具鼓励利用 GIS 等技术分析工具，对规划用地的地形、水系、生物栖息地等情况进行科学分析，以生态安全为基础对规划期内的人口容量和开发容量进行科学预测，将弱质的生态空间划定为禁止开发空间，作出严格的开发限定。

第二，复合规划推进生态廊道的保护，形成城市的生态景观体系。

景观生态学中的廊道是指不同于周围景观基质的线状或带状景观要素，而生态廊道是指具有保护生物多样性、过滤污染物、防止水土流失、防风固沙、调控洪水等生态服务功能的廊道类型。生态廊道主要由植被、水体等生态性结构要素构成，它和“绿色廊道”表示的是同一个概念。建立生态廊道是景观生态规划的重要方法，是解决当前人类剧烈活动造成的景观破碎化以及随之而来的众多环境问题的重要措施。

复合规划逆向规划工具推进生态廊道的积极保护，并且利用设计的手法对廊道加以景观塑造，创造宜人的生态景观环境，打造地域景观特色。

第三，复合规划推进生态资源的合理利用，增加 GDP 的绿色分量。

生态文明建设强调要把资源消耗、环境损害、生态效益纳入经济社会发展评价体系，建立体现生态文明要求的目标体系、考核办法、奖惩机制。深化资源性产品价格和税费改革，建立反映市场供求和资源稀缺程度、体现生态价值和代际补偿的资源有偿使用制度和生态补偿制度。积极开展节能量、碳排放权、排污权、水权交易试点。

复合规划的逆向规划工具是为了推进生态资料的合理利用，形成良好的经济和生态效益互动。既不是以往的过度开发而不顾，也不是完全的保护而不积极利用。复合规划采取的是保护和利用协调的策略，结合市民的休闲活动需求，设置相关的旅游服务设施增加经济效益。如珠三角的生态绿道规划建设工作，在这一方面作出了典型示范。

2. 优先考虑民生设施规划

传统规划优先关注经济发展规划，为重大经济建设项目服务的意图明显，由此，能够带来大项目的开发商成了政府规划优先服务的对象。这极大地推动了城市开发的繁荣，也带来了社会公共服务设施建设的欠账。同时，随着经济社会的发展，弱势群体在城市中的地位越来越受到社会各界的关注，政府在收获改革开放经济极大丰富成果的同时，也开始更加关心民生问题，投入更大的物力和财力来改善民生设施。

复合规划的逆向规划工具正是在规划中体现民生设施优先的思路，关注低收入群体、残疾人和老年人群体等弱势群体在民生设施方面的需求。

保障房规划建设：制定住房建设规划和住房建设年度计划，要根据本地住宅需求情况，落实逐步解决城市中低收入家庭住房困难的目标，合理确定居住用地供应规模、土地开发强度和住宅供应规模。要把普通住房供应作为主要内容，突出强调以廉租住房制度为重点、多渠道解决城市低收入家庭住房困难。要明确提出廉租住房、经济适用住房、限价普通商品住房及其他中低价位、中小套型普通商品住房等的建设目标、建设项目、住房结构比例、土地供应保障措施等，并提出包括新建、存量住房利用等多种渠道的综合解决方案。

无障碍设施规划建设：对于残疾人而言，规划应该优先考虑这一群体在城市中的发展诉求，目标是实现设施无障碍、公共交通无障碍、信息无障碍三者的相互结合、相互促进，逐步形成完善的无障碍环境建设与管理体系，不断优化无障碍环境质量，形成残健共融的良好社会风尚（图 6–5）。

养老设施的规划建设：复合规划应该适应中国城乡人口老龄化的趋势和需求，加快养老服务设施的建设，建立起城乡统筹、布局合理、服务规范、机制灵活、满足不同层次需要的多种形式的养老服务体系，实现“关怀弱势，保障基本，体现特色，持续发展”的总体目标。以老年人的养老需求为导向，按照“全面照顾，重点关怀”的理念，坚持服务对象公众化，为老年人提供多层次、多样化的养老服务设施，促进老年人积极健康

图 6–5　无障碍设施规划建设

生活，安享晚年。按照“以居家养老为基础，以社区为依托，以社会福利机构为补充”的养老服务体系，以空间资源协调配置为重点，对机构、社区、居家养老设施进行分类指导，促进各类设施协调发展。

3. 优先考虑非小汽车交通规划

随着城乡居民收入的大幅增加，汽车消费快速进入家庭，小汽车已经逐渐成为中国城市居民生活中不可或缺的工具。据统计，城镇居民家庭平均每百户家用汽车拥有量由2002年年底的0.9辆，增加到2011年年底的18.6辆。中国的北京、上海、广州等城市已经进入汽车社会的时代，小汽车的增加对交通规划带来了新的挑战。传统的城市规划越来越重视机动交通，优先解决各种机动交通的需求，规划相应的道路容量、停车设施等成了规划中必不可少的部分。这种以小汽车为导向的规划模式鼓励了小汽车的发展，最终加剧了今天特大城市交通拥塞局面的形成（图6–6）。

非汽车交通设施的规划建设：非汽车交通设施包括慢行交通和公共交通两个方面。国际城市发展的经验告诉我们，以汽车为中心的城市是缺乏人性、不适于人居住的，从发展的角度来讲，也是不可持续的。“步行社区”、“自行车城市”已成为国际城市发展追求的一个理想。

然而，快速发展中的中国城市，似乎并没有从发达国家的经验和教训中获得启示，而是在以惊人的速度和规模效仿西方工业化初期的做法，“快速城市”的理念占据了城市大规模改造的核心。非人尺度的景观大道、环路工程和高架快速路工程，已把有机的城市结构和中国长期以来形成的“单位制”社会结构严重摧毁。步行者和自行车使用者的空间在很大程度上被汽车所排挤。

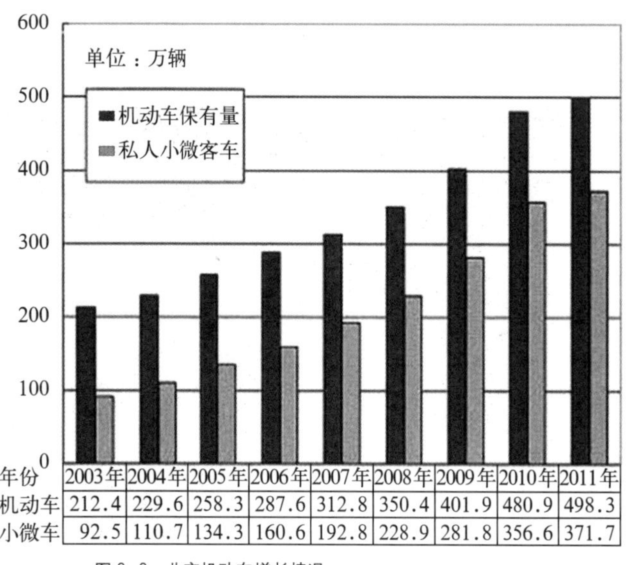

年份	2003年	2004年	2005年	2006年	2007年	2008年	2009年	2010年	2011年
机动车	212.4	229.6	258.3	287.6	312.8	350.4	401.9	480.9	498.3
小微车	92.5	110.7	134.3	160.6	192.8	228.9	281.8	356.6	371.7

图6–6　北京机动车增长情况

所以，逆向规划就是优先考虑人性化设施的规划，利用目前城市空间扩展的契机，建立方便生活和工作及休闲的绿色步道及非自行车道网络，这具有非常重要的意义。这一绿道网络不是附属于现有车行道路的便道，而是完全脱离机动车道的安静、安全的绿色通道，它与城市的绿地系统、学校、居住区及步行商业街相结合。它将是应对未来全球性能源和石油危机的关键性战略，必须从现在开始建立。

另外一个方面则是公交设施的优先规划和建设。相对于小汽车交通模式，优先发展城市公共交通，是提高资源利用率、缓解交通拥堵的重要手段。在交通能源消耗方面，小汽车平均每运送一名乘客的耗油量相当于公共汽车的 4.5 倍。每 100km 的人均能耗，公共汽车是小汽车的 8.4%，电车更低了，大约是小汽车的 3.4%，地铁大概是 5%。如果按照全国所有的私人小汽车计算，其中有 1% 的人改乘城市公共交通，仅此一项，全国每年就能节约燃油 8000 万 L。而据有关资料显示，我国目前的公交出行分担率还不足 10%，特大城市也仅有 20% 左右。而国际上一些发达国家的公交出行分担率，一般为 40%~60%。

复合规划强调公交优先的规划理念，包含以下五个方面的落实措施。第一，要合理开辟公交专用道。根据客流和城市新旧城区不同的道路条件，分时、分段、灵活多样地设置公交专用道。第二，加强港湾式公共汽（电）车停靠站的规划和建设。这有利于缩短公交车排队进站的时间和减少公交车一站多停现象，对疏导路面交通拥挤和提高公交运营效率产生积极效应。第三，需要科学设置公交优先通行信号系统。科学设置公交优先通行信号系统，调整公共交通车辆与其他社会车辆的路权使用分配关系和加强公交优先通行信号系统管理，将有效提高公共交通车辆的运营速度和道路资源利用率。第四，适度发展快速公交系统。“快速公交系统”被称为“地面上的地铁”，实践证明其对改善城市交通起到了特定的作用。快速公交系统的发展应该与地铁规划建设相协调，不能盲目建设，要避免与地铁建设在空间分布和使用功能上的重复。第五，要强化公交优先的法规和理念。要明确制定道路交通路权分配的法规和条例，完善公交专用道管理制度，做到公交路权保障有法可依。广泛宣传公交路权优先的理念，对道路各类驾驶员加强法规教育，使路面车辆各行其道，保证公交专用道为公交专用。

二、地域化 TOD

面对愈演愈烈的城市拥堵问题，传统“头疼医头、脚疼医脚”的治堵思路开始表现出不适性。追求交通发展与土地发展相互协调成了治理交通拥堵的根本之道，而 TOD 模式则是这一思路的具体工具之一。

TOD 模式（Transit-Oriented Development）是以公共交通为导向的开发，是规划一个居民区或者商业区时，使公共交通的使用最大化的一种非汽车化的规划设计方式。1993 年，彼得·卡尔索普在其所著的《下一代美国大都市地区：生态、社区和美国之梦》一书中旗帜鲜明地提出了以 TOD 模式替代郊区蔓延的发展模式，并为基于 TOD 工具的各种城市土地利用制订了一套详尽而具体的准则。目前，TOD 的规划概念在美国已有相当广泛的应用。根据美国伯克利大学在 2002 年的研究显示，全美国多达 137 个大众运输导向开发的个案已完成开发、正在开发或规划中。

TOD 模式理念在 20 世纪 90 年代也被引入了中国，引起了中国政府和规划师极大的兴趣，这是一种在城市集聚和扩散理念之间寻求平衡的观念，符合了政府倡导的集约的主旨。但是中国的 TOD 模式在使用背景和使用方向上面与美国的 TOD 模式存在一定的差异。

1. TOD 模式适用的地域化背景

美国 TOD 模式的产生与新城市主义的时代思潮有着密切的关系。二战后，美国郊区化的快速发展,使得城市无限蔓延。郊区化虽然满足了人们接近自然和乡村以及改善私密性的要求，但实际上出现了很多新的矛盾，人与人之间、家庭与家庭之间距离拉得很大，很少接触，把邻里相互交往、关照的社区联系降低到最低程度，体现社区文化特征的历史建筑被私人住宅代替了，在郊区都是一样的小房子，没有太大差别。所以，人们在社区很难找到归宿感。所以，整个生活都跟过去不一样了，大部分人特别是一些思想比较活跃的人觉得这种生活状态不对，从 20 世纪 70 年代开始对城市郊区化现象进行反思，开始了新城市更新运动。1994 年，在洛杉矶，发表了著名的纲领性文件，也就是新城市主义宪章，主张恢复现有城市中心和城镇，强调都市区内协调发展，改变现有的郊区外貌，保证自然环境，尊重历史岁月，这是总的原则，还要强调城市应该建造合理、有效的空间结构，道路骨架，布局比较合理、有效的城市空间，保持长期的经济活力、社会稳定和环境的健康。

中国在引入 TOD 模式时并未引起较大的重视，这是因为中国与美国在国情和发展阶段上的差异而形成的。及至今天，国内多个城市 TOD 模式的发展还是处在理论探讨的阶段，实际应用尚未成规模。再者，因为任何理念都不可能解决所有问题，美国的理论不能解决中国所有的问题，美国的新城市主义不能照搬到中国。中美基本国情、发展阶段和制度特征上的差异是主要原因：

第一，中国与美国国情完全不同。在资源、发展阶段、社会制度方面，以及历史、文化差异方面，甚至于对生活的态度、生活的追求方面都存在很大差异，美国新城市主义不可能完全在中国适用。

第二，中国与美国处在不同发展阶段。新城市主义理论提出时，美国正处于大城市向郊区蔓延的阶段，当时的理论是在这个背景条件下提出的，美国的城市化率稳定在 80% 左右，而中国真实的城市化率水平仅在 35%,中国的人均资源只有美国的 1/5,不能解决所有人的需求。中国处在高速城市化阶段，大多数城市在过去的 30 年里经历了发达国家用一个世纪才完成的工业化过程，在未来一段时期内仍面临着城市人口急剧增长、快速的城市化和郊区化蔓延的困扰，中国将来的城市化率可能在 65% 左右，在由 35%~65% 之间还有很长的路要走。

第三，在历史文化和社会制度上，美国有自身的优势，也有缺陷，中国也是。正如前面所说，两国的传统、文化、价值观不同，价值观的不同决定了我们的生产、生活方式也不同，以及城市的不同等，所以美国的城市主义在中国不可能得到百分之百的实施，也不可能解决所有的问题。可以说城市主义应该是发展的城市主义。

将美国的“新城市主义”经验应用到中国，本身就是一种发展的观念、辩证的思维，也是一种务实的态度。虽然美国的理论不能解决中国所有的问题，但是美国的理念、做法可以对我们进行启发，近年来基于以下几个背景“TOD”才逐渐受到国内多方面的认可。

第一，政府提出公交优先的发展理念。城市交通问题日渐严重，小汽车数量的增加对环境和能源带来了巨大的压力，优化交通出行结构，优先发展公共交通成为扭转这一局面的有效工具，而随着公交线路的建设，沿线的开发则成为需要同时关注的问题，TOD 模式为沿线及节点地区的开发指出了一条道路。

第二，土地资源吃紧，政府提倡集约开发。中国耕地 18 亿亩红线是实现中国粮食安全的保障。面对着城市的快速扩张，不断蚕食农耕用地，政府提出集约发展的理念，TOD 模式正是集约发展理念的有力体现，中心高强度、外围低强度开发模式，有效地落实了集约发展的理念。

第三，功能分区被反思，功能混合得到规划的提倡。随着产业业态的升级，产业与居住和生活功能的融合障碍逐渐消除，城市功能混合开发成为可能。TOD 模式提倡中心办公商业功能、外围居住功能良好地融合，使得功能混合的意图得以实现。

由此来看，TOD 模式较好地集成了中国时下政府提倡的公交优先、集约发展、功能混合等理念，这才是其受到国内推崇的主要原因。

2. TOD 模式适用的地域化方向

复合规划注重以提高通达性为目标的交通规划，为达成这一目标需要从以下几个层面出发进行考虑。通过土地开发与交通建设之间的良好互动，缩减无效的交通量，提升城市的交通效率（图 6–7）。

第一，提倡规划打造主中心同时兼顾副中心发展的集聚型城市结构。中国的城市尚处在以集聚为主的发展阶段，因此城市的主中心仍然处在发展壮大的阶段。所以，首先还是需要提升主中心的容量，同时加以配套大运量的快速公交系统，实现人流的快速集散。同时，顺应郊区发展态势，通过建设中心城副中心和郊区新城，完善功能高度集中的多个集聚型城市副中心，再由交通枢纽将各个分散的、但功能高度集中的二、三线区域新城连接起来，形成集聚型的城市结构。城市集聚化是缩短交通距离，进而降低二氧化碳排放的一个重要途径。比如上海，推进“一城九镇”的规划建设，依托大产业项目和市政基础设施建设的新型都市，是大城市

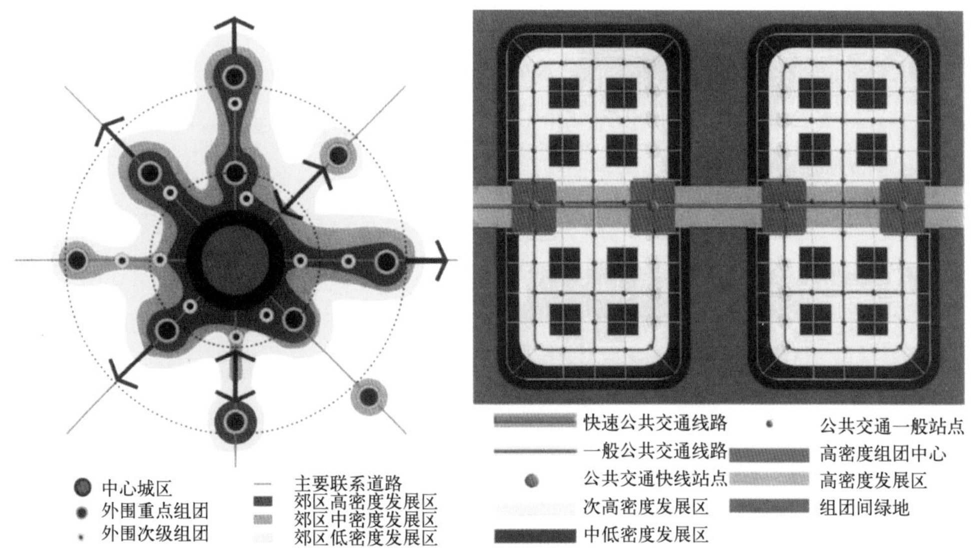

图 6-7　快速公交导向的多中心城市结构和快速公共交通组织的城市外围组团发展模式

多中心发展模式的有益尝试，但是城市结构的综合配套功能规划建设还需进一步完善。由于人口和产业在多个中心聚集，每个中心都需要具备完善的城市功能，才能满足人们的就业及日常生活需要，从而减少人口跨区的远距离交通。

第二，提倡职住平衡的城市混合开发模式。TOD 是国际上具有代表性的城市社区开发模式。同时，也是新城市主义最具代表性的模式之一。中国的城市在计划经济时代有着良好的功能混合基础，以“单位大院”为标志的混合型社区成为那个时代的产物。随着市场经济的引入，这种模式开始解体，职住平衡开始被打破，每日大量的通勤人口往返于居住与就业之间。在这个时代，功能的混合更加具有挑战性和必要性。所以，结合 TOD 模式，在空间尺度扩大无法避免的趋势下，这时需要快速公共交通工具的出现对职住进行衔接，从而实现职住时间上的平衡。同时，在开发模式上，中国的城市开发中，尤其是在城市尚未成片开发的地区，通过先期对规划发展区的用地以较低的价格征用，导入公共交通，形成开发地价的时间差，然后，出售基础设施完善的“熟地”，政府从土地升值的回报中回收公共交通的先期投入。

三、地域化统筹

工具的复合是在实现规划目标时采取的方案复合，这种复合是在当前多种矛盾存在的规划环境中，意在解决现实问题，而采取的一种平衡和协调的方式。结合统筹的视角，本文将工具细化为柔性工具和刚性工具，其中每种工具又包括四个具体的方法。

1. 统筹区域与城乡协调

统筹城乡发展和统筹区域发展是“五个统筹”的重要组成部分，是践行科学发展观的根本要求，也必然是和谐规划需要“统筹”的最基本内容之一。从城市发展形态看，城乡一体、城乡融合、区域协调，是城市发展的最高境界和最佳形态。区域与城乡一体化发展是扩大内需、推动经济增长的强劲动力，也是优化经济、社会和城乡结构的必由之路。

统筹区域与城乡协调发展的规划措施主要包括：第一，加大区域统筹规划研究力度，引领区域统筹发展。第二，健全统筹区域城乡的规划体系，实现城乡规划全覆盖。第三，全面实施区域城乡统筹规划管理，由城乡分治走向统筹共治。

2. 统筹空间拓展与功能

城市的空间拓展必须与城市功能的完善紧密衔接、相互协调。通过统筹规划，把拓展城市空间与完善城市功能紧密结合，根据城市不同区域的现实基础和发展条件，进一步强化城市各主体功能区的城市功能，完善城市综合交通、基础设施和公共服务设施体系，促进城市功能的全面优化提升。

统筹拓展空间与完善功能的规划措施主要包括：第一，完善城市各主体功能区的城市功能。第二，完善城市综合交通和市政基础设施功能。第三，完善城市公共服务设施功能。

3. 统筹发展与改善民生

我们必须把解决民生问题与加快城市发展统一起来，统筹兼顾城市发展与改善民生的关系，在加快城市发展的同时，重视民生，关注民生，致力于改善民生，通过多种举措改善人居环境，解决困难群体的生产和生活问题，满足人民群众多方面的需求，切实解决涉及群众切身利益的问题，让发展的成果真正惠及广大人民群众，让人民群众共享改革开放发展的成果。

统筹城市发展与改善民生的规划措施主要包括：第一，切实改善群众住房条件。第二，积极推进基本公共服务均等化。第三，不断提高农民生活质量。第四，全力推进各类民生工程规划建设。

4. 统筹规划管理与规划服务

统筹规划管理与规划服务，在日常的规划管理中更加强化服务理念，树立管理就是服务的思想意识，从而使规划管理工作更加科学化、人性化、规范化。

统筹规划管理与服务的措施主要包括：第一，寓管理于服务之中。秉持管理就是服务的理念，坚持管理与服务紧密结合，把服务贯穿于管理之中，转变观念，顾全大局，权衡利弊，统筹兼顾，通过服务实现管理，为维护大多数群众的利益甘愿奉献。第二，正确处理坚持原则与热情服务的关系。规划工作直接面对多元化的利益诉求和社会矛盾，要求规划工作者既要坚持原则，又要热情服务，正确处理原则性与灵活性的关系。第三，创新规划管理服务模式。坚持以人为本，以服务为中心，围绕关注民生、服务市民，从解决事关人民群众切身利益的问题入手，不断创新规划管理服务模式。

5. 统筹城市规划与相关规划

为避免出现各种不同类型规划之间相互脱节、矛盾和冲突的现象，必须对城市各层次规划与相关规划进行全面统筹整合，统筹城市规划与相关规划，加强不同层次、不同类型规划的统筹衔接、综合协调，形成统一的、一致的、规范的、科学的和严谨的规划成果，切实使各类规划的相关内容紧密衔接、协调一致，确保城市规划的科学性、严谨性、规范性和合理性，为建设实施提供科学规划依据。

统筹城市规划与相关规划的规划措施主要包括：第一，强化“四规”（国民经济与社会发展规划、土地利用总体规划、城市规划和生态环境保护规划）的统筹与整合。第二，充分发挥城市规划委员会的统筹协调作用。以城市规划委员会为平台，充分发挥规划委员会的统筹协调、参谋智囊和科学民主决策作用，加强对各类规划的衔接协调、技术指导和论证研究，确保规划成果的科学性、合理性、一致性。

6. 统筹城市建设与环境保护

在加快城市建设发展的同时，兼顾城市生态环境的保护与提升，统筹城市建设与环境保护的协调关系，这是科学发展观的本质要求，是城市、人与自然和谐发展的根本要求。统筹城市建设与环境保护，摒弃了以往只注重经济效益不顾生态后果的唯经济论的粗放型发展模式，转向兼顾人口、经济、社会、环境和资源持续发展的精细化发展模式，以城市建设促进环境保护，以环境提升带动城市建设，构筑城市持续发展的生态安全格局，切实增强城市的可持续发展能力，把城市建设成为节约资源和保护环境的示范基地。

统筹城市建设与环境保护的规划措施主要包括：第一，切实加强城市生态文明建设。坚持生态优先、环境友好原则，以生态保护为重点，切实加强城市生态环境保护建设，为城市发展提供良好的生态环境支撑。第二，加强城市规划与环境保护规划的衔接协调。第三，构建城市建设发展的生态安全保障体系。站在城市与自然和谐共处的高度，根据城市生态学和生态经济学理论，最大限度地统筹兼顾城市建设与环境保护，实现人口、资源、经济协调发展。

7. 统筹市政基础设施

由于缺乏统筹协调，城市不同区域间市政基础设施发展不平衡，一些城市往往旧城区市政基础设施建设亟待进一步提升，新开发地区市政基础设施配套建设严重不足，或受经济发展和财政实力限制，设施缺的地区没钱建，有钱的地区反复建，造成设施短缺或资源浪费，严重影响了城市整体功能的有效发挥和城市系统的正常运行。因此，有必要对各类市政基础设施进行统筹规划，加强整合，综合协调，全面安排，切实提升城市的承载能力，确保城市整体功能的有效发挥和城市体系安全运转。

统筹市政基础设施建设的规划措施主要包括：第一，统筹规划，有机整合。针对目前市政基础设施规划建设各自为政、缺乏统一规划的问题，必须站在全市全局的高度，适应城市发展需要，由政府统一组织制定市政基础设施统筹规划，搞好各类市政基础设施之间的协调衔接，统一规划，有机整合，提高规划的综合性、统筹性、协调性。第二，规划先行，适度超前。采取“适度超前”型发展策略，着眼于城市未来的发展空间，适度超前统筹规划各类市政基础设施体系，正确处理眼前利益与长远利益的关系，一时不能配套到位的设施，要预留空间，避免留下市政设施上的“硬伤”和难以弥补的遗憾，为城市发展提供强力支撑。第三，精细配套，统筹协调。坚持“先规划、后建设，先地下、后地上”的原则，加强对各类市政基础设施的统筹协调，严格落实“同规划，同审批，同设计，同施工，同验收”制度，保证各类市政配套设施的同步规划、同步建设、同步使用，确保市政设施整体效能的有效发挥，着力营造配套齐全、功能完善、承载力强的现代化城市。

8. 统筹新区开发与老城提升

新区开发和老城提升是一座具有历史积淀的城市在规划建设中必须面对的两个方面。新区开发与老城提升必须统筹兼顾，建立新区与老城良性互动的协调发展关系，通过新区开发，以新带旧，通过老城提升，以旧促新，使新、老城区能够相互依托、协调共进，才能实现新区开发与老城提升的双赢。

统筹新区开发与老城提升的规划措施主要包括：第一，统一规划、有效对接。要对新区和老城进行统筹规划，形成老城和新区有效对接、均衡发展、共同繁荣的格局。第二，功能互补、协同共进。新区和老城应在城市整体发展框架下，围绕城市发展的总体目标、功能定位和发展战略，依据自身特点和优势，明确各自的功能定位和发展方向，做到新老城区功能互补、互促共进。第三，扬长避短、均衡发展。应针对新老城区的不同特点，扬长避短，发挥优势，分别采取不同的发展方略，制订不同的发展措施和规划方案，“老城做减法、新区做加法”，把新区建设成产业集中、技术先进、现代化快速发展的城区，老城建设成汇聚城市历史文化、人文尺度、自然景观于一体的商业繁荣、优美宜居、特色突出的城区。

四、地域化制度复合

城乡规划作为重要的资源配置行政许可形式，离不开制度的约束，规划制度是所有规划行为的框架，其内涵涉及规划的各个阶段和各个方面。近年来，随着我国城镇化进程的不断加快和人民生活水平的提高，规划过程中利益诉求的多元化趋势愈发明显，相应的规划过程中各种矛盾也就愈发突出。其间恰逢我国大力推进行政管理的民主法治化，为解决这些纷繁复杂的矛盾问题，国家、地方出台了大量的规定和制度来解决相关的问题，这些规划制度各有侧重，共同构成了一个复合型的制度体系。从分类的角度来看，大致可分为决策制度的复合、法规制度的复合、行政管理制度的复合、技术管理制度的复合几个方面。

1. 决策制度的复合

规划决策本身既是一种法律授予的行政权力，又是一种公众委托的公共权力，其决策权，通常是由政府下设的规划主管部门行使。近年来，随着国家对民主决策要求的提高，规划决策的复杂性与不确定性增多，传统的规划决策制度逐渐被集体决策与个体决策、管理决策与公共决策、共同构成的复合决策制度所取代。

1）集体决策与个体决策的复合

集体决策是在特定的历史阶段产生并发展起来的，在国内有很多定义，综合地概括一下，可以理解为多人在方案的选择中达成一致的过程。在一些比较复杂的规划问题研究过程中，往往会出现目标多重性、时间动态性、状态不确定性等复合问题，单凭个人的判断，容易在规划好坏的判断上出现失误。集体决策可以集中大家的智慧，借助更多的信息，形成可行的方案。集体决策在提高决策科学性的同时，还能提高决策的可接受性，有利于决策的顺利实施。同时，由于其决策后果由参与人员共同承担，还能使相关负责人员更加勇于承担风险。如济南市规划局在工作中形成的局业务会制度，就是典型的集体决策制度。

个体决策主要靠个人的知识、经验以及个人所掌握的情报信息进行决策。与集体决策不同，个体决策的正确与否，主要取决于个人的价值判断。

集体决策与个体决策，有着各自的优缺点。个体决策能使人们对事物感知得更迅速、更有效，有助于决策者快速、果断地进行选择。群体决策能较好地保证决策结果的合理性和正确性，但有多个人参加，意见也会纷繁多样，一般要花去较多的时间去统一认识，所以会使决策的时间延长。在规划决策过程中，应根据实际情况采取不同的决策方法。对重大项目或涉及问题复杂的项目，应进行集体研究，采用集体决策制度。对目标明确、有据可依的项目，可采用负责人员个体决策的方法确定最终意见。

2）管理决策与公共决策的复合

规划决策制度的复合，还体现在参与主体的复合上，即政府决策与公共决策复合的决策制度。在我国传统的规划管理模式中，政府作为国家进行行政管理的机构，代表国家意志和利益，承担行政决策职责。规划管理工作，由于涉及大量的公共管理和公众利益，传统的政府管理决策制度表现出不同程度的利益倾向，在决策过程中出现了一些“政府权力部门化、部门权力利益化、部门利益法定化”的怪现象。为此规划决策制度开始向管理决策与公共决策复合转型。

管理决策与公共决策的复合指在规划决策中行政决策主体、技术决策主体、公众参与主体的复合，将参与决策的群体由政府部门扩展至有利益关系的所有社会群体，解决公认的社会需求。在这一体系中管理决策主体指规划的行政管理部门，在决策过程中全面参与组织协调、技术审查、程序审查等工作；技术决策主体指技术专家，在决策过程主要对规划的技术问题进行指导、协调与审查。公众参与主体指相关的利害关系人，主要通过公示意见反馈等方式，向行政管理部门提出意见。

2. 法规制度的复合

完善的法规制度，是保障依法行政的前提。规划工作由于涉及社会的方方面面，在其指定和审批过程中，必然出现多项法规同时适用的情况，因而在法规制度方面，也是复合性的。

1）程序性法规和技术性规范之间的复合

程序性法规和技术性规范之间的复合指规划法规中既有规划管理的程序性操作的相关规定，又有技术方面的规范。例如《城乡规划法》，从城乡规划的制定、城乡规划的实施、城乡规划的修改等方面，对各类规划的编制、审查、报批程序作出了十分明确的规定。

同时，由于规划管理工作具有很强的技术属性，在程序性法规的基础上，还出台了大量的技术规范，如《城市居住区规划设计规范》《城市用地竖向设计规范》等。与程序性法规不同的是，技术性规范侧重对微观层面技术问题的界定，像居住区设计中的日照间距、配套标准等问题。技术性规范与程序性法规一起，构成了城乡规划中行政管理与技术审查复合的法规制度体系。

2）国家规范与地方规范的复合

国家规范与地方规范的复合，是由我国的国情决定的。我国领土辽阔，南北跨越的纬度近五十度，东西跨越经度六十多度，各地的地理、气候条件差异较大，例如住宅的采光问题，我国南方和北方的日照情况完全不同，其日照间距的规定也就不能一概而论。因此，在规划法规制度体系中，一方面是由全国人大、国务院及国务院各部委制定的法律、行政法规及部门规章，另一方面是由各省、市制定的地方性法规、自治条例等。

由全国人大制定的《城乡规划法》是规划的基础法，各城市在《城乡规划法》的指导下，也大都制定了适应本地实际情况的地方法规，如济南市在2008年就出台了《济南市城乡规划条例》。规划工作中，必须同时遵守国家规范和地方规范。

3）不同部门、不同行业之间法规制度的复合

不同部门、不同行业之间法规制度的复合是由规划的复杂属性所决定的。规划工作中，大至城市总体规划、小至一个居住小区的修建性详细规划，都会面临社会各方各面的问题。以一个居住小区修建性详细规划为例，在考虑规划布局以外，涉及的其他行业还有消防、人防、卫生、环保、市政等，规划管理工作还要遵守各行业的相关规定。特别是针对功能混合等符合规划的要求，积极推动城市混合用地标准的完善和修改。

3. 行政管理制度的复合

在我国所有的行政管理工作中，规划管理工作最为复杂。城市规划一般分为两个范畴，一个是作为抽象行政行为的规划编制工作，另一个是作为具体行政行为的建设项目规划许可。这两个范畴所衍生的众多行政管理制度，大致可以分为管理行政与服务行政的复合及行政指导、行政强制、行政给付、行政征用等行政行为规定的复合两个方面。

1）管理行政与服务行政的复合

城市规划管理是一项公共资源管理工作，随着近年来兴起的服务行政改革浪潮，各地纷纷提出规划管理要由“管理行政”向“服务行政”转变。这一观点过分夸大了服务的重要性，忽视了管理行政的优点，掩盖了服务行政的缺陷。管理行政与服务行政各自存在优缺点，可以互相弥补，二者都是规划管理制度不可或缺的组成部分，只有将二者恰当地融合起来，构建复合型行政管理制度，才能更全面地发挥规划行政管理的作用。

在计划经济时代，我国实行的完全的管理行政制度，强调国家权力和行政管理运作手段的集中，当时的国家需要强有力的政府发挥管理作用，解决社会问题。随着市场经济时代的来临，服务行政以人为本的理念弥补了管理行政中理性主义的极端化，使得管理行政下受到压抑的公平、公正等民主价值观得以复兴。在此背景下，各地对高品质服务行政的追求重塑了政府的良好形象，改变了管理行政长期僵化造成的低效率。但是，服务行政并没有彻底解决管理行政的所有问题，而在目前我国所面临的诸如生态环境恶化、资源浪费严重等规划问题上，服务行政无论是在解决的能力上还是解决的效率上，都远不及管理行政所起的作用。因而，在今后很长的时间里，政府依然是公共管理最重要、最权威的主体，公共服务也仍是现代政府模式转换的一个主流趋势，管理行政与服务行政复合的管理制度仍将长时间存在。

2）行政指导、行政强制、行政给付、行政征用等行政行为规定的复合

规划在行政指导方面的规定表现为对规划工作的告知和引导，降低规划工作在城市未来发展中的不确定性，如针对色彩、建筑形态等方面制定的有关指导性的规定。规划在行政给付方面表现为行政管理在实现社会福利方面的积极制度，如为保障基础设施和教育设施配套

而制定的相应的行政管理制度。规划在行政强制方面表现为保障城市利益而在管理中强制有关单位执行的相关制度，如对容积率上限的管理、日照分析方面的制度等。规划在行政征用方面表现为规划中强行征用部分特殊用地的制度，如对城市道路建设、城市地铁线路征用地下空间等方面而制定的制度。

规划工作作为政府干预城市空间的手段，并不是单一的制度，而是一个综合的、多种行为规定组合的复合行政制度。综合上述分析，规划工作是由行政指导、行政给付、行政强制、行政征用共同构成的复合行政体系。

4. 技术管理制度的复合

规划工作与普通的行政管理工作有一个明显的不同点，那就是具有极强的技术属性，技术审查工作在规划工作中，占有很大的分量。因此，技术管理制度是规划管理中不可或缺的组成部分。技术管理制度，刚性管理与弹性管理、控制与引导的问题，同样是一个复合的体系。

1）刚性管理与弹性管理的复合

在规划工作中，对以容积率为代表的规划指标等根本问题，应坚持刚性管理的原则，维护规划的法定约束力和严肃性，保障社会公平。但是，并不是所有的规划问题都可以用刚性管理的办法解决，例如对建筑立面形式、色彩的管控，一味采用刚性管理的办法，就有可能限制创造、发挥的空间，甚至会弄巧成拙。

若要客观地保证规划的科学性和合理性，在一定程度上给予自由调整、发挥的空间也是必要的。复合的技术管理制度，即在对规划的根本问题进行刚性管理的基础上，对其他问题在一定限度设定弹性范围，使管理对象在条件的约束下，具有一定的自我调整、自我选择、自我管理的余地和适应环境变化的余地，以实现规划的动态管理。

2）控制与引导的复合

在国家现行的规划体系框架中，各层次城市规划的主要作用都是为了控制和引导城市健康有序地发展。从规划技术管理的角度来看，越偏重宏观的规划，其引导性越强，如总体规划、分区规划；越偏重微观的规划，其控制性越强，如控制性详细规划、修建性详细规划。20世纪80年代末，为适应城市规划管理的要求，我国大陆借鉴北美和中国港台地区土地分区管制的原理，提出了控制性详细规划的概念，从字面上看就可以明白其意图是加强规划的控制作用。但是，时隔20年之后，以目前的规划技术管理制度，还是很难做到完全的控制，即便是国家视为法定规划的控规，仍旧存在诸多引导性的内容，因此规划技术管理在当前大多表现为技术控制和技术引导的复合。

从我国现行的规划体系来看，控规这种统一工作深度和控制要求存在诸多问题，有些地区可能控制深度不够，而有些地区控制过深可能作用不大。近年来，各地为应对此类问题广泛开展的城市设计、专项规划等工作，总结起来，都是在追寻一种控制与引导复合的技术管理制度。

基于上述问题和分析，笔者认为规划技术管理制度控制与引导的复合，应采取分层控制、层层深入的方法。一般地区采用通则式控制，特殊地区加深控制内容，实现不同层次内容的规划纵向衔接和不同类型规划的横向协调，实现由单一的规划控制手段走向多类型、不同深度的规划控制合引导。

五、地域化规划体系

结合我国相关城市规划体系改革的经验，在现行城市规划体系的基础上进行创新，构建以建设复合目标为导向，集目标、控制与行动于一体的，具有层次分明、职能明确、“肯定”特征的复合规划体系。

1. 体系框架

复合规划体系构建应从实施主体和对象的需求出发，简化明确不同层次的规划。以满足规划实施管理的需要为宗旨，将整个体系分为规划编制基本系列和非基本系列。

基本系列指规划体系中必须编制的规划，包括战略性的结构规划（区域规划和战略规划）和实施性的发展规划（总体规划、分区规划、控制规划和实施规划）；非基本系列则是为构成完整体系而存在的辅助规划，包括：根据不同阶段需要编制的行动性规划、整修规划，须深化、完善的系统性规划（如道路交通体系规划），特定地区和重点地区规划（如历史街区保护规划）以及贯穿于规划各个层次的城市设计等。

规划体系框架的重点在于能够针对城市发展中遇到的现实问题，将各规划开展时序合理安排，使规划编制与管理能够在实践过程中不断地反馈、校核，城市各层级、各项规划成为一个目标明确、框架开放、组织灵活的体系。

2. 内容层次

结合规划体系框架及构建的重点，顺利落实城市规划战略目标、强调规划编制与规划实施的充分衔接，规划体系应包括三个大的层次（图 6-8）。

1）宏观层次（战略目标）——指导性规划

宏观层次为城市指导性规划，包括战略规划和总体规划。规划重点在于制定城市宏观目标和规划策略，确定空间规划结构，以城市总体发展战略研究、策略目标分解和公共政策制定为核心，树立总体规划的权威性，指导各级各类城乡法定规划的编制，提高规划的整体性和科学性，切实保障规划指导城市发展和城市建设的龙头作用，为城市发展奠定良好基础。科学合理的战略研究是规划体系的前提与起点，主要包括三个方面的内容：

一是大区域发展研究及对策制定，特别是城市与城市群、都市圈的关系研究。二是城市经济社会发展战略和空间发展战略，其中经济社会发展战略重点研究经济、社会和环境的发展目标与对策，空间发展战略重点研究城镇布局、基础设施的发展目标和骨干网络及重大项目的布局，确定市域内城镇化促进区和城镇化控制区。三是中心城市概要规划及发展对策，中心城区规划方案研究。

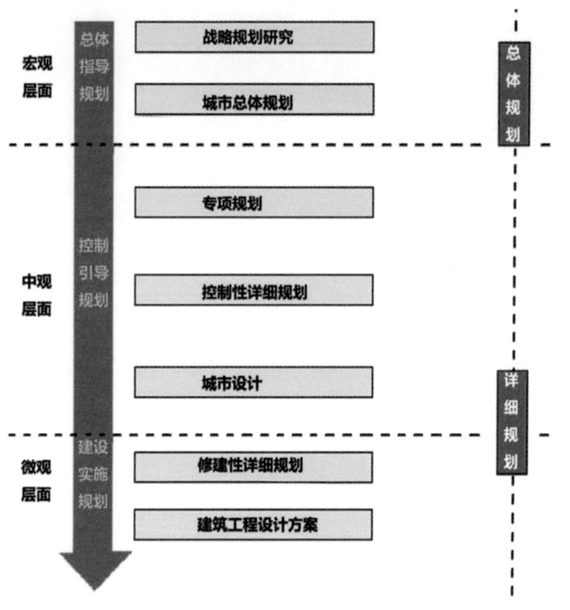

图 6–8　城市规划体系框架重构建议

2）中观层次（规划控制）——控制性规划

中观层次为城市控制性规划，包括三大阶段的规划内容，即前期研究规划、法定规划和规划设计导引。

前期研究规划主要指片区区域研究、控规控制体系研究和技术标准研究。其主要职能是作为战略规划的深化和完善，建立地域性协调策略和规划行动纲领。具体内容包括：一是各片区总体规划解读，结合战略规划、总体规划制定的策略和纲领进行技术落实，重点指向城市建设控制和布局，扮演一个承上启下的过渡角色，为控制性详细规划提供明晰的规划依据；二是控制性规划研究，包括控规控制体系和技术标准研究两部分，将控制性编制单元作为城市规划控制的主要方式，代替以往控制性详细规划编制多而全的指标，将城市建设中的主要指标如人口、建设量、公共服务设施、基础设施等进行明确，从而进一步提高城市规划编制的效率、更好地保证规划的实施。

法定规划主要指控制性详细规划及各类专项规划。其主要任务是在上位规划的基础上，对管理对象地块的土地使用性质、人口分布、公共设施和基础设施的配置、土地开发强度、环境要求作出具体安排，提出建筑适建规定。其重点在于和专项规划、控规无缝对接，将相关规划充分分解、落实至规划管理中。

规划设计导引主要指城市设计。其任务在于将编制的规划工作落到实处，又将规划成果统一纳入控规之中、加强法定图则的拓展性研究，实现由意向性规划向强制性规划的转变，保障规划管理工作的有效进行。重点对公共空间组织、建筑群体布局、区段交通流线、公共界面处理以及环境设施营造等方面提出设计指引。

3）微观层次（物质环境设计与开发行动）——实施性规划

微观层次为城市实施性规划，主要指修建性详细规划和具体建设工程规划方案。其任务是在上位规划及研究的基础上，将城市规划在规划建设中予以落实。

3. 运行保障

1）运行机制

复合规划体系的运行机制在于其系统结构的融合性和运行框架的弹性。复合型规划体系的目的在于解决当前规划编制和管理的失效，在于弥补当前总体规划、详细规划独立运行所存在的制度漏洞，并针对具体规划在实施过程中出现的问题进行及时补充和整体完善。

①系统结构的融合性

在复合规划体系整体结构中，每一层次的规划运作都是彼此互动的。如在总体规划阶段，先是从远景与区域视角进行城市空间发展战略研究，拟定弹性的发展框架；接着根据这一弹性框架，从现状出发，进行可操作的近期行动规划，这一行动规划实施过程既是对战略规划的近期落实，也是对空间发展战略的实证校正与效果反馈，并通过实施检讨进行自校正；而在从远景到近期的规划运作过程中，规划政策不断得到检验和强化，进而以正式性法律与法规制度安排强化空间战略与近期方案的实现，并逐步形成从战略研究到近期方案实施阶段完整的政策规划。

②运行框架的弹性

在复合规划体系运行过程中，因城市主体特征的不同（城市主体特征的差异主要体现在城市规模、区域地位、空间复杂性等方面），规划体系的运作框架具有一定的弹性。如对于社会经济发达的大城市而言，由于其规模大、功能关系复杂、区域战略地位重要，城市地区及其空间发展战略研究应作为规划体系的运作前提，提高规划的科学性和实效性。而对于社会经济系统相对较为简单的中小城镇而言，复合型规划体系各组成单元的应用深度应根据城镇本身的规划建设需求来确定。特别是对有些区域职能较弱、规模不大、结构简单的小城镇则完全可以将战略研究和政策规划结合到近期行动规划中来做，突出近期行动性规划。过于复杂的运作体系反而会使规划失去重点，使得规划目标难以得到具体高效的落实。

2）支撑保障

复合规划体系的运行必然要寻求规划法制、体制和技术等层面的支撑保障。城市规划法制支撑主要涉及城市规划相关的国家城市规划法律法规和地方规划的法律法规，它是城市规划编制各个层面顺利开展的有效保证；城市规划的体制支撑主要包括公众参与、规划编制队伍、规划机制在内的城市规划监督层面；城市规划技术支撑涉及城市规划编制及审批的具体操作环节，是城市规划体系科学构建的基础。

①城市规划法制支撑

《城乡规划法》是我国城市规划工作的根本法律依据。部门规章《规划编制办法》，具体明确了城市规划编制的组织和各规划编制层次的主要内容和要求等内容。地方城市则结合自身特色及问题对城市规划的规划编制及管理办法进行完善。以济南为例，济南市于2008年修编了《济南市城乡规划条例》并已颁布实施，《济南市城乡规划管理技术规定》也在试运行中。

②城市规划体制支撑

规划的公众参与：市场经济条件下，利益主体多元化，为使决策能够得到最广泛的支持，必须实现公众参与、公开决策。

规划工作的体制：须处理好规划管理、规划制定和规划监督三者的关系。对规划管理实行有效的监督，包括公众参与、听政制度、争议的仲裁。

规划编制队伍：我国许多城市都开始出现城市规划研究中心等类似的机构，综合研究城市规划编制问题和城市规划工作中的主要弊端而展开相关的工作，确保城市规划的科学性。

相关部门的协调与配合：城市规划工作关系到方方面面的利益，规划工作的进行也涉及各个部门，城市政府应当进行适时的组织、协调，或设置必要的机构来统筹安排。

③城市规划技术支撑

制定统一的城市规划的标准与准则，保证科学、合理地利用土地，配置公共设施，提高环境质量和生活质量，是实现城市规划、建设和管理的标准化、规范化所必需的。在国家标准的基础上，各地方据此制定各地的规划标准与准则，使各个层次的城市规划编制和图则制定有所遵循。

总之，城市问题包罗万象，城市发展没有终极。城市规划需要多价值、多学科、多理论、多技术、多层面、多方法的融会贯通。城市规划的理论和实践标准不是一成不变的，它具有与时俱进的特性。复合规划作为一个复杂的、整体的、系统的、连续的、统筹的、融合的规划理论和策略，是从我国当前城市转型发展的现实背景出发，立足于区域与城市全面、协调、可持续发展的目标，针对城市问题的复杂性、冲突性和挑战性，以合作、综合和统筹为方向，遵循价值取向、问题导向、区域视角等，寻求地域化、现实性应对矛盾和问题的复合策略集合。关于“复合规划”理论的思考可能是初步的甚至是肤浅的，仅望能以此“抛砖引玉”，共创转型时期规划理论“百花齐放、百家争鸣”的繁荣局面。

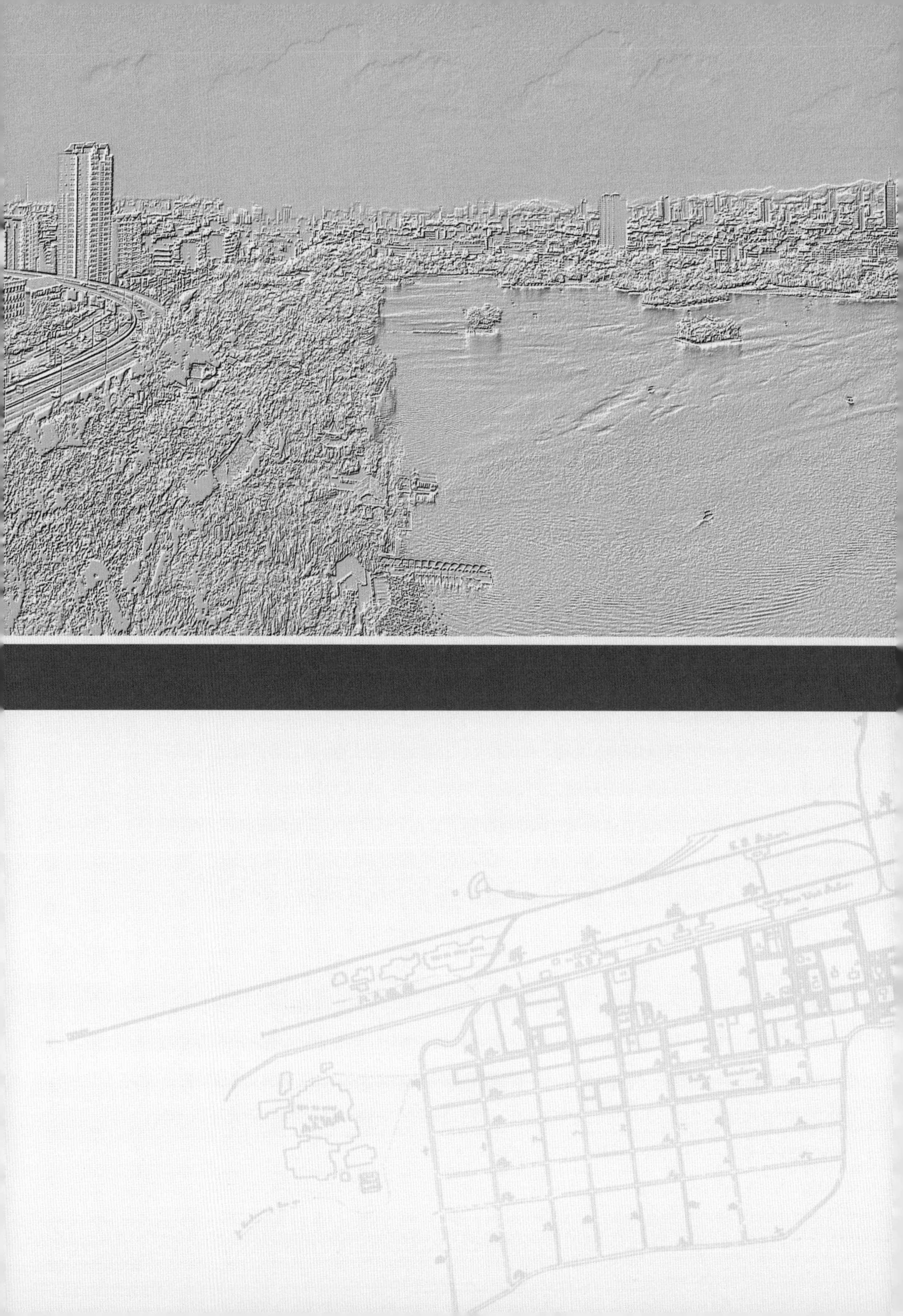

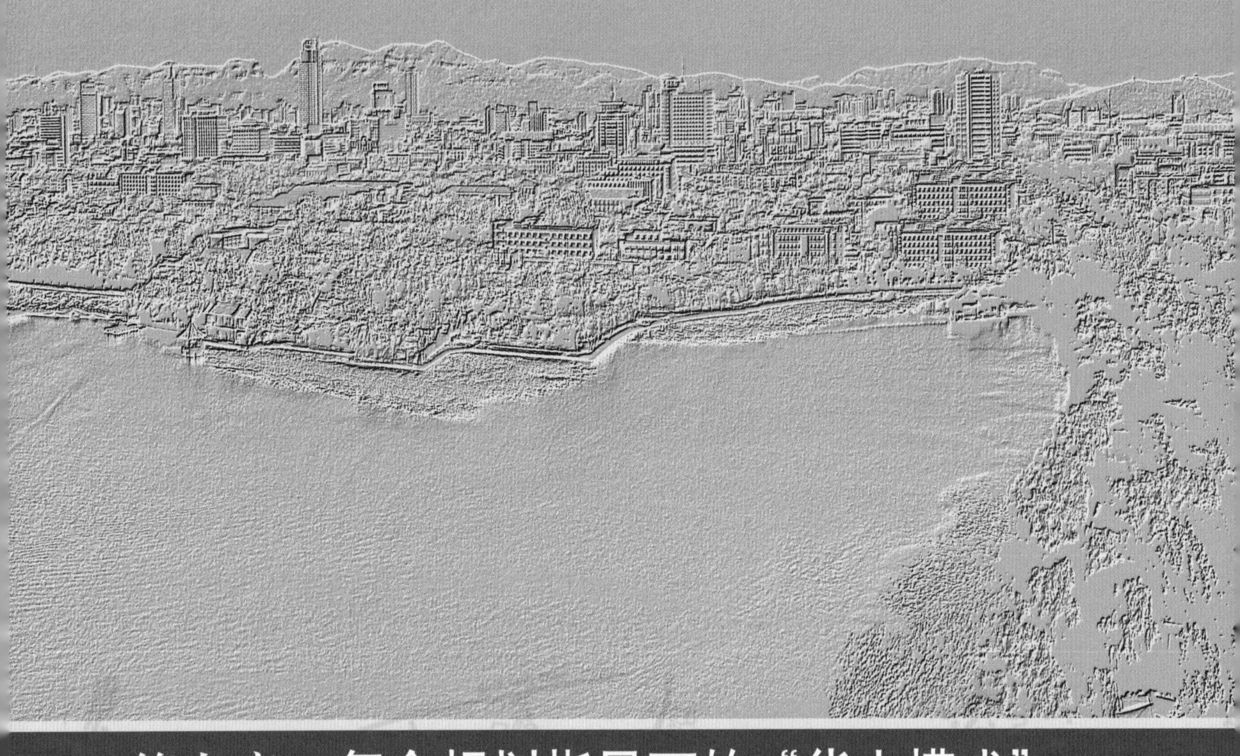

第七章　复合规划指导下的“华山模式”

理论在变为实践，理论由实践赋予活力，由实践来修正，由实践来检验。

——列宁

规划建设济南“鹊华历史文化公园”，希望在城乡统筹、可持续发展思想指导下，探索具有保护自然、改善生态、发扬文化、重振河山等多方面效益的人居环境建设新模式。

——吴良镛

复合规划理论指导下的华山片区规划，不是最优的规划，但是最优的选择。

——作者

导言：华山项目——复合规划的实践行动

笔者根据多年的规划管理经验提出了“复合规划”理念，归纳了复合规划理念的合作、综合和统筹三个方向，以及问题导向、价值取向、转型发展、政策设计、区域视角、人文尺度、混合利用、强度匹配、多样共生和绿色低碳十项策略主张。理论与实践总是互相支撑、互相验证的，在复合规划理念的探索期间，适逢济南市拓展发展空间、提升城市品质、实施北跨战略的重要项目——“华山历史文化湿地公园项目”重新启动，笔者作为华山片区开发建设领导小组的负责人，将该项目的实施落地作为复合规划的重要实践行动，力求通过该项目的规划与实施过程，对复合规划理论进行检验和修正。

华山历史文化湿地公园项目，自两院院士吴良镛先生提议至今已有十年多时间，各界领导都非常重视，面对悠久的历史文化印记和卓越的自然环境条件，华山片区的开发建设一直是济南古城格局重构的重要元素。2009年编制概念规划方案后，该片区又经过几轮大型招商及洽谈活动，最终仍没有达成合作协议，这其中既有资金问题，也有政策问题。

理想的规划迟迟无法实施，使社会问题、民生问题不断地涌现。随着城市进入转型时期，规划从关注物质空间环境的构筑，转向统筹兼顾人文、经济、社会、人口、资源、环境的协调和可持续发展，城市规划理念的复合化也成了时代发展的趋势。引入了复合规划理念的华山片区规划，不是最优的规划，但是最优的选择，也是唯一的选择。

本章首先分析华山片区日益凸显的现状问题和该项目的定位，通过阐述复合规划理念和策略在华山项目运作过程中的应用，以及该项目开发建设的实际规划、策划和实施的过程，总结出复合规划指导下的“华山模式”，将其理念、思路、政策、经验、借鉴意义等内容进行推广，同时证明复合规划理念在指导复杂项目实施落地方面，具有重要的作用。

第一节　项目背景

济南华山片区位于中心城的东北部，北至济青高速公路，东南至小清河，西至二环东路，总用地面积14.6km^2，是济南市泉城特色风貌带的重要组成部分、城市重要的生态湿地和城市重要滞洪区，也是吴良镛先生提出的齐鲁文化轴北延线上的重要节点，更是济南市拓展发展空间、提升城市品质、实施北跨战略的重要项目。

一、华山片区概况

1. 历史印记

济南的华山，原名华不（读音 fu）注山，早在春秋时期就已有记载，唐宋以前，华不注山周围全为水域，称“鹊山湖”，远远望去华山犹如水中含苞欲放的一朵莲花。唐代诗人李白形容:“昔我游齐都，登华不注峰。兹山何峻拔，绿翠如芙蓉。”自北宋起就有济南八景的记载，八景名称清雅，诗情画意，表现了独特的自然景观。包括：锦屏春晓、趵突腾空、佛山赏菊、鹊华烟雨、汇波晚照、明湖泛舟、白云雪霁、历下秋风。阴云之际，登上大明湖南岸的单孔石桥，向北远眺，见细雨之中的鹊华二山，若离若合，时隐时现，云雾缭绕，如两点青烟；再加上田野阡陌，水村渔舍映衬烘托，简直如诗如梦，此胜景即为济南八景之一的“鹊华烟雨”。元代画家赵孟頫的代表作《鹊华秋色图》更让济南的华山名扬中外，此图现仍珍藏于台北故宫博物院（图 7–1）。

2. 现状概况

随着时间的推移和地域自然的演变，虽然华山山体依然挺拔，但华山湖大面积的水域由于小清河的开凿、黄河夺大清河入海等原因开始渐渐消退，历史上的自然湿地风貌已不复存在。现在的华山片区位于济南主城区边缘，属历城区华山镇管辖范围，是济南北部沿黄河风光带的重要组成部分。

片区内现有 23 个行政村，其中 19 个城中村需在本范围内安置，集体经济组织成员总人数约两万人。现状用地沿外围城市道路主要分布有工业用地、村庄建设用地和少量公共设施用地，华山山体周边以村居、耕地和少量水域为主，华山东侧的南北卧牛山和驴山山体由于大量开采而破损严重。现状建筑基本为 6 层以下，基本无保留价值（图 7–2）。

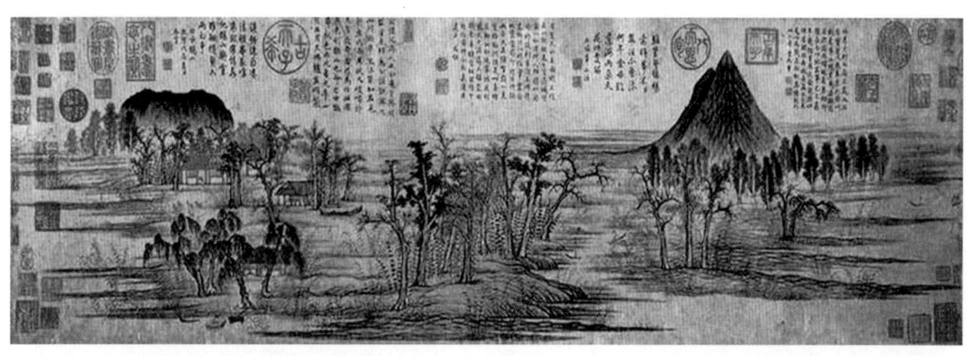

图 7–1　元朝赵孟頫的《鹊华秋色图》

图 7-2　华山历史文化公园区位及用地现状图

二、项目启动与规划历程

1. 方运承先生呼吁建设“国家级文化旅游风景区”

山东省资深规划专家、山东省规划设计院总工程师方运承先生，生前十分关注华山风景区建设，曾多次向省市相关领导呼吁华山风景区的建设，并提出方案及意见。

2002 年，方运承先生向省市相关领导呼吁华山片区的重要性，并提出华山风景区应步向“国家级文化旅游风景区”，荟萃山东文化精华。山东省规划设计院于 2002 年接受省政府及建设厅委托，对华山湖片区进行概念性规划研究工作。明确了恢复华山风景区对于传承历史文化、丰富旅游资源、提升城市形象、优化生态环境、完善城市水系具有重要意义，并提出了“个性、整体性、可行性”的规划原则。其中，“泉城华山水景园”作为概念研究的推荐方案，提出规划目标为历史文化的窗口、世界泉景的博览、山水生态的绿舟和可持续旅游的亮点。

2. 吴良镛先生明确古城结构，提议修建“鹊华历史文化公园”

2002 年 1 月 22 日，山东省委、省政府召开了济南城市建设现场办公会，提出了规划建设城市新区、拓展城市发展空间、改善提升老城区的要求，指明了省会济南长远发展的方向和目标。遵照会议精神，济南市政府聘请两院院士吴良镛先生主持指导，清华大学建筑学院与济南市规划设计研究院联合编制《泉城特色风貌带规划》。该规划中提出：自松柏翠绿的南部山体，向北串联着泉群密集的古城、风景宜人的大明湖，至北部蜿蜒曲折的黄河及平地突起的鹊、华二山，构成了济南独具特色的风貌带。鹊、华二山被确定为泉城特色风貌带的北端支撑。

吴良镛先生对济南华山风景区也十分重视和关注。亲自现场踏勘后，于《中国园林》（2006

年第 1 期）发表了名为“借‘名画’之余晖 点江山之异彩——济南‘鹊华历史文化公园’刍议”的文章，建议规划建设济南“鹊华历史文化公园”，希望在城乡统筹、可持续发展思想指导下，探索具有保护自然、改善生态、发扬文化、重振河山等多方面效益的人居环境建设新模式（图 7–3）。

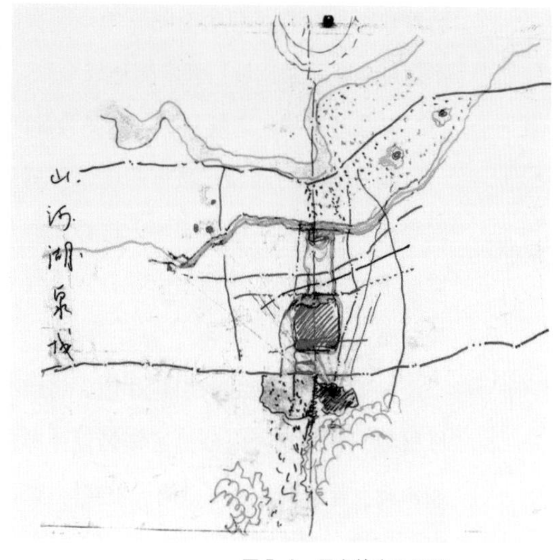

图 7–3　吴良镛先生手稿

3. 确定为城市重点项目，EDSA 团队编制概念规划

2009 年，华山历史文化公园项目被正式确定为我市拓展发展空间、实施精品战略、提升城市品位的重要项目。济南市规划局和济南滨河集团联合委托北京 EDSA 团队编制华山历史文化公园概念规划，该方案将华山片区的目标定为济南北部新的城市综合体和发展亮点，未来城市东部门户，并提出以“一园一城、一湖三山、一心三廊、一环多景”为主要构思的概念性规划方案，2010 年，此方案经济南市规划专家委员会审议通过（图 7–4）。

4. 多轮招商，谈判未果

2010 年，根据 EDSA 团队编制的概念规划，市政府又开展了多次招商活动。可由于片区的土地熟化成本过高，政府财力有限，开发商也感觉无利可图，再加上片区拆迁安置的难度过高，招商引资屡次谈判未果。第一次与某房地产开发企业的商务谈判，为了尽快启动片区开发建设，虽然低于成本，但 128 万元 / 亩的净地价格政府已经基本同意，但开发商仍然有所顾虑而没有签约。随着时间的推移，拆迁和开发建设的成本也越来越高。接下来的几次谈判，

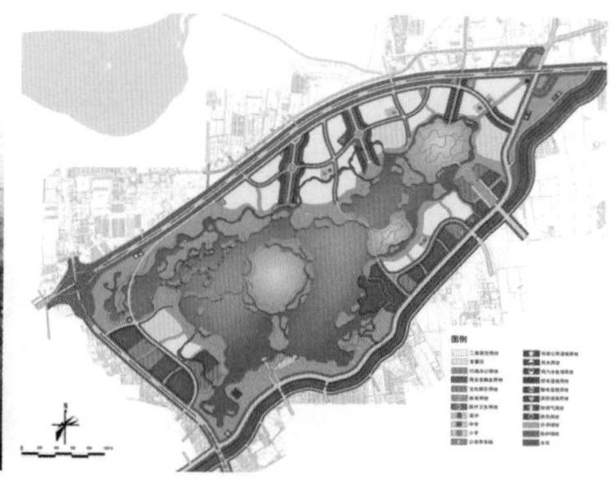

图 7–4　华山历史文化公园概念规划方案（EDSA 团队）

随着政府预期收益和成本测算的不断提高，地价的底线也渐渐上涨，但谈判的净地单价始终不超过 200 万元，且一直未能达成一致。

5. 由开发导向向规划引领的复合导向转变

随着时间的推移，城市的建设环境也在不断地发展变化着，完全以政府意志为主的“开发导向”模式无法适用于华山这种矛盾重重的综合性片区。项目推动的不顺利，提醒着我们需要进行开发思路的调整。随着复合规划理念的引入，华山片区建立了以规划为引领的复合导向模式。

一方面强调规划的引领作用，将前期各阶段的规划成果进行梳理整合，完善该片区控制性规划，并委托国内外多家知名设计单位参与编制华山片区历史文化、生态湿地、旅游、交通市政、蓄滞洪、地下空间、安置区选址及修建性详细规划等专项规划。另一方面加强政策研究与探讨、复杂问题的逐步解决、各专项规划的不断完善，搭建起了华山复合规划体系，华山历史文化湿地公园项目的开发建设，正式拉开了帷幕。

第二节　日益凸显的现状问题

随着城市不断发展，人们对自然生态、文化品位的需求越来越高，片区内具有珍贵的自然和人文资源，然而如何保护、利用、挖掘现有资源，延续历史文脉、整合自然景观、创造城市未来的文化亮点，塑造城市景观标志性地段，在土地利用、环境整治、生态恢复、村民安置、建筑拆迁、资金筹措等方面存在层层压力和阻力。

自 2002 年以来，华山及其周边区域经过了近十轮不同层面、不同专业的规划设计，渐渐为我们勾勒出华山历史文化湿地公园的轮廓，但十几年来伴随着保护与开发的博弈、生态环境持续恶化、旧村违章建筑无序蔓延、公共配套设施紧缺、片区开发模式不明确等种种问题和矛盾，使得华山片区的开发建设变得困难重重。迟迟未能实施的原因是复杂的，暴露出来的是多个复合化的矛盾，而且这些矛盾也是随着时间的推移愈演愈烈的。

一、政府、开发商、村居利益的博弈

自 2002 年省市政府明确将华山片区作为“国家级风景区”之后，该片区即列入了全面保护的区域。随着城市进入转型时期，社会分化与社会流动使社会结构趋于复合化、多元化，没有适宜的方法及时解决，矛盾更加激烈。

市政府十分明确该项目的重要性，同时对于片区内的村庄改造工作，提倡由单纯改造城

中村向提高城市化水平、推动区域协调发展改变，由单纯房地产开发向统筹城市功能和产业发展转变。开发商则主要关注着公园周边建设用地的熟化成本和开发收益，依托公园的品质，但并不想承担公园的开发建设成本，政府和开发商对于地价问题一直未能达成共识，也影响了项目的开发进度。但是项目越重要，时间拖得越久，村民的收益期望值也越来越高，随着社会的发展，人们不仅追求经济利益，而且越来越重视政治、文化、法律、人权、生态各方面的利益，利益多样化、复杂化，必然使社会问题多样化、复杂化。

二、旧村安置保障政策的不完善

我市主导的大规模新城区开发，涉及的村庄整合一直受到旧村改造政策的制约，而村居的积极性往往放在单独的旧村改造项目上，从市里各部门、各区到村居，并未形成统一的合力。多年来，华山片区的城中村改造也没有取得突破性进展，部分村居还没有放开视野，没有把本村的改造和国家级风景区的开发建设结合起来考虑，只图眼前小利，未算长远大账。同时，由于旧村改造政策不断调整，且在旧村改造整合土地出让后所得收益的分配、保障用地的性质、开发强度、建设模式等方面，市、区、村之间还存在分歧和冲突，再加上违章建筑等积累下来的许多问题一时难以解决，华山片区的旧村改造工作也一直不能顺利完成。在政策不完善的情况下，违章建筑日益增多，村居对于安置保障用地的面积需求也越来越大，不仅大大减少了政府可出让的开发用地，同时降低了整个片区的产业和建设品质。

三、政府投入与开发模式的选择

按照常规房地产运作模式，政府需要前期投入大量的资金用于拆迁安置、市政道路及基础设施建设，而该片区前期还要投入华山湖的水利工程资金、华山历史文化公园的建设资金等，这些投资与普通房地产项目相比更是数额巨大。如由政府投融资平台融资建设，会形成较高的工程建设及财务成本，且负债多、工期长；如采用 BT 模式，虽然财务成本低，简便易行，但政府收益少，土地的增值收益基本由 BT 单位获得；如政府为尽快回收资金，先期把有条件的净地单独出让，以尽快获得一部分土地收益，则对于整个片区的规划理念和思路必将造成干扰。从整个华山片区的品质来说，分区整体开发的模式必将优于零散地块出让，但这种模式也带来了政府和开发商的前期投资规模都非常大的问题。

四、民生问题与生态环境的恶化

华山历史文化公园项目于十年前就已公开提出，但由于迟迟不能落地，片区内旧村改造

图 7–5　华山片区现状实景

工作也未能正式启动。随着时间的推移，该区域渐渐被城市边缘化，主要道路两侧、村居内部出现了大量违章建筑。同时，除了华山山体保存较为完整外，周边的南、北卧牛山的山体都已破坏严重，驴山山体基本已开采破坏，片区的生态环境持续恶化（图 7–5）。

第三节　华山项目的复合定位

华山历史文化湿地公园项目承载着国家级历史文化公园、“齐鲁文化轴”的延续、泉城“水生态文明”示范区等重要作用，是突显“齐鲁文化、泉城水生态”的特色景观标识区。从功能角度分析，该片区是集历史文化、生态景观、旅游休闲、商务居住等多功能于一体的城市新区。华山项目不是单纯的房地产开发项目，而是一个城市经营、资本运营项目，更准确地说这是一个产城融合的综合体开发项目。它对周边区域的带动、对济南市北部、东部的长远发展，具有不可估量的重要作用。

根据政治、经济、文化、社会、生态“五位一体”的开发建设总要求，华山项目是我市重要的民生工程、发展工程、创新工程、文化工程、景观工程和生态工程。

一、民生工程

作为中心城边缘地区，面临片区日益严重的民生问题，华山项目首先是一个重要的民生工程，必须把保障和改善民生作为出发点和落脚点。十几年的项目搁置，不仅使片区建设发展滞后，村民生产、居住环境日益恶化，而且使村民对于旧村改造与拆迁的期望值越来越高。华山项目作为民生工程，必须坚持群众利益至上，以维护、保障和发展好绝大多数群众的合法权益为前提，广泛征求群众意见，对群众诉求考虑细致入微，做到"一切为了群众"。

具体开发建设过程中，首先建设安置房、保障房，在安置片区群众的同时，也统筹考虑了原有墓地迁移，地上地下同时搬迁。对过渡安置期的群众子女转学借读等问题，由政府统一考虑安排等。加快安置房、配套学校的建设进度，让百姓早回迁，既可以节省过渡安置费，又可以建立和增强百姓的信心、提高政府的公信力和执行力。工作既考虑当前，也考虑长远，努力解除群众后顾之忧。华山项目开发建设完成后，不仅居民生产生活环境发生天翻地覆的变化，片区内两万多居民得到妥善安置，户均固定资产也将从目前的 15 万 ~20 万元猛增到 500 万 ~600 万元以上，比现在增长 30 倍。让群众过上好日子，是最大的民生。

二、发展工程

华山片区目前的经济社会发展、人民群众的富裕程度、生产生活和环境质量等，在济南的城中村和城郊村中，还处于下游水平，当地居民一直期盼华山项目的正式启动。从片区规划规模看，规划后的这个区域人口将达到 20 万人，是一个新城的规模，一期总投资近 1000 亿元，形成的各项税收、规费等初步测算为 100 亿 ~120 亿元。华山片区开发建设后，对王舍人、小清河沿线等周边片区的引领带动作用将会迅速显现。

未来的新东站—华山区域将成为济南东北部的新城区、省会城市群枢纽门户区、济南新的经济增长极和生态建设示范区。对于济南北部的小清河沿线，华山片区西侧近期运作或开工的项目还有非遗园、济洛路片区、北湖等项目，总投资超过了 500 亿元。几个项目都建成后，小清河两岸将真正成为区域经济社会发展的新高地，对小清河沿岸三个区、对济南北跨战略实施和济南长远发展有着重要的作用。

三、创新工程

十八届三中全会出台了《关于全面深化改革若干重大问题的决定》，全国上下掀起了新一轮改革创新热潮。早在 2012 年年底，济南市就出台了关于深化重点领域改革和扩大开放的十大具体方案，内容涉及行政审批、科技创新、文化改革、金融改革、城镇化、民营经济、开发区建设、外向型经济等各个方面，要求加大改革创新力度，突破体制机制和政策瓶颈制约，推进科学发展。

为解决旧村安置、拆迁、土地征收和出让等复杂问题，华山项目紧紧围绕复合规划的“创新”目标，在旧村安置、土地使用和出让方面研究各种创新政策，成为我市的一项创新工程。通过与中海集团的深入沟通，以在政府职权范围内承诺的熟化和开发过程中提供各种支持作保障，达成的协议出让价格为毛地 450 万元 / 亩，出让开发用地范围内的道路等基础设施由开发商投资建设，打破了原有出让土地必须由政府先期投入达到“几通几平”的旧模式，极大地节约了政府的基础设施投入和相应的人力、物力成本。

四、文化工程

华山是历史文化名山，济南著名景观“齐烟九点”之首，具有 2500 多年的人文历史，早在春秋时期就赢得了文化名山的声誉。历代文人墨客慕名而来，或吟诗作赋，或泼墨作画，李白、杜甫、曾巩、元好问、郝经、赵孟頫、张养浩、于钦、王廷相、边贡、李攀龙、王世贞、王象春、顾炎武、蒲松龄、阮元等，为后世留下了关于华山的篇章，使华山成为一座历史文化名山，其中著名的主要有：北魏郦道元的《水经注》：“华不注山，草椒又香泽，不连丘陵以自高；睿牙桀之，孤峰特拔以刺天。青崖翠发，望回点黛。”李白的《古风五十九首》：“昔我游齐都，登华不注峰。兹山何峻拔，绿翠如芙蓉。”坐落在华不注山阳的华阳宫，被誉为“济南巨观”，为全真教宗师丘处机的弟子陈志渊于金代初创。华阳宫依山傍湖，参差错落，由十余个院落组成，是济南地区最大的道教宫观，在山东省同类建筑群中也是首屈一指的。

华山的历史文化不仅仅局限于其自身的资源，还承载着鹊华文化、小清河文化、黄河文化、济南河湖水系文化等众多文化体系，是我国唯一的“道教、儒家、佛教”三教合一的文化圣地。拥有如此丰富的历史文化资源，华山项目堪称是我市重要的一项文化工程。

五、景观工程

作为齐鲁文化轴的延续，泉城特色风貌带的北端双阙之一，华山历史文化湿地公园是济南市古城景观格局的重要组成部分（图 7–6）。将现有的旧村居、工业厂房、被开采的破损山体逐步改建成一个国家级的历史文化湿地公园，这个公园规模达 6.7km^2，其中华山湖水面面积 3km^2，相当于六个大明湖的水面，对于济南市来说，这是一个重大的景观工程，对于提升城市品位和知名度的意义是难以估量的。

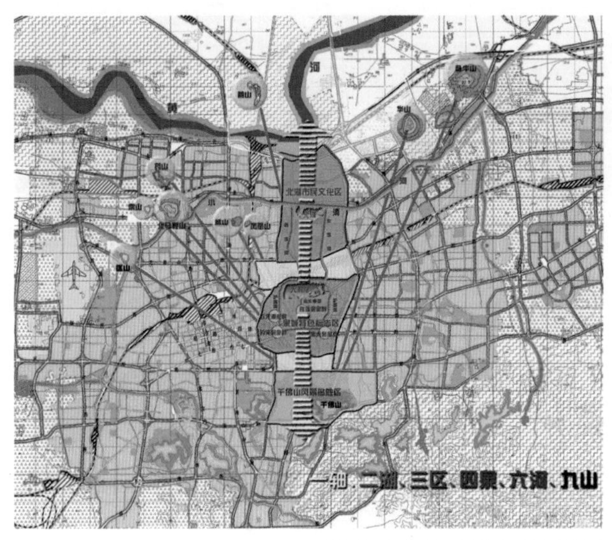

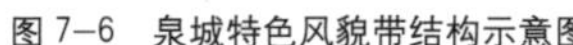
图 7–6　泉城特色风貌带结构示意图

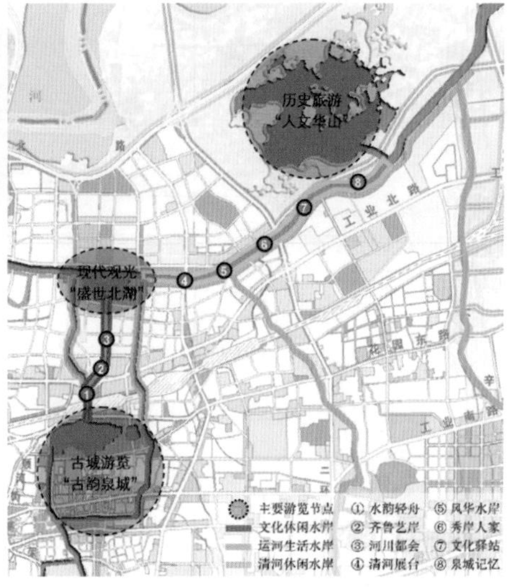

图 7–7　"大明湖—北湖—华山湖"通航示意图

六、生态工程

华山湿地公园作为泉城特色水网的重要组成部分，还是济南市重要的生态工程。规划的华山湖承担着提高济南城市防洪除涝能力、改善区域水生态环境的重要功能。华山公园的开发建设将通过完善湿地生态体系、丰富植物群落、营建多样化生境、开展生态教育等内容，实现水利工程与城市建设、历史人文、湿地生态景观的有机结合。

同时，华山历史文化湿地公园和北湖城市副中心的规划建设，为大明湖—北湖—小清河—华山湖的通航提供了现实可行条件，大明湖、北湖与华山公园的资源组合代表了泉城历史与现代、都市与生态的文化精髓，三者又都具有开阔的水面，有条件实现三者间的水系一体连通，打造泉城特色的生态廊道（图 7–7）。

第四节　复合规划理论的华山体现

华山项目是一个复杂的系统工程，由于它的开发建设历经时间较长，所面临的发展环境也在不断变化，因此更需要不断地调整以适应环境，从而实现预期的发展目标。对于华山这种需要解决很多复杂问题和矛盾的城市规划，更需要转变思路，向过程规划转变，更加注重规划在实施中的过程性。需要对与项目相关的诸多领域和层面进行深入分析，从不同侧面、不同视角、不同方面构建起能够全面提升城市规划工作水平的合理途径，寻找可实施的复合规划策略。

一、解决华山问题的 3C 方向

针对华山片区问题的复杂性、冲突性和挑战性，仅仅偏重技术和政策无法应对当今的现实矛盾和问题，需要多元理论、多元要素、多元系统、多元策略的复合求解。基于复合规划理念的华山片区规划，也立足“合作、综合、统筹”三个方向来寻求突破和应对。

合作，即建立在政府、开发商、村居等相关利益群体相互博弈的基础上，以各方实现共赢为合作的目标，通过城市规划政策的确定，在保证历史文化资源、生态景观等的基础上，使政府和开发商都能有可观收益，村居生活环境得到显著改善；综合，是指在本项目规划的编制中，充分考虑华山片区的自然地理环境、历史文化资源、现实状况、未来发展要求，统筹兼顾、综合布局；统筹，即把片区的开发建设与城中村改造、华山历史文化公园建设、防洪除涝水利工程、湿地恢复与保护、高端产业支撑等相结合，统筹实施城中村改造、新城建设、社会管理创新。

二、复合规划十项策略的应用

1. 问题导向

如何权衡保护与发展，如何在保证城市整体利益的前提下又要兼顾地方个体利益的要求？如何实施社会经济的重构，解决当地居民生活、就业的社会问题？如何进行产业结构调整，扬长避短、有力疏导，既要保证城市环境利益又要推动地方的经济建设？都是需要在规划中首先要理顺的问题。在华山历史文化公园的规划工作中始终以解决这些问题为导向，同时随着党的十八大报告提出经济、社会、政治、文化和生态文明五位一体的目标，因此，在下一步的规划编制及实施中，规划会认真考虑各种问题的复杂性，提出解决的空间方案。在华山片区的开发建设中，多轮规划均以民生为根本，以问题为导向，以发展为目标，以创新为手段，解放思想，实事求是，大胆探索，坚持群众路线、一切为了群众，工作紧紧依靠群众，切实保障、维护、发展好绝大多数群众的合法权益，拓展城市发展空间，打造现代产业体系，真正落到实处。

2. 价值取向

城市规划不能是只强调物质空间和功能分区的单一规划，当社会结构从简单的城乡二元化，演变为城乡之间、城市内部的多元化结构时，不同群体和阶层的不同价值观应在城市规划设计与决策中体现。华山项目不仅涉及政府、开发商、村居之间的多方经济利益，同时作为拥有重要历史文化资源的泉城特色风貌带的重要组成部分，该项目承担着打造国家级历史文化湿地公园，恢复鹊华秋色历史景观的任务，更应注重的是城市的整体利益。协调各方利益，尽快解决片区内存在的社会民生、生态环境恶化等问题，使项目能顺利实施，才能最终实现城市的整体利益。

3. 转型发展

更加强调产业集约发展，强调生态优先发展的原则。近年来，国家进入转型发展的阶段，以往的单纯强调经济增长和建设用地增长的发展模式开始受到质疑，数量式的扩张开始向质量式的增长转变。在华山片区规划建设中，注重产业的配套，着力实现产城一体的目标，避免单一房地产开发模式的主导和蔓延。规划从实际出发，抓住片区的产业优势、扬长避短进行产业整合。对于片区内济青高速公路以南的工业用地，规划原则提出不预保留，通过土地置换和政策鼓励吸引工业向济南东部产业带转移。同时，利用生态资源进行旅游开发是公园未来可持续发展的动力和保障，规划通过旅游策划和文化开发，结合主题园区建设形成以旅游、休闲、娱乐、科教于一体的多功能旅游区。规划在公园主环路外围，结合主题公园景观特色成组成团地布置配套设施，包括公园管理、建设、维护和游客的服务接待等。

4. 政策设计

项目实施的过程中，不可避免地遇到各种政策约束，规划、土地、拆迁、村民安置等都有相应的流程与政策。“政策”往往对于单一、简单的项目运行是一种指导，对于复杂的项目反而变成了一种约束，而随着城市转型时期和快速发展阶段的到来，相应政策的调整和改革创新举步维艰，一味等待政策的调整或者机械套用已有的政策，是项目进展不畅的主要原因。华山项目真正启动后，拆迁安置政策的不一致、土地政策的制约等，也使项目的运转一度停滞，但政策的研究和创新一直是该项目关注的重点，合理的政策设计，为华山项目本身增加了实施的可行性，同时为相关政策的统一提供了科学的依据。华山开发建设领导小组的会议，是政策设计的主要通道，通过会议研究确定的片区相关政策，通过会议纪要的方式上报到市政府，同时传达到各部门，为项目的顺利进行提供了实用的政策依据。

5. 区域视角

区域视角是华山历史文化公园在规划中秉持的基本原则之一，在应对各种问题时，不仅仅是就华山片区本身入手，而是从齐鲁大地、古城结构、滨河片区、新东站—华山周边区域等更大的区域视角进行考虑。在山东区域层面，延续两院院士吴良镛先生提出的曲阜—泰山—

华山齐鲁文化轴的思路，赋予该片区“华山国家历史文化公园”的目标定位；在滨河地区层面，在对小清河综合环境整治的基础上，将华山片区定位为以华山历史文化公园为核心，发展为集文化旅游、创意产业、宜居生活等功能为主的历史特色片区；在新东站—华山周边区域，将包括新东站在内的周边 240km^2 统筹考虑，二者联合打造济南东北部新城区、省会城市群枢纽门户区、济南新经济增长极和生态建设示范区，共建“两心三轴、蓝绿联网”的空间框架，如图 7-8 所示。

6. 人文尺度

人文尺度原则在华山片区的规划中体现得也较为突出，规划通过对该片区的历史文化元素和线索的尊重、梳理及挖掘，恢复华山历史文化景观。至今，华山片区仍存在若干历史遗存景点，如华阳宫、崇兴闸、周公瑾住宅、回车涧、兰桥、华泉等。多项规划结合未来的发展对这些资源进行了统筹考虑，从功能定位到产业配套、基础设施等方面都进行了空间安排。历史文化是华山公园的命题和主线，规划分两个层次体现历史文化，一是体现当地特色的华山文化，如华不住山、华山湖、华阳宫、吕祖庙、华泉和民俗风情等，以文化保护挖掘为主，是公园的核心文化；二是体现城市特色的泉城文化，如济南历史文化荟萃、鹊华历史博物馆、泉水展示等，以文化开发旅游带动为主。结合齐鲁文化轴、鹊华历史文化的“华山历史文化公园”的概念，将文化、山水、工作、生活紧密结合，协调文化、生态、居住、休闲等方面的需求。

图 7-8　济南市滨河新区、新东站—华山区域规划结构图

7. 混合利用

混合利用主要是指土地的混合利用，城市功能的混合开发。在规划中，依托公交、地铁站点布局活力功能、社区服务设施、社区出入口等，实现 TOD 的低碳发展模式。在公交站点及枢纽附近形成综合及高密度的开发，相关地块内采取了 B+R 的混合用地类型，为未来的综合开发提供条件。同时，在规划中对用地性质进行了弹性化处理，考虑 B 类用地的兼容性，在有些地块设置了两种可供选择的类型。另外，积极尝试城市综合体开发的思路，在规划方案中，结合旅游以及市民休闲度假的需要，将来这里还将建设大量的水生态以及人文历史休闲旅游设施，力争在省城北部形成一处综合性的融山水历史人文景观于一体的旅游休闲综合体。

8. 强度匹配

在华山片区规划中需要充分考虑生态基地的特性，重视城市滨水空间和黄河生态保护区景观特质的塑造，完善城市开敞空间系统的网络化，突出南北向山体大尺度开敞空间，加强东西向联系通道，增加开敞空间可达性，通过控制景观视廊及华山周边建筑高度，保护华山历史文化景观。在开发高度上，规划控制景区周边 200m 范围内的建筑高度，沿湖地块建议以中低层建筑为主，控制高度不超过 60m；周围建筑最高高度不可高于华山，形成碗状天际线。从南侧小清河向基地内看，四座山体可以较为完整地展现出来，形成比较分明的前景、中景、背景天际线；在开发强度上，本着“科学合理集约利用土地”的原则，根据区域位置、环境承载力等条件的不同，将地块土地开发强度根据距离华山及湖面的距离向外递增（图 7–9）。

9. 多样共生

主要体现的是阶层的多样共生。政府在开发建设过程中，在地价、配套、安置房建设、土地出让模式和拆迁积极性调动五个方面，开创了许多济南历史上的新高，创造了华山特色模式。特别是，在安置房建设上，按照规划，华山片区未来将是一个高质量的综合性城市片区，

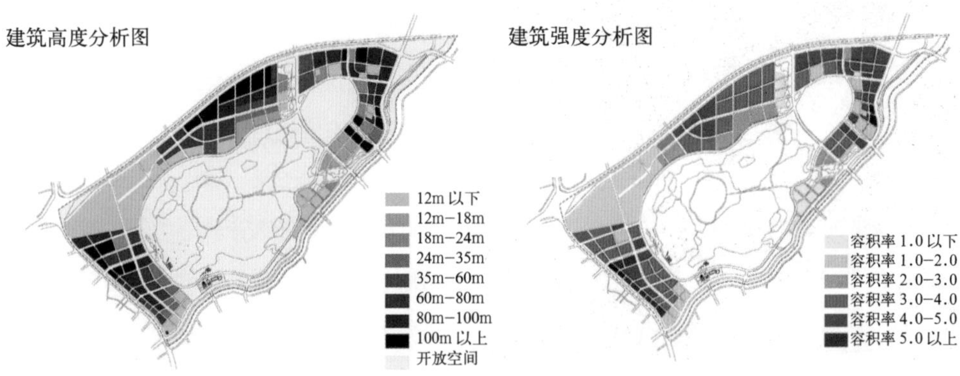

图 7–9　华山片区建筑高度及开发强度控制

图 7–10　规划范围内原有居民安置区与新开发的商住楼盘混合布局

里面会居住许多高层次的社会群体。但是规划并未对原有的居民采取完全搬迁的简单安置手法，而是将现有片区的人口进行就地安置，统一按照人均 $30m^2$ 的建筑面积，在安置区内解决。结合中海开发商的一期、二期项目规划了相关的安置区，遵循混合居住、多样共生的原则（图 7–10）。

同时，在华山西侧现有东汉时期就存在的古村落——郅家村，距今已有两千多年历史，虽然早已不复古代风貌，但仍保有很多历史的痕迹。规划将迁走村庄居民，结合旅游开发，保留并修复原郅家村旧村落遗址风貌，为华山历史文化公园提供多样化的景观风貌和特色（图 7–11）。

10. 绿色低碳

绿色低碳是华山片区的主要基调，以华山湖为底，衬托华山、北卧牛山、南卧牛山三山的生态构架，充分发挥湿地公园周边特色，将健康、生态作为社区主题，丰富植物群落，改善区域小气候，景观水的补给也力求采用雨水收集及生态净化方式来解决。生态廊道、都市廊道将华山历史文化公园与城市有机地衔接起来，通过公园绿地和周边协调绿化板块融入片区之中，从而以公园用地为生态基点通过河流、道路形成的绿化廊道向外延伸，用“九楔”将华山风景区的山水自然景观引入济南中心城区。在

图 7–11　郅家村旧址

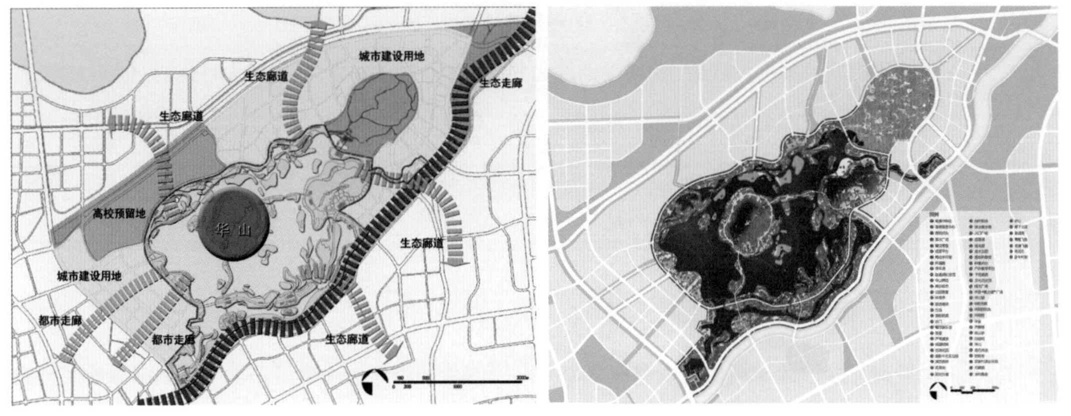

图 7–12　生态廊道分析及公园概念规划

开发建设中，吸纳城市综合体的概念，城在园中、园为城绕，二者互相渗透，打造济南城北生态宜居地（图 7–12）。

三、复合规划指导下的“华山模式”构建

随着时间的推移，城市的建设环境也在不断地发展变化着，完全以政府意志为主的传统开发建设模式无法适用于华山这种拥有“复合”矛盾的综合性片区。为保证华山项目的顺利快速推进，2013 年市政府成立了华山片区开发建设领导小组，市、区、各部门同心协力，工作中不断调整思路，大胆创新实践，2013 年 5 月，与中海集团签署了合作协议，华山历史文化湿地公园项目的开发建设，正式拉开了帷幕。

随着华山项目的有序推进，华山片区开发建设的理念、思路、做法、经验、政策等，逐渐被大家认可，“华山模式”也成为济南市近期房地产开发业中的热名词，而“华山模式”的精神实质和政策实质往往不是所有人能全部领会的，所以应该及时地总结、研究和完善，希望能在后续的复杂项目运作过程中，针对项目前期策划、运营、居民安置、征收拆迁、项目统筹协调、开发建设进度、政策的原则性和灵活性等方面，给予有效的指导。

第五节　“华山模式”的基本原则

华山片区的开发建设是济南市城市建设史上一个历史性的重大项目，华山开发建设领导小组在复合规划理论的指导下，积极探索出了规划建设管理的新模式——“华山模式”。它是对济南片区开发建设的一个探索和尝试，既有对传统开发建设模式的改革，也有对现有法规

政策的突破，涉及面广、综合性强、创新理念多。

在华山项目推进过程中，始终以问题为导向、以民生为根本、以发展为目标、以创新为途径、以公开公平公正和合情合理合法为底线，有力有序有效地推进项目建设。华山模式必须坚持的原则，就是“市区联动、区为主体，统一政策、封闭运行，一次锁定、包干到底，统一规划、整体开发”。

一、市区联动、区为主体

华山片区的开发建设，市政府成立了专门的开发建设领导小组，采取以该项目所属的城区为拆迁安置和土地征收的主体，项目封闭运行的策略。区为主体，充分调动和发挥区政府的积极性、主动性和能动性，是我市的一大创新，也是华山片区拆迁等工作能够比较顺利推进的关键。片区开发建设的拆迁征收等工作，依靠村居街办和区委、区政府来做群众工作，他们熟知群众诉求、熟悉基层情况，有丰富的群众工作经验，能够完成全部拆迁和土地征收工作，同时做好片区内控违和维稳工作，确保不增加新的违法违章建筑。

各级政府的协调配合，在华山项目推进中起到了极其重要的作用。在目前体制下，政策创新、规划调整、土地一二级市场联动等问题，只有在市级政府层面能够解决和运作。市里抓规划策划、城市经营、资本运营等工作，区里抓拆迁征收、群众安置、社会维稳等工作；市里侧重抓宏观、搞策划、定政策，区里重点抓具体、搞拆迁、做群众工作。两级政府分工合作、优势互补，市区街居四级联动，形成推进片区开发建设的强大合力。

二、统一政策、封闭运行

华山片区的开发建设采取统一政策、封闭运行的原则。就是将华山片区作为一个独立的整体，从城市开发建设大体系中“分离”出来，整体统筹、独立运作，实行开发建设模式、运行体制机制、政策措施的全面创新。整个片区投入产出单独算账，政策、资金、规划、建设、开发等全部封闭运行。从拆迁征收到招商引资统一政策、统一标准，保证整个片区的所有政策标准统一、公平、公开。

项目用地内 19 个村庄统一政策，分片区安置，变原有的单村改造模式为统一整合安置模式。对片区内两万多居民，按政策给予人均 47m^2 安置房、30m^2 保障房的安置政策，使村民能更快地拥有自己的保障物业，同时集约节约利用了土地，小产权房等问题也依法合理予以处置。统一政策的总体要求是求大同、存小异，大同就是大的原则不变、政策框架不变，小异就是根据实际灵活处置，因事因时因地制宜，做到原则性和灵活性相结合，既不是指政策一成不变，也不是无原则无限度地变通。封闭运行，就是以片区为资金独立核算单位、项目独立运作区域，华山项目的资金要全部用于华山片区的开发建设，专款专用。

三、一次锁定、包干到底

一次锁定是指两方面，一个是开发商给政府的土地熟化资金，一个是给区里的拆迁资金。在项目的前期资金投入方面提倡算大账，总体测算，成本一次锁定，合同一次签订，资金数额包干到底。资金管理有月度、季度资金计划，资金供给坚持以问题为导向，按照工作进度和需求提供，在计划、方案指导下实行一事一议、一案一签。

片区集体土地涉及的全部征收拆迁费用，包括征地补偿、青苗补偿、房屋及地上附属物补偿、人员搬迁过渡费、征地报批相关规费等，以40亿元整体全部包干到底，小产权房的处置资金和无合法来源的集体建设用地处罚费用、片区范围内的变配电设施拆除迁移等费用一并纳入40亿元整体资金，统一由区政府负责落实，在包干到底的原则下自由支配，有效调动了各方面的积极性，与以往重点工程建设的拆迁困难形成鲜明对比。

四、统一规划、整体开发

华山片区的开发建设始终贯彻统一规划、整体开发的原则。虽然这种思路也造成了片区多年的建设停滞，但也为规划高品质的生态区域留下了可行性。项目重新启动后，“统一规划、整体开发”仍被确定为华山模式的重要原则，以14.6km^{2}作为规划范围，编制控制性规划、城市设计和多个专项规划，规划立足整体，考虑时序，保证最佳效益。

片区内建设用地按照整体开发的思路，通过招商引资，与中海集团达成共识，签订合作开发建设协议。中海集团三年投入180亿元，用于完成整个片区土地熟化，并按规划进行安置房、保障房建设，以此换取4000亩出让土地的开发建设使用权，同时进行融资推进片区开发建设。加上由中海集团代建的2000亩安置房用地，项目总建设用地中的75%由中海集团整体开发建设，剩余25%用地作为政府储备的开发用地。

第六节　“华山模式”的主要特点

华山模式的核心实质是“改革创新精神、科学务实态度”，用足政府和市场两个手段，统筹政府、百姓、开发商三者的利益分配，落实政治、经济、文化、社会、生态“五位一体”建设的新要求。华山模式的主要特点可以总结为四个“加法”，即“规划＋策划”、“经营＋运营”、

“政府＋市场”、“原则＋策略”。

一、规划＋策划

华山片区的规划设计历经了十二年，从最初的设想逐步形成一个理想、科学、可实施的规划方案，已成为大家心中的愿景。而这个可以统筹引领项目的规划，绝不是传统意义上的一张规划图纸，而是针对该项目运作的复杂性、冲突性和挑战性，立足“合作、综合、统筹”三个方向的复合规划。

在各轮华山规划的基础上，继续充分挖掘片区浓厚的历史文化底蕴，突显历史、文化、生态、湿地、景观、休闲旅游等特色，打造“一园四区”的功能布局结构，即以华山历史文化湿地公园景区为核心，周边依托地铁站点布局四个建设用地区域，包括一个集商业服务、商务办公、旅游服务为一体的综合服务区，及三个综合性的商业、居住社区。将华山历史文化湿地公园打造为兼具“齐鲁文化”和“泉城特色”的综合性片区。重要的视线走廊预留开敞空间及生态绿楔廊道，将公园生态景观融入城市中（图 7–13）。

华山模式强调规划与策划的充分结合，一方面继续完善华山片区规划体系，从控制性规划到湿地公园修建性详细规划、从安置区详细规划到竖向规划、地下空间利用规划等，各项规划设计尽可能超前，根据工作进度明确相关规划指标，及时办理规划审批手续，确保开发建设需要。另一方面，针对开发模式、建设时序、征地拆迁、安置保障、市政配套、水利工程、资金筹措等因素进行统筹策划，理清各地块之间关系，近远期时序关系，科学制定开发建设计划。

好的规划不仅仅是图纸，图纸再好也是海市蜃楼、空中楼阁。复杂项目的顺利实施，必

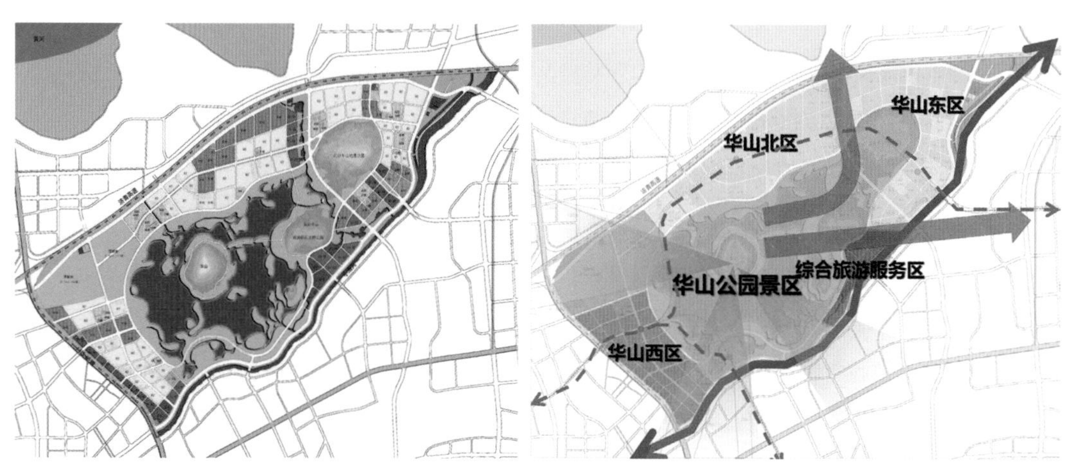

图 7–13　华山历史文化湿地公园用地规划与结构示意图

须按照“规划 + 策划”的模式，统筹协调好各方面利益和关系，统筹协调好工作中的各个程序和环节，统筹协调好改革创新、开发建设、群众诉求和社会和谐稳定。片区的开发建设进程是一个强大的规划策划团队，密切协同、凝聚合力的结果。

二、经营 + 运营

经营城市是把现代市场经济的经营理念、经营机制和经营方式运用到城市规划、投资、建设、营运中，是构建城市投资主体多元化、融资方式多样化、运作方式市场化的一种新体制。政府可以运用市场机制来调控城市发展目标与有限资源，运用市场手段对城市的各类资源、资产进行资本化运作与管理。资本运营是利用市场法则，通过资本本身的技巧性运作，实现资本增值、效益增长的一种经营方式。它包含了运筹、谋求和治理等含义，强调对资本的筹措和运用必须有事先的运筹、规划和科学决策。

城市经营与资本运营结合，是“华山模式”的主要特点之一。工作中把理念思路创新放在首位，坚持规划引领，实行完全市场化运作，以城市经营和资本运营为总抓手，统筹土地熟化、旧村改造、新城建设、环境改善等各方面，最终政府在该项目中实现了“三增三无”。

从三增看，一是增加了税费收入，初步测算，仅项目一期工程近 1000 亿元的投资就可形成税费 100 亿 ~120 亿元；二是增加了四五百亿元的纯政府收益；三是增强城市综合发展潜能，建成了实施北跨战略的桥头堡、带动周边片区发展的发动机、构筑滨河经济社会发展的隆起带，增强了整个城市发展的生机和活力。从“三无”看，一是无政府投入，所有土地熟化资金均由中海集团提供；二是无额外的人力物力成本，出让用地范围内的道路市政设施、安置房和保障房、教育配套设施等，均由中海集团建设或代建，我们只需进行规划控制和监督验收；三是无投融资风险，政府及其平台无一分投入，更无一分利息，只需制定政策、勾画蓝图、用中海提供的资金完成拆迁征收、搞好监管，投融资责任和风险均由开发企业承担。同时约 260 万安置房由开发商代建，由于开发企业在专业技术、项目管理和建筑材料等方面的成本优势，仅安置房成本一项就比政府投融资平台建设要节约成本 15% 左右。

三、政府 + 市场

以往大片区的开发建设，一种模式是完全靠政府，由政府平台融资，进行土地前期熟化与市政设施配套建设，这种开发方式政府平台的资金成本高，建设压力大，且周期长；另一种模式是完全靠市场，采用 BT 方式开发建设，这种方式政府压力小，但是收益也少，土地增值的收益基本由 BT 单位获得。

华山模式紧紧围绕复合规划的“创新”目标，在土地使用和出让方面研究各种创新政策。按照“规划范围、净地规模、地上开发建设量、用地性质和出让底价”五个条件不变的原则，分两次锁定，实现了土地一、二级市场的联动，是华山项目创新的供地模式，也是新的城市建设发展模式。这个模式最大的好处是，发挥了市场在土地资源配置中的决定性作用，市场、企业、政府有机结合，政府与开发商分享土地预期增值，保障政府收益，改写了过去只有开发商独享土地增值收益的历史。

在华山片区，政府借助市场力量，以在政府职权范围内承诺的熟化和开发过程中提供各种支持作保障，达成的协议出让价格为毛地 450 万元 / 亩，出让开发用地范围内的道路、中小学等基础设施由开发商投资建设，以 4000 亩毛地的开发使用权换取了 180 亿元资金，完成了 14.6km^2 的土地熟化，实现了建设一个现代化新城区、完成片区百姓安置保障、建成一个 6km^2 的历史文化湿地公园、预留了 4500 亩出让地，创下了历史上政府出让土地的收益之最，真正实现了一举多得。

四、原则 + 策略

把握原则，积极创新，是华山片区开发建设模式的重要手段，在济南的片区开发建设中是一个探索和尝试，涉及很多方面，既有对传统开发建设模式的改革，也有对现有法规政策的突破，这些改革创新的核心点就是原则和策略相结合。

原则是前提，策略是方法，策略不能突破原则底线，必须依法合规。在征地拆迁工作方面，“整个片区统一政策”是大的原则和前提，但也要考虑工作实际，满足群众合理诉求，维护绝大多数群众利益。“公开、公平、公正”也是一个必须遵守的原则，没有公平就没有效率，政策要以公开公平公正为出发点，否则从政治上就失去了合法性，群众无法认同。

策略主要表现在创新发展路径方面。改革是利益调整，以改革创新为特点的华山项目同样也是片区居民利益的调整，是各级各部门之间利益的调整。这种调整对各级各部门来说，是为了把事办成办好，是为了发展，没有私心私利；对片区群众来说，是改善生存发展环境、实现财富增值、提升生活水平质量的历史机遇。在华山的开发建设过程中，依托灵活性破解了很多难题，如用地方面就做到了既合法合规又解决实际问题，在土地管理方面有引领作用，这种科学的思维方式、创新的路径方法，其价值远远超过了华山项目本身。同时，还大胆改革目前的招标投标模式，以保证工程质量、安全、工期、最大限度地降低成本为前提，积极探索公开竞争谈判选择中标单位的方式，这样既提高效率，又可防止中介机构、个别人和施工单位联合舞弊，克服形式主义。

华山历史文化湿地公园自2002年提出至今已有十几年，项目落地之前，在市民心中仅仅是一个梦想、一张蓝图。自2013年与中海签订协议之后，项目正式启动，美丽的梦想终于变成现实，引来了无数专家学者和业内人士的关注，复合规划指导下的“华山模式”也逐渐被人们理解和接受。“华山模式”的意义不仅在于其解决了华山片区多年存在的民生、政策、发展、生态等问题，而且对于同类项目也具有较强的借鉴意义。

从项目自身的角度看，华山片区开发建设具有“创造城市，书写历史，改变生活”的现实意义。创造城市，就是建设一个体现生态文明形态、持续发展要求、现代生活方式的，集山水园林于一体，“城在园中、园在城中”的产城融合的现代化新城区。书写历史，就是通过华山片区开发建设，重新书写华山片区、历城区、济南市的城市建设发展历史，影响或优化济南、山东乃至全国的新型城镇化政策，至少在济南城建史上书写了浓墨重彩的一笔，探索出了一条成功之路。改变生活，不仅是华山片区及周边，可能对整个济南市民生活、城市形象都产生积极影响。济南作为泉城，作为水生态文明城市，有了大明湖、趵突泉，才有了灵气和名气，华山历史文化湿地公园的开发建设，对市民生活环境、城市形象、济南的知名度都将是大幅的提升，会有很强的震撼力。

“华山模式”走出了一条大片区综合开发的新路径。其“市区联动、区为主体，统一政策、封闭运行，一次锁定、包干到底，统一规划、整体开发”的32字原则，在复杂项目的启动、拆迁安置、资金投入与使用、开发建设等实施落地方面，具有较强的指导意义。其创新的一系列政策措施、破解的困难问题，对推进旧城改造、失地农民安置保障和新型城镇化发展等，都有重要的借鉴意义，在我市以及其他区域都会产生一定影响。从某种角度讲，华山模式的思维方式、创新的路径方法，完全可以推广到其他领域，其价值远远超过了华山项目本身。

“华山模式”始于规划，但落实于行动。不仅实现了“五位一体”的总体定位要求，同时通过项目的实施落地过程，大大锻炼了相关市直部门、投融资平台、区政府、办事处等队伍的项目实践能力、解决难题能力和改革创新能力，实现了政治、经济、文化、社会、生态、党建“六位一体”的新模式。“华山模式”是发展理念的创新、发展模式的转变、顶层设计的创新、规划与实践的结合。

华山片区的开发建设正在如火如荼的进行中，复合规划理论指导下的“华山模式”也将随着项目实施的过程，不断地探索、研究和完善。

附录 1：美国“新城市主义”和中国“复合规划”

——王新文博士与彼得·卡尔索普（Peter Calthorpe）先生关于中国城市规划理念和方向的对话（发表于 2013 年 12 月 29 日《大众日报》第 25796 期第四版）

1 背景

20 世纪 80 年代，针对城市郊区无序蔓延带来的诸如城市空心化、功能分区、交通问题、社会隔离等城市问题，以彼得·卡尔索普（Peter Calthorpe）先生为代表人物的“新城市主义”（New Urbanism）理论诞生，并引发了当代美国乃至很多国家城市规划理论思想与城市发展模式的变革。

近年来，王新文博士结合多年的规划管理实践和思考，针对中国当前城市问题的复杂性、冲突性和挑战性，以相应的经济、社会、体制、管理为背景，提出“复合规划”（Complex Urban Planning）理论构想，并用之于本土化、地域性的规划理论与实践探索。

2013 年 8 月，彼得·卡尔索普（Peter Calthorpe）先生与王新文博士就中国城市规划发展理念和方向问题展开了热烈探讨。

2 对话

卡尔索普：四年之前，我所谈、所写，大都是关于美国新城市主义的理论。然而在中国，我发现了许多不同。如今我和同事们在中国做的很多项目都包括三件事情：一是高层建筑，二是单向二分路，三是非机动车慢行道。这些“非典型”新城市主义让我的美国同行们感到很不可思议，质疑之声不绝于耳，但我始终坚持。因为在我看来，对中国城市而言，高层建筑是对稀缺空间资源唯一负责的做法，单向二分路比普通道路承载力更强，包括步行道、绿道在内的非机动车慢行道具有极高的使用需求。这三点“中国经验”不是典型的美国新城市主义，但非常适用于中国城市，它们更节省空间资源、更便捷并更符合人们的生活习惯。

上述观点，都源于构建一个“好”的城市的出发点。好的城市所必备的条件，是人本尺度、多样性、连通性和可持续性。首先是人本尺度。人本尺度不等同于低密度，它更多地强调美和舒适，意指通过人性化的建筑结构和优雅的环境，从而给人带来好的体验和感受。第二是多样性。多样性的提出基于对传统规划方法单一功能土地利用下社会隔离现象的反思，它鼓励将不同的人混合在一起，对土地进行混合利用。第三是连通性。连接广泛的地铁网与道路网，是多年来我喜欢在中国工作的原因之一。最后是可持续性。当前中国城市的环境问题非常严重，发展的同时保护好城市的环境，是非常必要也是非常具有挑战性的一项工作。

好的城市，这四点不可或缺。在中国，没有西方城市那么严重的社会隔绝，也不会像美国城市那样，仅因修建某一条道路而陷入无休止的激烈斗争。这样的优势，更利于应用TOD理念实现城市开发强度与公交运力匹配，而那些尺度宜人的小街区、活跃的开放空间、充满活力的街道，似乎也更容易实现。

王：自卡尔索普先生上次来济南，就引发了一场关于城市规划理念和方向思考的热潮。坦白地讲，之前对于新城市主义，除去诸如“适宜步行、连通性、功能混合、住宅多样化、高质量设计、传统邻里结构、高密度、交通体系、生活质量”这些简单而美好的描述，我们的深层理解尤其是具体的实践其实并不多。如何应用舶来理论，对面临全球化、市场化和转型期多方交集的复杂语境下的中国城市来说，似乎真还让人有一些“无从下手”的懊恼。

首先，我赞同卡尔索普先生关于新城市主义的三点“中国经验”和四条“好的城市”的论述。中国古语云：“变则通”，世上没有放之四海而皆准的万能理论。像当年美国城市面临着郊区无序蔓延及带来的诸多困扰一样，当前中国快速的城市化也带来了许多危险的倾向，如城市扩张中传统中心瓦解、小汽车化以及居住的阶层分化等问题。但其成因却与美国不尽相同，中美的城市发展存在着共性的同时更多的则是差异。这些差异深刻而明显，我们必须对其有清楚的认识：一是时代背景差异。与美国已基本进入80%的城市化稳定阶段的状况不同，处在高速城市化阶段、用了短短30年经历了发达国家用一个世纪才完成的工业化过程的中国城市，还在面临新区大规模急剧扩张与老城非理性改造并存的复合时代背景，稳定期远未来临。二是发展阶段差异。城市化水平较低的现状决定了中国城市化过程在今后一段时期内仍表现出大城市超常速度发展的特征，城乡二元结构尚未消除，城乡藩篱依然存在。三是文化与制度差异。不同的历史文化和社会制度，造就了中美城市不同的价值观甚至生活习性。如与美国城市热衷外部空间环境发展不同，中国城市特定的社会文化推崇内向型的传统城市空间，促使封闭社区大量存在。因此，对于新城市主义的诸多理念，如果只是“照搬”和“移植”，必定无法解决其与中国社会现实条件、制度、观念的冲突而陷于“堂吉诃德”者的境地；每个城市有机体都有固有的文化和社会背景，外来理论的意义在于能否和城市地域化的个性相结合，而不是超脱于特定历史发展阶段而存在。如您刚才所言，将美国的“新城市主义”经验应用到中国，就必须因地因时制宜地发展演化，衍生新的经验。

其次，我认为，面对特定的国情背景、发展阶段、历史文化和社会体制环境，中国城市应致力于思考与新城市主义同样美好的理想愿景下的本土理论。新城市主义的出现，使现代中国城市学习从批判性角度审视已经习惯了的生活环境，并从中找到改变生活或者使生活更美好的途径，但这还远远不够。在大规模急剧扩张与老城非理性改造并存的复合发展环境下，中国“城市规划工作面临的是一个庞大的、多学科的、复杂的体系”，就如同1980年代新城市主义倡导者们对当代美国城市发展现实问题的思考和应对一样，中国的规划者也应立足自身国情的地域化理论创新，寻求中国城市规划理念变革和中国城市发展问题的解决之道。

卡尔索普：我完全同意市长先生关于美国新城市主义不能照搬到中国的观点。

王：谢谢。其实在过去的很多年，我一直从事着规划管理的一线工作，也一直在思考中国的“新城市主义”。今天很荣幸能有机会和您分享我的一些观点。这是一本即将出版的专著——《复合规划：思辨与行动——基于规划管理者地域化实践的视角》。在这本书里，我探讨了中国城市在面临当前快速化发展阶段一些现实问题的应对，也尝试提出了一些对未来中国城市规划理念和方向变革的思考。

“复合规划”理念的提出，最早源于我们在城市规划与管理中遇到的三个挑战与问题。一是冲突性（conflict）。我国城市正处于经济社会结构和社会机制调整的加速转型期，快速的社会分异与社会流动使社会结构趋于复合化、多元化，许多潜在的社会冲突如社会阶层分化、经济利益博弈等不断地被激发出来，如没有适宜方法和应对策略加以及时解决，必将更加激烈。二是复杂性（complicated）。在我国社会转型发展过程中，城市发展面临政治、经济、文化、法律、民生、生态诸方面的困难，各种问题相互交织而产生复杂的叠加效应，牵一发而动全身。三是挑战性（challenge）。由于发展环境和发展阶段的限制，我国城市面临的问题特别是内外部环境问题更具有挑战性，如政治体制改革问题、经济和社会转型问题，甚至是国际环境等问题，此外还面临着高速发展需求和现实资源环境限制的两难问题，等等。

新问题需要新的思路来应对，中国城市面临的复合现实挑战需要多种理论、多种要素的复合求解。针对城乡二元结构、城市拆迁、生态恶化的问题，面临高速经济发展、新区开发与老城提升的要求，我们亟须立足于城市全面、协调、可持续发展的目标，针对城市问题的复杂性、冲突性和挑战性，从加强合作（cooperative）、综合（comprehensive）、统筹（coordinate）三方面寻求地域化的突破和应对，鼓励社会各个阶层合作参与城市规划、以多元综合的视角应对城市问题、采用平衡和协调的方式提出统筹应对策略，进而构建复合规划的策略集合和理论体系。简单地说，复合规划的核心内容可概括成八项主张。

一是问题导向。通过对城市现实问题的深度判读，针对社会、经济、文化、生态等多元化的复合问题，抓住矛盾的主要方面，改革创新、寻找办法，解决实际问题，重点关注土地利用的空间结构、生态格局、公共交通系统，使经济发展与社会公平、环境保护协同共存。

二是区域视角。通过建立区域发展和协调机制，在更大的区域范围来研究地区、城市、郊区和旧城的和谐发展等问题。

三是转型发展。指通过价值取向、生产生活方式的转型，克服当前普遍存在的城市规模扩张与结构进化失衡、产业发展盲目重复建设、功能转变滞后、空间布局和结构不合理等问题，选择符合城市特点和实际的经济发展模式、资源利用、产业和空间组织结构，促进城市功能跃迁、减轻城市发展压力、保护耕地和开敞空间、减少能源需要，实现城市政治、社会、经济效益的有效增值。

四是人文尺度。好的城市要宜居、舒适，重视人文记忆的回归，主张通过规划促进多元文化融合以及塑造宜人尺度的场所空间。中国的很多城市都有着悠久而灿烂的城建史，在发展的同时应着力保护古城的整体环境及历史文化遗产，并提倡城市向过去的建设经验学习，通过对地方乡土文化的研究发掘明确的地方性风格特征，应用于现代城市规划与设计中，使场所具有宜人的空间尺度。

五是混合利用。受传统规划思想的影响，中国城市用地功能分区规定已经制度化、法律化，混合利用方式的改变触及政府的政策设计，实施起来难度较大。当前中国城市应鼓励在较为宏观的层面上如城市发展战略、空间功能布局的混合布局，如倡导紧凑集约、多组团均衡布局理念，促进城市生活功能与生产功能融合，实现城市空间形态和功能的有效整合，再如鼓励城市空间功能区的有机适度混合，并通过文化、产业、居住等多功能的综合开发和结合公交站点走廊的集约开发，实现城市历史街区、旧城和新区的协调互动发展。涉及微观层面上的土地开发建设，应在保持地块主导功能的前提下，通过多种用地混合利用，鼓励发展集居住、服务、就业于一体的混合型社区模式，致力于在一定范围内形成相对紧凑的土地使用环境。

六是强度匹配。在尊重土地基底差异的基础上，形成与区域、城市及片区承载力相匹配的，较为集约利用的开发强度。具体地讲，在区域尺度上，应根据资源环境承载能力、现有开发密度和发展潜力，统筹谋划未来人口分布、经济布局、国土利用和城镇化格局，确定主体功能区，形成人口、经济、资源环境相协调的空间开发格局；在城市尺度上，依据生态安全格局和土地供给，确定中心城区总体控制目标，同时围绕开发节点形成强度的递变格局;在片区尺度上，考虑不同功能中心的自然条件、建设现状和功能定位等方面的差异，界定区内开发强度的控制约束条件，进行分类管制。

七是多样共生。中国人崇尚“和谐”，意指环境、经济、社会、政治多个层面的多样共生。物种多样共生、文化多样共生、景观多样共生和群体多样共生应作为未来中国城市重要的发展目标。对规划而言，应减少城市建设与生态基底及生物体系的冲突，并在此基础上对城市生态体系进行规划；应贯彻积极保护的思路，处理好历史遗迹与现代建设的关系，鼓励城市文化多样共生；还应鼓励社会群体的融合，在空间上营造群体共存的氛围，如建设包含经济适用房或者保障房在内的多人群混合居住的社区。

八是生态节能。对于生态节能，有时我们也称为“转方式、调结构”。规划应在环保、低碳节能等方面做好文章，保护和合理利用自然资源和能源，提高资源的再生和利用，使开发建设活动保持在自然环境所允许的承载能力内，采用可持续生产、消费、交通、居住的经济生态发展模式，将坚持集约发展、节约发展、清洁发展、安全发展视为城市可持续发展的先决条件。

卡尔索普：我非常赞同您关于复合规划的观点和主张，尤其欣赏您以问题为导向的思考；这些主张的提出显然是非常正确的。这是一张 1922 年勒·柯布西耶所绘制的图片，也是我们在很多城市看到的窗外的景象（附图 1）。所有观点中，我认为人文尺度是当前中国城市最大的挑战。我个人非常喜欢中国传统城市中的皇宫，胡同中的庭院，热闹的街市……因此也非常不理解如今很多城市中对传统人文尺度的丢弃。这或许是当年学苏联做单位制，地块越来越大的原因吗?

王：这里除去您所说的受苏联体制的影响外，我想应该还有两个方面的影响源，一个是工业文明阶段以勒·柯布西耶为代表的现代主义规划理念，一个是《雅典宪章》明确功能分区的规划手法。

卡尔索普：人文尺度的挑战是最大的。在设计中把传统的好的东西延续或保留下来，是一种值得赞赏的勇敢举措。

对于混合利用，我认为在中国城市实现相对比美国城市简单。因为目前在中国城市中地块开发允许居住混合商业，比如居住地块里可以有底商。而在美国就不允许，不仅分区规划（Zoning Code）中没有，就连投资借贷中的风险评估也无法通过，只能投资单一用地性质的地块。

王：其实，受政策制度和规范要求的影响，当前我国对城市土地利用、土地出让的用地性质要求还是非常明确的。在我关于混合利用的观点中，除去在较为宏观层面上的鼓励和引导外，还涉及微观层面具体开发地块层面的混合利用，这需要一系列制度创新的推动。因此，您刚才所说的微观层面的混合利用，在当前探讨得更多的是某种现象和结果，而不是简单的全盘引导。

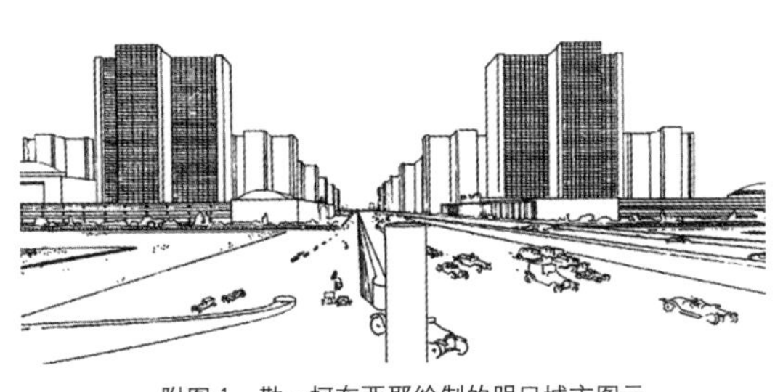

附图 1　勒·柯布西耶绘制的明日城市图示

卡尔索普：对，城市应是有机的。此外，我赞同您提出的关于强度匹配的观点。在我的下一本新书《TOD 在中国》中，就试图将公交中心强制性地安排最高密度，地区内高中低统筹分配，以克服当前中国城市中普遍存在的密度均质化的问题。

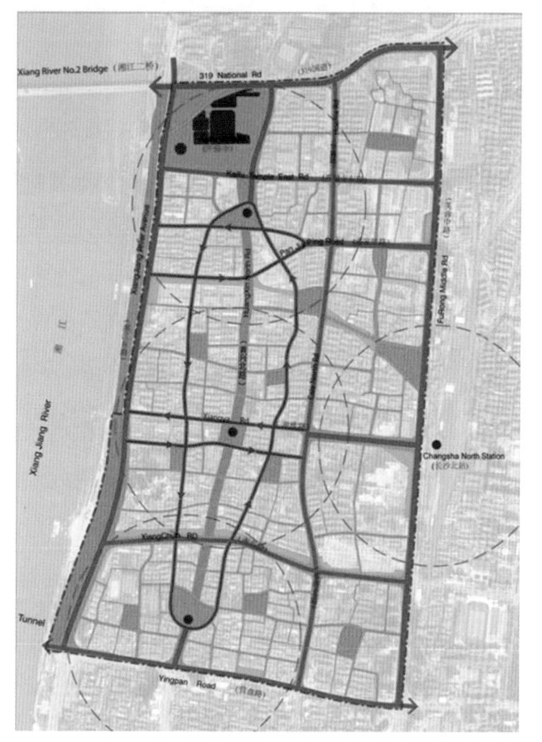

附图 2　华兴北路项目：规划路网，中国长沙

对于多样性，我想举一个长沙的项目作例子。在概念规划中，我利用单向二分路，取消了场地中原来规划的一条六车道的道路，并在中部保留商业街，使新的高层社区和旧的多层社区连接在一起，不同收入的居民、不同阶层的人群混合于此，共同使用这条商业街（附图 2）。

王：这或许对地方政府是一个很大的挑战。

卡尔索普：那就让我来给您讲讲这个故事吧。其实，我主要的想法是，留下六车道的路权、建简易商铺，就可以使被拆迁者还能回到原地，既保留了社会联系，又可以就地维持生计。

王：一个美好的设想，但实施起来应该很难。

卡尔索普：是的。当时这个方案遭到从市长到规划局长的一致反对。但我仍然认为，在中国城市中有必要去保存这样一个有多样性的社区，使不同收入阶层、不同建成环境得到融合，如在高层写字楼办公的时尚白领也可以在商业街上买到传统的早点。这应该是一种很有趣的生活体验。

王：其实，从长沙的例子出发，我可以从规划管理者的角度，尝试向您解释为什么混合利用、多样性在当前中国的很多城市难以实施。一是我们的规划管理者并没有认识到混合利用、多样性等理念深层次的含义，并没有认识到规划不仅是物质层面的问题，也是社会、政治、文化乃至发展理念层面的问题。二是随着旧城改造、新区开发，城市迅猛发展，城市尺度发生巨大变化。规划管理者对于什么是现代城市，什么是好的城市的问题上存在认识误区和分歧。三是在制度政策方面会存在很多问题和困惑，比如红线范围以内的用地产权是谁的，将来建设产生的收益归谁，土地出让金归谁，不可避免地会面临产权界定、招拍挂政策等一系列的管理问题。

卡尔索普：这正是您说的转型发展的问题，如果中国城市未来每个商铺都是购物中心（Shopping-mall），交通都是八车道以上的宽马路，每个人都在使用小汽车，每个人都住在超大街区的楼盘中，我可以有点自负地预见，这样肯定是不能持续的。北京小汽车拥有量仅为30%，但现在交通堵塞和环境问题非常严重，中国城市有些指标需要反复思考，目前的建设强度下，不能只以小汽车为尺度建造城市。

王：我完全赞同您的观点。从发展和辩证的观点来看城市发展的内部规律，小汽车、宽马路、大街区产生于工业文明背景，而人文尺度、多样性、绿色低碳产生于生态文明背景，有机是内生自发的，混合利用无序源于管理无序，这些都是政府和规划部门应该做好的"功课"。对于未来的中国城市规划理念和方向的变革，我所期望的举措是：建立城乡统筹的区域发展观，协调城市与乡村的关系，并通过确定合理的城市增长边界，促进城市内部土地的集约利用，使城市走上可持续发展的道路。鼓励适宜密度条件下多功能混合的土地利用，结合中国城市高密度发展现状，提出针对城市不同分区，致力于塑造"紧凑但不拥挤"的城市空间环境。城市为人而存在，回归"以人为本"理念，更细致地探讨开放式小区、小格网"街区"和绿色慢行交通建设，使行人重新成为塑造街道生活空间的主角。总之，我所希望的城市应是宜居的、人文的、活力的、可持续的生态之城。

3 结语

中国城市未来的发展需要的不是一个"理想的大饼"，而是一个现实的理想家园。从这里出发，我们必须学会思考，在我国的现实背景下提出适合当前快速城市化阶段的可持续发展模式，摸索人与自然和谐、人与城市和谐，具有中国特色、地域特点的"新城市主义"理论与实践方法，暂且称之为"复合规划"。

附录 2：彼得·卡尔索普（Peter Calthorpe）先生原文笔录

Calthorpe: I would like to talk something about New Urbanism. The book you see are written about American condition, and all the work I do in China with NU my friends almost four years, focus on Chinese condition is completely different in the American, I think the differences are extraordinary, that many peoples in America are angry with me, for the work I do here with high rise buildings, one-way street, and auto-free streets. Those three things are not typically part of New Urbanism in American. But I do think they are universal principles of good cities. And there are four things: human scale, diversity, sustainability, and connectivity.

So human scale is not about the density, because of I think Manhattan has great human scale, it is about experience about people sense perception as walk through the environment at the level of activity and mix of uses.This is antagonistic to human scale, I predict that this is not the wonderful place that people want to go to, I hope it is not your project; this is modernism, but no human scale.

The second is diversity, single use one income group in each group ,the isolation we have in the modern city of people and their activities, is deadly to cities, so mix-use is important, mix-income is important, mix age group is important, this is the things created by intellective cities, I agree.

You know, this is an accurate model of part of Kunming in its new town.There is no human scale in the streets, and there is no human scale in the super block. The 5000 units in the super block, people do not know each other, they cannot recognize who lives in the block, who doesn't, they don't know who belongs and who doesn't, and I predict overtime this will create social problems.

And this is exactly the same BUA and exactly the same amount of flow of ride-way, but it has human scale and diversity. So when I use those to turns, I think they are very important at cities in China, both for environmental problems but also for a long time social problem.So, for example, people live in this block in this scale can easily know and recognize the other people live in their block. And in the one-way street here can allow the people walk easily to the core area and commercial area.

And we went out to show in my previous presentation that I present the numbers that these one-way couplets anxiously move auto-mobiles more effectively than the big lane arterials.

But this is formal urbanism that has involved at my work here in China, but not in the US, which is totally different. And as I say I have many friends in Congress for New Urbanism that think I am heretic. You know, in the US auto-free streets don't work, because there are not enough people, but in china, there are so many people in the city, that auto-free street is immediately fill the life of activity.

And the Urbanism in the US cancel the high rise building, but I think, for the environmental point, the only responsible way to protect land, agriculture, and open space.

So you know, there are two other principles besides human scale, diversity, that I think are very important to urbanism everywhere. One is connection, the things I love working in china about, is all the trains connections you make, in US you will fight for every single metro line, more often, the conservative politician said that we cannot afford it. But here, just as you say, you build them very quickly, this is the heart of good urbanism, is good transits system. So for me, this is only Chinese, no one else in the world, can give us 3 metro lines running through one site.

But the fourth principle is one that I think is real challenge for China, which is environmental preservation,.and fascinating to me in our site is the white springs, bring this issue to the surface literally. In China that the pollution has been the huge problem, environmental protection has not been as robust as it should be, so I would think it is the fourth ingredient that needs to be put into the hard console how China build citizen in the future.

So in summary, the traditional, the great Chinese city always has human scale, small shops, site walk activity, and the best public space with human scale. Unlike the western world, China doesn't segregate people, although that maybe a problem that begins to merge.

And I believe Chinese invested in best transportation, and connection is a world model. And that need to match transit-oriented development. The development density needs to coordinate to the transit investment. I think this is the issue that China must focus on, is how much environment preservation is appropriate, in urban area square, there mass investment in infrastract...

王：……

Calthorpe: First I totally agree the US new urbanism is not appropriate for China, is different condition. And I like to share with you a book that were about to be published *Transit Oriented Development in China*. Which be hope to appliance to be fit to the Chinese condition.

王：……

Calthorpe: But you know beneath all the principles, goals, and process are some very deep grew paradise. And the picture here is for 1922, by Corbusier, it could be drawn of the street outside this building. Where in the hotel of Sheraton is about 400 meters here, but it is impossible to walk.

So I completely agree with all 8 of your principles, I think they are absolutely correct, we have to be problem oriented, we have to face the problems current and other place. I can't come to china to solve the problems in the US; I have to work with you to solve the problems. I've been a huge fun for regional thinking in quite a few years; the region work is better in china than in the US. In the US local government under mind regional thinking, well the size of the city is region. So I would shift the third to the end to conclude.

Calthorpe: Human scale I think it is the biggest challenge in china. I don't know what the source of it is, because the prior historic city in China, all have wonderful human scale, the courtyard in the Hutongs, and the temple in the palace, the whole urban structure in the historic city is very human scale. Maybe it started with the Soviet model, super block?

王：……

Calthorpe: This is the biggest design challenge now to bring human scale back to Chinese development. So we can do a new old town in the site is so brave in this program. I disagree on mix-use. Mix-use is more difficult in the US than in China. In China, all the residential blocks allow have the ground floor shops, the typical zoning allow mix-use in residential blocks. But in the US not only the zoning not allowed, but the finance, the banks not allow, they would not finance mixed buildings. So I think mix-use is much easier in China than in the US.

王：……

Calthorpe: Maybe organic. I think the problem is when you put in a super block; the ground floor shop is not accessible to the surrounding neighborhood, if you take the same zoning put in a walkable block, and the ground floor shop is accessible to everybody.

The sixth principle is matching density, I completely agree. In the book we will publish, I try to establish the minimum density for the whole rage transits capacity type. So the higher capacity, the higher density it should be. Right now, the density in china is very random; it should be highly accorded to the transit capacity.

Now the next one, the diversity, is really the biggest one also. I want to show you a project in Changsha. It is all the area about redevelopment, put the metro line in the middle, and it also want to put a 6 lane arterial road. To the south you can see the 6 lane road. It is completely looks like in human scale and activity, just in the north in the store neighborhood; it looks like this, and all the small shops. I want to know what you think about this. All the small shops are the economic glob of this community, and if you tear it down, its unity would be destroyed. Maybe I am wrong.

王：……

Calthorpe: Let me tell you a story, we present this idea, which has small shops, we propose the city build simple protection for the small shops to locate into, at the same time, all the redevelopment could happen with the new apartment buildings, there could be small buildings in the right of the way, and the city at the least for the low dole to preserve the work and the character. So the people real located don't lose their community and their local economy. So my question is, if it is your city, do you approve it? It is physically feasible.

Calthorpe: Both the mayor, the vice mayor, that everybody of planning objected this program in Changsha. But this idea China needs preserve the local small economy, if it wants to have idle streets, communities; very much it is central question in your N0 7 diversity. This kind of city where people from different income group has differences housing towers for mix. Right now the people living in this tower actually shop from the shops in the street. Anyway it is an interesting challenge.

王：……

Calthorpe: So I think this is what you say transform development, they debated in China everything will turn into a shopping mall, and all transportation will be 8 lane arterial roads, and all houses will be segregated in super block, it will lead to death, but I am certain it will destroy China's cities and economy. Beijing is at 30% of population own cars, and it's completely block, and the air quality kills people, at the density China builds, you cannot build city for cars, is just one never works.

彼得·卡尔索普（Peter Calthorpe）先生与本书作者就“美国新城市主义与中国复合规划”对话后合影留念

参考文献

[1] 顾朝林，姚鑫等 . 概念规划——理论 · 方法 · 实例 [M]. 北京：中国建筑工业出版社，2003.

[2] 周国艳，于立主编 . 现代西方城市规划理论概论 [M]. 南京：东南大学出版社，2010.

[3] 孙施文 . 现代城市规划理论 [M]. 北京：中国建筑工业出版社，2007.

[4] 曹康 . 西方现代城市规划简史 [M]. 南京：东南大学出版社，2010.

[5] （英）霍华德 . 明日的田园城市 [M]. 金经元译 . 北京：商务印书馆，2002.

[6] （法）柯布西耶 . 明日之城市 [M]. 李浩译 . 北京：中国建筑工业出版社，2009.

[7] （美）沙里宁 . 城市：它的发展衰败与未来 [M]. 顾启源译 . 北京：中国建筑工业出版社，1986.

[8] Frank Lloyd Wright.The Disappearing City [M].New York: Payson，1932.

[9] （英）尼格尔 · 泰勒 .1945 年后西方城市规划理论的流变 [M]. 李白玉，陈贞译 . 北京：中国建筑工业出版社，2006.

[10] Lewis B.Keele.Principles and Practice of Town and Country Planning [M] .London：Estates Gazette，1952.

[11] 王新文 . 名家谈规划 [M]. 北京：中国建筑工业出版社，2009.

[12] Jeffrey L.Pressman，Aaron B.Widavsky.Implementation [M] .London：University of California Press，1973.

[13] Marion Clawson，Peter Geoffrey Hall，Resources for the Future.Planning and Urban Growth：An Anglo-American [M].Baltimore：Published for Resources for the Future by Johns Hopkins University Press，1973.

[14] 邹德慈 . 中国现代城市规划发展和展望 [J]. 城市，2002，（4）：3-7.

[15] 张庭伟 .1990 年代中国城市空间结构的变化及其动力机制 [J]. 城市规划，2001，25（7）：7-14.

[16] 柳成荫 . 行动规划理论及应用探究 [D]. 天津：天津大学，2008.

[17] Sherry Arnstein. A Ladder of Citizen Participation [J].AIP，1969，35（4）：216-224.

[18] John Forester. Planning in the Face of Power[M]. University of California Press,1989.

[19] J.Friedmann.The Word City Hypothesis[J].Development and Change，1986，17（1）：69-84.

[20] Sassen S.The global City[M].New Jersey：Prineeton University Press，1991.

[21] Taylor P.J.Hierarchical Tendencies amongst World Cities：A Global Research Proposal[J].Cities，

1991，14（6）：323-332.

[22] 曾思育编著 . 环境管理与环境社会科学研究方法 [M]. 北京 ：清华大学出版社，2004.

[23]（日）海道清 . 紧凑城市的规划与设计 [M]. 苏利英译 . 北京 ：中国建筑工业出版社，2011.

[24]（美）彼得・卡尔索普 . 未来美国大都市 ：生态・社区・美国梦 [M]. 北京 ：中国建筑工业出版社，2009.

[25]（英）詹克斯 . 紧缩城市—— 一种可持续发展的城市形态——国外城市规划与设计理论译丛 [M] . 周玉鹏等译 . 北京 ：中国建筑工业出版社，2004.

[26] 王新文等 . 城市化趋向与我国城市可持续发展的现实选择 [J]. 中国人口资源与环境，2001，11（2）：49-52.

[27] L.J.Sharpe.The Government of World Cities:The Future of the Metro Model[M].New York ：John Wiley & Sons Inc.，1995.

[28] 顾朝林 . 论城市管治研究 [J]. 城市规划，2000，24（9）：7-10.

[29] 黄立 . 中国现代城市规划历史研究（1949-1965）[D]. 武汉 ：武汉理工大学，2006.

[30] 鲍世行 . 钱学森论山水城市 [M]. 北京 ：中国建筑工业出版社，2010.

[31] 吴良镛 . 人居环境科学导论 [M]. 北京 ：中国建筑工业出版社，2001.

[32] 张庭伟 . 转型时期中国的规划理论和规划改革 [J]. 城市规划，2008（3）：15-24.

[33] 雷翔著 . 走向制度化的城市规划决策 [M]. 北京 ：中国建筑工业出版社，2003.

[34] 卢现祥著 . 寻租经济学导论 [M]. 北京 ：中国财政经济出版社，2000.

[35] 王富海 . 务实规划——变革中的创新之路 [M]. 北京 ：中国建筑工业出版社，2004.

[36] 张兵著 . 城市规划实效论 [M]. 北京 ：中国人民大学出版社，1998.

[37] 吴良镛 . 通古今之变・识事理之常・谋创新之道——为中国城市规划学会成立 50 周年庆典而作 [J]. 城市规划，2005，30（11）：30-31.

[38]（古希腊）亚里士多德 . 政治学 [M]. 吴寿彭译 . 北京 ：商务印书馆，2009.

[39] 杨天宇 . 周礼译注 [M]. 上海 ：上海古籍出版社，2004.

[40]（美）约翰・M・利维 . 现代城市规划 [M]. 孙景秋等译 . 北京 ：中国人民大学出版社，2003.

[41]（美）刘易斯・芒福德 . 城市发展史 [M]. 倪文彦，宋峻岭译 . 北京 ：中国建筑工业出版社，1989.

[42]（英）K・J・巴顿. 城市经济学 [M]. 上海社会科学院部门经济研究所城市经济研究室译 . 北京 ：商务印书馆，1984.

[43] Friedman John. Planning in the Public Domain ：From Knowledge to Action[M].New Jersey ：

Princeton University Press，1987.

[44] 曾涛．吴良镛访谈录[N]. 广东建设报，2009-02-17.

[45] 吴良镛．世纪之交的凝思：建筑学的未来[M]. 北京：清华大学出版社，1999.

[46] 曾羽，田欢．城市规划利益博弈分析[J]. 知识经济，2008（12）：71.

[47]（美）R·E·帕克，E·N·伯吉斯，R·D·麦肯齐．城市社会学——芝加哥学派城市研究文集[M]．宋俊岭，吴建华译．北京：华夏出版社，1987.

[48] 吴良镛先生在荣获克劳斯亲王基金会"城市英雄奖"授奖仪式上的答谢辞[Z]，2002.

[49] 王赟赟．国际性中心城市规划建设指标体系比较研究[D]. 上海：上海交通大学，2009.

[50] 济南市规划设计研究院．济南市城市总体规划（2011—2020年）[R]，2011.

[51] 北京国际城市发展研究院课题小组．人均GDP超过1000美元后的中国城市化三大优先战略[J]. 领导决策信息，2005（13）：13.

[52]（德）恩格斯．自然辩证法[M]. 于光远译．北京：人民出版社，1984.

[53] 金磊．四川汶川灾后重建规划策略研究[J]. 建筑创作，2008（6）：113-119.

[54] 中国城市规划学会．中国城市规划广州宣言[Z]，2006.

[55] 吴可人，华晨．城市规划中四类利益主体剖析[J]. 城市规划，2005（11）：82-87.

[56] 王勇，李广斌．对城市规划价值观的再思考[J]. 城市问题，2006（9）：2-7.

[57] 卢源．论社会结构变化对城市规划价值取向的影响[J]. 城市规划汇刊，2003（2）：66-67.

[58] 张松．历史环境保护的理论与实践系列·城市文化遗产保护国际宪章国内法规选编[M]. 上海：同济大学出版社，2007.

[59] 国际建筑师协会．马丘比丘宪章[S]，1977.

[60] 梁思成．梁思成文集[M]. 北京：中国建筑工业出版社，1982.

[61] 邹德慈．论城市规划的科学性[J]. 城市规划，2003（2）：77-79.

[62] 孙施文．《城乡规划法》与依法行政[J]. 城市规划，2008（1）：57-61.

[63] 赵守谅．论城市规划中效率与公平的对立与统一[J]. 城市规划，2008（11）：62-66.

[64] 陈峰．在自由与平等之间——社会公正理论与转型中国城市规划公正框架的构建[J]. 城市规划，2009（1）：9-17.

[65]（英）霍尔．城市和区域规划[M]. 邹德慈，金经元译．北京：中国建筑工业出版社，1985.

[66] 十八大报告文件起草组．十八大报告辅导读本[M]. 北京：人民出版社，2012.

[67] 闵亚琴．城市规划公众参与的再认识[J]. 江苏城市规划，2008（7）：34-36.

[68] Charles E.Merriam.The National Resources Planning Board.Planning for America[M].New York：

Henry Hdt & Co.，1941.

[69] 胡锦涛.高举中国特色社会主义伟大旗帜为夺取全面建设小康社会新胜利而奋斗[M].北京：人民出版社，2007.

[70] 清华大学“艺术与科学”国际学术讨论会.艺术与科学国际学术研讨会论文集[M].武汉：湖北美术出版社，2002.

[71] 赵虎,郑敏.从低碳城市走向俭约城市—— 一次中西城市理念融合的尝试[J].城市发展研究,2012（2）.

[72] 赵飞飞.最高院介入：常熟突击拆迁事件升级[N].21世纪经济报，2010-08-30.

[73] 朱豪然.北京车速十年慢了一倍，交通拥堵成城市普遍灾害[N/OL].中国新闻网，2006-12-02.

[74] 李松.城市生活垃圾危局凸显 如何化解“垃圾围城”的困境[J].决策探索，2012（9）.

[75] 何欣荣,叶锋.发展改革委秘书长：防止特大城市面积过度扩张提高建成区人口密度[N].广西日报,2011-03-27（05）.

[76] 于海荣.城镇化转轨[J].决策探索，2012（5）.

[77] 章玉全.基于人本主义思想的规划思考[J].科技经济市场，2011（4）.

[78] 邢琰.规划单元开发中的土地混合使用规律及对中国建设的启示[D].北京：清华大学硕士学位论文，2005.

[79] 许思扬，陈振光.混合功能发展概念解读与分类探讨[J].规划师，2012（7）.

[80] 韦亚平，罗震东.理想空间——城市空间发展战略研究[M].上海：同济大学出版社，2004.

[81] Barlow M. Metropolitan Government[M].London, New York: Routledge，1991.

[82]（美）鲍尔.城市的发展过程[M].倪文彦译.北京：中国建筑工业出版社，1981.

[83] 顾军，苑利.文化遗产报告[M].北京：社会科学文献出版社，2005.

[84] 汪德华.中国城市规划史纲[M].南京：东南大学出版社，2005.

[85] 张京祥.西方城市规划思想史纲[M].南京：东南大学出版社，2005.

[86] 许学强，叶嘉安，林琳.全球化下的中国城市发展与规划教育[M].北京：中国建筑工业出版社，2006.

[87]（美）国际城市管理协会，美国规划协会.地方政府规划实践[M].张永刚，施源，陈贞译.北京：中国建筑工业出版社，2006.

[88]（美）菲利普·J，库珀等.二十一世纪的公共行政[M].王巧，李文钊译.北京：中国人民大学出版社，2006.

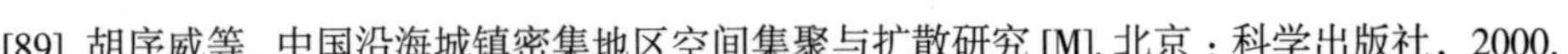

[89] 胡序威等 . 中国沿海城镇密集地区空间集聚与扩散研究 [M]. 北京：科学出版社，2000.

[90]（美）约翰 · M · 利维 . 现代城市规划 [M]. 孙景秋等译 . 北京：中国人民大学出版社，2003.

[91]（法）让 – 保罗 · 拉卡兹 . 城市规划方法 [M]. 高煜译 . 北京：商务印书馆，1996.

[92]（英）巴顿 . 城市经济学 [M]. 上海社会科学院部门经济研究所城市经济研究室译 . 北京：商务印书馆，1984.

[93] 张昕 . 公共政策与经济分析 [M]. 北京：中国人民大学出版社，2004.

[94] 陈庆云 . 公共政策分析 [M]. 北京：中国经济出版社，1996.

[95]（美）罗尔斯 . 正义论 [M]. 何怀宏等译 . 北京：中国社会科学出版社，1988.

[96] 许学强等 . 城市地理学 [M]. 北京：高等教育出版社，1997.

[97] 王建国 . 现代城市设计理论和方法 [M]. 南京：东南大学出版社，1991.

[98] 刘建生 . 管子精解 [M]. 北京：海潮出版社，2012.

[99] Jones V. Metropolitan Government[M].Chicago: Univ. of Chicago Press，1942.

[100] 国际现代建筑协会 . 雅典宪章 [S]，1933.

[101] 国际建筑师协会 . 北京宪章 [S]，1999.

[102] 历史古迹建筑师及技师国际会议 . 国际古迹保护与修复宪章（威尼斯宪章）[S]，1964.

[103] 国际古迹遗址理事会，国际历史园林委员会 . 佛罗伦萨宪章 [S]，1982.

[104] 中华人民共和国城乡规划法 [M]. 北京：法律出版社，2008.

[105] 中华人民共和国物权法 [M]. 北京：中国法制出版社，2007.

[106] 中华人民共和国土地管理法 [M]. 北京：中国法制出版社，2011.

[107] 中华人民共和国建筑法 [M]. 北京：法律出版社，2011.

[108] 山东省城乡规划条例编委会 . 山东省城乡规划条例释义 [M]. 济南：山东人民出版社，2013.

[109] 山东省人民政府 . 山东省城市控制性详细规划管理办法 [S]，2003.

[110] 济南市人民代表大会常务委员会 . 济南市城乡规划条例 [S]，2008.

[111] 济南市人民代表大会常务委员会 . 济南市城乡规划管理技术规定（试行）[S]，2012.

[112] 中国城市规划设计研究院，济南市规划设计研究院 . 济南市城市空间发展战略 [Z]，2003.

[113] 济南市规划设计研究院 . 济南市南部山区保护与发展规划 [Z]，2008.

[114] 济南市规划设计研究院 . 济南市控制性规划及“六线”规划 [Z]，2006.

[115] 清华大学建筑学院，济南市规划设计研究院 . 泉城特色风貌带规划 [Z]，2002.

[116] 北京清华城市规划设计研究院，同济大学建筑与城市规划学院，东南大学，济南市园林

设计研究院，济南市规划设计研究院．泉城特色标志区规划 [Z]，2007.

[117] 清华大学建筑学院，济南市规划设计研究院．大明湖风景名胜区扩展改造规划研究 [Z]，2002.

[118] 北京多义景观规划设计事务所，济南市园林规划设计研究院．济南市华山历史文化湿地公园修建性详细规划 [Z]，2013.

[119] 北京大学城市规划设计中心，济南市规划设计研究院．济南市北跨及北部新城区发展战略研究 [Z]，2007.

[120] 中国城市规划设计研究院上海分院，济南市规划设计研究院．济南滨河新区城市发展战略及重点地区概念性规划 [Z]，2010.

[121] 济南市规划设计研究院．水韵之城——济南城市生态水系规划研究 [Z]，2010.

[122] 清华大学建筑学院，济南市规划设计研究院．济南商埠区保护规划研究 [Z]，2006.

[123] John Thompson，Partners. 柳埠概念性规划设计方案 [Z]，2011.

后　　记

“日进千里，君子不息。”所有热爱城市、富有责任心的规划人思辨与探索的脚步注定不会停滞，本书的核心观点正是王新文博士若干年来不断思考和实践的结晶。从对国内外规划理论发展脉络的研究到对济南十年间规划实践的总结，在漫长的探索过程中，得到了山东省和济南市历届领导的理解和支持，得到了济南规划系统同事们的参与和支持，也得到了国内外同行的指导和支持。

本书涉及规划领域的诸多层面，编著时间跨度较长。最终得以付梓，有赖于多位同志的辛勤工作。赵虎博士在全书框架下，为书稿的整理完善作出了贡献；刘晓虹同志在前期阶段承担了大量基础性工作；朱昕虹同志为“华山模式”有关篇章提供了丰富素材；吕东旭、刘巍同志完成了图片整理及文字校对任务。与美国著名规划师彼得．卡尔索普(Peter． Calthorpe)先生关于“新城市主义”与“复合规划”的对话则是一次有益的尝试，在很大程度上丰富了本书的思辨性。本书所选用图、表，部分来自十年间济南市的规划实践成果，其余来自尼格尔．泰勒、曾思育等人的作品。同时，中国建筑工业出版社的编辑们为本书的编辑、排版付出了辛勤劳动。在此一并致谢！

由于水平有限，书中可能存在诸多不足之处，衷心希望各位同行和广大读者批评斧正！

丛书编委会